畜禽饲养管理与疾病防治问答系列丛书

生猪 饲养管理与疾病防治问答

◎ 闫益波 主编

中国农业科学技术出版社

图书在版编目（CIP）数据

生猪饲养管理与疾病防治问答 / 闫益波主编 . —北京：
中国农业科学技术出版社，2018.6
ISBN 978-7-5116-3642-3

Ⅰ . ①生… Ⅱ . ①闫… Ⅲ . ①养猪学－问题解答 ②猪
病－防治－问题解答 Ⅳ . ① S828-44 ② S858.28-44

中国版本图书馆 CIP 数据核字（2018）第 082027 号

| 责任编辑 | 张国锋 |
| 责任校对 | 马广洋 |

出 版 者	中国农业科学技术出版社
	北京市中关村南大街 12 号　邮编：100081
电　　话	（010）82106636（编辑室）（010）82109702（发行部）
	（010）82109709（读者服务部）
传　　真	（010）82106631
网　　址	http://www.castp.cn
经 销 者	各地新华书店
印 刷 者	北京富泰印刷有限责任公司
开　　本	880mm×1 230mm　1/32
印　　张	9.5
字　　数	290 千字
版　　次	2018 年 6 月第 1 版　2018 年 6 月第 1 次印刷
定　　价	38.00 元

编写人员名单

主　　编	闫益波
副 主 编	赵宝元　马碧宏
编　　者	范新龙　范秀峰　申建树　隋　超
	张　凯　王艺伟　郭起珍　杨　利
	郝常宝　李连任　季大平　李　童
	侯和菊　李长强　李迎红　刘冬梅
	刘晓燕　苏晓东　花传玲　徐希万

前　言

　　《畜禽饲养管理与疾病防治问答》是一套新型职业农民从事养殖生产的必备参考书目，是作者针对当前农村养殖生产实际，总结近年来农业科技推广经验的基础上编写而成的。全套书由农业科学院专家、学者和生产一线技术服务人员共同参与编写，内容全面系统，实用性强。

　　《畜禽饲养管理与疾病防治问答》分 10 个分册，前期已经出版《肉牛饲养管理与疾病防治问答》和《肉羊饲养管理与疾病防治问答》。这次出版的是生猪、蛋鸡、肉鸡、土鸡、家兔、蛋鸭、肉鸭、鹅等的饲养管理与疾病防控技术，内容包括饲养品种与繁殖、饲料与营养、饲养管理以及常见病防控等内容。

　　在编写过程中，力求语言通俗易懂，简明扼要，既注重普及，又兼顾提高，更注重实用性和可操作性。让广大畜禽养殖者一看就懂，一学就会，用后见效。本书可供新型职业农民从事养殖生产使用，也可供各类养殖场饲养人员、兽医和为畜禽场提供兽医技术服务的临床兽医使用，还可作为畜牧兽医教学、科研的参考资料。

　　在编写本书时，编者虽然百般努力，力求广采博取，但由于水平所限，仍难免挂一漏万，珠砂并蓄。在此，向为本书提供资料、支持本书编写的同仁深表感谢，还望广大读者和同行们对不妥之处不吝指出，以便以后不断修正补充。

　　本书的出版与发行，得到了山西省重点研发计划项目（201603D221023－1）的资助，在此一并表示感谢。

　　书中引用资料较多，由于篇幅有限未能一一列出，在此谨一并表示谢意。

编者

2018 年 3 月

目　录

第一章　生猪养殖模式与品种选择

1. 当前，我国生猪养殖的主要经营模式有哪些？

（1）合同生产模式　比较普遍的合同生产模式是"公司＋农户"的模式。甲方一般是大型饲料企业，为了饲料业的可持续发展，建设养猪一条龙体系，以解决未来的猪饲料销售问题。主要包括以下几种情况。

①"公司＋农户"模式。这种模式以温氏集团为主要代表，其特点为，公司自建自养种猪场、仔猪繁殖场，农户按公司设计建设育肥场并饲养生长育肥猪，合同回收育肥猪，公司为农户提供猪苗、饲料、兽药、养猪技术及管理等一条龙服务。其优势是固定资产投资较小、公司占用土地少（不用自建生长育肥舍，而生长育肥舍建筑面积是猪场猪舍总建筑面积的一半左右），扩张速度快（农户加盟积极性高）。这种模式最大的好处是能带动农民养猪致富，所以农民欢迎、政府支持、融资能力强。其缺点是农户育肥阶段有管理及疫病风险（但育肥阶段管理及饲养比较简单，技术含量低，通过配套完善的服务体系，管理及疫病风险基本可以控制），要求农户诚信度要高，否则，市场好时回收育肥猪、收回赊款风险较大（温氏农户的猪苗、饲料、兽药等费用基本都是公司垫付的），但这个问题在温氏基本上也得到了很好的解决。

海南罗牛山早期一直是公司独立自养模式，前些年开始也在发展"公司＋农户"模式。国内类似模式转变的企业也不少，也有两种模式共存的企业。需要注意的是，有别于温氏模式，国内很多企业搞"公司＋农户"模式，由于资金不足，大都会让农户花钱买公司提供的猪苗、饲料、兽药，虽然公司资金风险降低了，但也很难发展养殖户并快速扩张（农户养猪缺钱，贷款也难，积极性不高），这也是很多企业搞"公司＋农户"模式失败的重要因素之一。针对这个问题，有些企业通过公司担保＋银行贷款进行操作"公司＋农户"模式，效果也不错。

另外，还有的企业搞"公司＋农户"，看上去基本与温氏模式一样，但对农户育肥场的选址及设计建设、猪群饲养管理等管理、服务不到位，即公司与农户关系不紧密，导致管理及疫病风险增大，往往以失败告终。还有的企业把仔猪繁殖场甚至于种猪场都让合作农户去经营饲养，这种方式管理及疫病风险太大，几乎没有成功的。其实，温氏对农户育肥场的管理几乎与管理自己的育肥车间一样，农户散而不乱，这也是温氏模式成功的重要因素之一。

②"公司＋基地"模式。这种模式以新五丰公司为代表，与国内普遍提倡的"公司＋农户"的模式有很大的不同，主要是对基地（合作猪场）的选择标准和农户的标准不一样。公司对合作伙伴基地（合作猪场）的要求是要有较大规模的规模化猪场，并且与基地合作主要是面向出口，因为基地（合作猪场）更符合公司的标准，在生猪质量、食品安全方面要比农户更有保障。另外，也有类似新五丰的"公司＋基地"模式，如广东瑞昌模式，其实是公司独立自养模式，基地也是公司的。这种模式的养猪企业也大都是外向型出口企业或高端型种猪企业，如中山白石、长江食品、深圳农牧、北京花都及北京育种中心等。

③"公司＋基地＋农户"模式。这种模式以雏鹰集团为代表，实质上也是"公司＋农户"模式，但其与温氏模式的区别是，包括农户所用的猪场都是公司所建，公司组织农户进公司建设好的猪场、小区养殖，并免费使用猪舍。与温氏模式一样，都是提供猪苗、饲料、兽药、养猪技术与管理、销售等一条龙服务。相对温氏模式而言，没有育肥阶段管理及疫病风险、资金回笼风险降低。但公司固定资产投资增大、占用土地多，扩张速度不如温氏快。同时，由于生长育肥猪没有分散到农户饲养，环保压力增大。

（2）养猪小区模式 这是我国政府早些年提倡的模式，其实就是把散户集中到一个养猪小区（猪场）养猪。由于在小区内还是一家一户独立经营养猪，分散管理，防疫困难，多以失败告终。养猪小区模式把许多养猪户联合集中起来，在一个共同兴建的养猪园区内统一饲养、经营管理。这种模式主要是由一些地区的政府组织牵头运作的，也有的是以某个龙头企业（公司）牵头运作的。其致命的缺点是：一家一户入住养猪小区，管理难度大，尤其是防疫工作无法进行、疫病难以控制。特别是那些由政府组织牵头运作的养猪小区，常常沦落为形象工程、业绩工程、项目工程，园区建设花的大都是国家的钱，缺乏科学地饲养，管理更是混乱。国内早些年兴建的许多养猪小区，现在多数是人去猪空，一片荒芜。如辽宁阜新满洲自治区多年前兴办的许多养猪小区现在都在空置着，或转卖转包给个人经营。

（3）自繁自养模式 一般是有自己的饲料企业，独资或合资建立育种场，使用国际知名种猪公司的种猪，利用对方的种源优势为繁育体系提供基因和保证种猪的来源以降低疾病风险。在这个基础上，建设祖代场生产杂交母猪，进而建设商品场生产肥猪。从种猪、商品猪、饲料、加工、销售形成了一条完整的产业链。

这种经营方式是由一个公司独立开展养猪的全部生产经营活动，像专业养猪户的全程饲养那样。它甚至包括种猪选育和生猪屠宰（肉品加工业），独立分享养猪的利润和承担风险。这类模式在我国养猪业中日趋普遍，许多大型养猪企业采用的就是这种发展模式。这种经营模式管理高度集中，优良品种和性激素易于推广应用。

一体化规模养猪模式是猪业发展的必然趋势，整个产业链都具备利润空间，关键在于高效的经营管理以及整个行业的发展前景。

（4）养猪专业合作社模式 这种养猪模式本质上就是以良种猪繁育基地为基础，以养猪专业合作社为纽带，两者形成固定的合作发展关系。由基地提供良种猪、仔猪给养猪大户养殖，专业合作社负责帮助购进仔猪、肉猪销售，既保证了基地仔猪的销路，又保障了养猪大户的仔猪质量和出栏肉猪的品质。成立养猪专业合作社，可提高农民充实养猪生产的组织化程度，带动更多的农户发展养猪并加入到合作社行列，不断扩大养殖规模，有效促进养猪生产的发展。

合作社养殖，关键技术是提高饲料利用率、降低饲料总成本。育肥猪的饲养需要大量饲料，占到总成本的50%~70%。提高饲料利用率，需要从猪的品种、饲养管理、饲料选择、环境改善等技术方面入手，依靠现代养猪技术，提高生产水平。在仔猪健康方面，要与信誉良好的大型种猪场建立长期合作关系，降低仔猪健康方面的风险。

随着标准化规模养猪的发展，那些小规模的专业户养殖模式会逐渐被标准化规模养殖模式所取代，但合作社养殖在今后一定时期内还会继续发挥作用。生猪养殖大户可以自愿加入养猪协会，协会属于非营利性质的组织，通常协会内部会做到"三个统一"：统一生猪价格、统一饲料来源和统一防疫治病。

这种协会带领农户养猪的模式，是以现有一些养殖大户自发成立养殖营销协会，协会吸收相对集中的 20~40 户规模养殖大户，每个农户饲养大 × 长或长 × 大外二元母猪 5~10 头，提供三元商品仔猪 100~200 头，循环往复，猪源不断，自繁自养，进行标准化饲养，统一标准栏舍、统一饲料、统一防疫、统一饲养管理、统一销售的全程饲养模式。

随着我国规模化养猪的快速发展，相信还会有更多的经营模式出现。但是万变不离其宗，通过经营模式创新实现养猪资源的最优化配置，实现经济效益、社会效益和生态效益的最大化，最终实现生猪产业的快速发展和可持续发展。

2. 自繁自养真的优于专业育肥吗？

对于养猪人来说，专业育肥和自繁自养孰优孰劣似乎是一个永恒的话题，争论从未间断。

专业育肥虽较自繁自养有更低的猪场建设与前期投资、更低的人力成本、占用资金少和更自由补栏、出栏等优势。但在当前我国猪市大背景下，自繁自养显然更受广大养猪户青睐，原因如下：第一，更便宜、健康的仔猪。和专业育肥户相比，自繁仔猪成本肯定低一些，且知根知底，健康具有保障性。第二，自繁自养户可以灵活选择仔猪买卖或者育肥，有效缓解市场生猪价格过低时带来的亏损压力。

有资料显示，我国大部分的规模养殖场选择自繁自养。特别是当生猪价格持续下跌时，往往让越来越多的养猪人开始选择自繁自养。也有专家表示，家庭式自繁自养才是养猪业的未来。其实不然。

众所周知，美国的养猪业整体发展水平要远远高于我们。近年来，美国养猪业通过整合，产业格局发生了巨大变化，养猪效率越来越高。资料显示，从1970—2008年，美国商品猪场从70万减至7万，专业育肥场从30万减至7万，母猪存栏量从1 000万减至580万，年生猪出栏量却从7 000万升至1.14亿。其生产效率提高的重要原因之一就在于专业化程度高。

养猪需要专业化，要让专业的人做专业的事。美国养猪场专业化分工非常明确，一般不兼做其他工作。种猪场只负责生产仔猪，保育场只负责保育，育肥场只进行育肥。在这样的模式下，日常管理专业性强，具有针对性。难度却相对减小且大大提高了生产效率。

可能有人会反驳我国的专业育肥并不等同于美国的专业育肥，在很多人眼里我国的专业育肥更像是投机行为。其实之所以会有这种想法，归根结底还是因为我国养猪专业化程度不高。

据了解，美国生猪平均价格在每千克5元左右，而中国生猪的价格一般在每千克12元的时候，才能达到盈亏平衡点。试问每千克10元这个可以让国内养猪全行业亏损、养猪户喋喋叫苦的价格，为什么美国的养猪企业却大赚一笔？除了美国饲料低廉之外，整个产业链上的高水平专业化程度也是不可忽略的重要原因。

美国养猪场不仅仅是育肥专业化，育种和保育同样也是专业化。专业化程度高提升了整个产业的管理水平和生产效率。业内人士说，中国幅员辽阔，猪种众多，有些母猪每年生产仔猪的数量与美国母猪有过之而无不及，不过由于养殖环境以及管理水平不一样，中国一般猪场每头母猪每年繁育的仔猪成活并且安全长大出栏的数量约为12头，美国可以达到18头，这意味着如果中、美保育1头母猪成本相同，美国母猪的产出要比中国高出约50%，反过来，理论上，美国保育母猪的成本可以比中国低一半。

此外，在美国的猪场，由于专业化管理水平较高，仔猪出生后21天就可以断奶，但是中国仔猪断奶要比美国多5~7天时间，断奶时间延长，意味着母猪繁育下一代仔猪的时间也将延长；美国母猪一年可以繁育2.2~2.3代仔猪，而中国只有2.1~2.2代的水平。

美国母猪生得多、活得多、长得快，养猪成本在与中国的竞争中自然有明显的优势。

在当前经济大背景下，虽然自繁自养能够降低生产成本，减小猪场运营风险，但是从长远上看，并不能满足社会经济发展的需求。故要改善我国当前整个生猪产业现状，要提高整个产业链的专业化水平。分工越来越细，专业化程度越来越高才是社会历史发展的必然需求。

不是人多钱多就做得好，专业才是关键。

3. 如何根据自己的实际情况选择适合自身需要的养猪模式？

合同生产模式、自繁自养模式和专业合作社模式等养猪模式，都不是截然分开的。在一个繁育体系中，往往包含以上 3 种养猪模式。其中，以公司自己建立生产种猪和育肥猪的繁育体系，商品仔猪断奶后由"公司 + 农户"模式进行生产，然后回收肥猪的模式在全国比较普遍，几乎国内各大饲料公司都采用这种模式进行生产。另一种主要模式是合作社模式，适合于广大中小型规模养猪户，这些养猪户有较大的资金实力以及很丰富的养猪经验，有的养殖户为了争取国家的优惠政策和打开产品的销路，也选择成立养猪合作社。所以，选择适合自身的养猪模式，充分利用各自的优势，最大程度地保证利润是很重要的。

一般情况下，从业者应根据自己的资金实力、养猪经验、土地和劳动力情况选择适合自己的生猪养殖模式。

对于资金欠缺或经验不足者，可以与大型饲料公司合作，实行"公司 + 农户"的模式。这种模式可以利用自己已有的猪舍养猪；不过也有一些公司要求用标准化猪舍养殖，标准化猪舍需要投资，这些公司有的能够提供担保贷款，有的则要求农户自己投资建标准化猪舍，这时候需要与该公司合作一段时间才能收回成本。

对于想发展个体养猪的农户来说，可以从小规模养殖开始，采用自繁自养的形式逐渐膨胀规模。目前有许多 200~400 头母猪的养殖户，就是从小规模养殖开始的。如发展到更大规模，可能就是一个大的养殖公司，饲养管理更专业化，生产更稳定。

另外，考虑到养猪产业的可持续发展受到土地、疾病、管理等因素的制约，在各种条件允许的情况下，可以建设现代化猪场，从事种猪繁殖或生产育肥猪。

4. 什么是全进全出管理制度？

所谓"全进全出"制度，也就是说同一栋猪舍（或同一个猪场）内的猪在同一天转进，又在同一天转出。

"全进全出"制度是集约化猪场的一项基本的管理制度，是猪场饲料管理、控制疾病的核心。要切断猪场的疾病的循环，必须实行全进全出。因为在猪舍内有猪的情况下，始终难以彻底清洁、冲洗和消毒。目前，还没有任何一种消毒剂可以完全杀灭粪便和排泄中的病原体，因为穿透能力较低，所以在消毒前最好使用高压水枪将粪便和其他的排泄物彻底冲洗干净。猪舍内有猪则不能彻底冲洗，因此消毒效果不能保证。

即使当时消毒非常好，但由于病猪或带毒猪可以通过呼吸道、消化道、泌尿生殖道不断向环境中排放病原体，污染猪舍、猪栏。下一批进入猪舍后，就可能被这些病原体感染。有些猪场虽然在设计的时候是按照全进全出设计的，但由于生产方面存在问题，如生长缓慢或有些猪发病，可能在原来的猪舍断续饲养，而病猪或生长缓慢的猪带毒量更高，毒力更强，所以更危险。

正确的做法是，应该保证猪舍内所有猪出栏后彻底清洗、消毒空舍 14 天（至少 7 天以上），这样才能保证消毒效果。

全进全出有利于疾病的控制，如支原体肺炎。有一个试验可以看出，感染母猪生产仔后，在 28 日龄断奶后将其与仔猪隔离，与连续饲养方式相比，支原体肺炎的发病率降低，而且提前 2 周以上上市。

全进全出猪场可以通过隔离将发病率降低，隔离越远，屠宰时病变程度越低。

全进全出也是猪场设计的基本原则。最初，全进全出只应用在产房中，后来应用到保育猪和生长育肥猪阶段。在人工授精技术普及的情况下，使大规模生产成为可能。因此，全进全出手段在规模猪场得到广泛应用，与人工授精一起构成了现代养猪生产的两大基本支柱。

在存栏母猪规模较大的情况下，妊娠舍也可以做到全进全出。

全进全出的每一生产阶段时间以周为基本单位，在进行设计时，一般以 1 年 52 周进行计算。基本公式是：

每周分娩母猪数量 = 存栏基础母猪 × 母猪时间年分娩胎次 ÷ 52

在每周分娩母猪数的基础上，可根据其他参数计算全进全出的规模和圈舍数。

5. 为什么要分阶段、分性别饲养？

根据猪的生长规律，可把猪的生长阶段分为哺乳期、保育期和育肥期。各阶段需要的环境条件和营养需要差别较大，为了获得最大的生产成绩，在生产中逐渐形成分阶段饲养的管理措施。在育肥阶段，公猪和母猪的生长速度不一样，特别需要进行公母分群分开，以便针对性的饲喂。分阶段、分性别饲养是现代养猪精细化操作的表现，特别是分阶段饲养，已经使整个养殖过程分工更加专业化。如美国，已经形成人工授精站、母猪场、保育场、育肥场等专业化分阶段生产模式的专业养殖户。

6. 仔猪实行多点生产有什么好处？

断奶后将仔猪转移到单独的保育场和育肥场，由于哺乳期间抗体水平还很高，仔猪不会感染母猪的任何疾病，但断奶后，母猪传染给小猪的概率大增，所以通常实行异地（3.5 千米以外）保育和育肥生产。

采用多点生产养殖工艺的优点主要是仔猪的健康水平较高，生长快，饲料报酬好，死亡率较低；缺点是猪场规模必须大到可同时进行两点式或三点式生产，总体上需要更多的投资成本。

该项技术在我国养猪业的应用前景主要体现在：应用早期隔离断奶技术去除特定病原；应用两点式生产模式，扩大现有猪场的生产规模；采用两点式或三点式生产模式建设新猪场。

7. 什么叫分胎次饲养？

在养猪生产过程中，第一胎母猪面临的问题通常比较多，如产仔数不稳定、断奶发情延迟、对疾病的易感性强（包括其后代）等。如果一段时间猪群中没有后备母猪，猪群的生产就会相对稳定，但是，在生产实际中，为了维持猪群正常连续的生产及合理的胎龄结构，必须不断且有计划地补充后备母猪，生产也因此容易出现波动。将头胎母猪及其后代与经产母猪及其后代分开饲养，能显著提高经产母猪的生产效益和增强经产母猪群对疾病的抵抗力。在现代大型猪场的设计中，很多企业已经把分胎次饲养作为基本原则。

对于少于 500 头母猪且所有权不同的小猪场来说，可由 3~5 个猪场组成一个 SPP 单元，其中一个作为 P_1 猪场，其他几个猪场在保持饲养管理不变的情况下作为 P_2+ 猪场。两个或更多的扩繁场也可共建一个 P_1 猪场，可提供配种前后备母猪或不同怀孕阶段的后备母猪，也可提供刚断奶的后备母猪。为了构成一个 SPP 单元，每一成员猪场的后备母猪应来自相同种质的种猪供应商，较为理想的条件是各成员猪场的健康水平相近且离 P_1 猪场都不太远。

8. 国家对生猪产业实施的优惠政策有哪些？

生猪养殖是畜牧业的支柱产业，猪价波动是市场经济条件下的一个正常现象。为了更好的帮扶和促进养殖业的发展，国家早就出台了相应的补贴政策，只是每年的补贴力度不断变化。国家对养殖业的政策具体补贴数据，各地实施时都略有差别，要及时向当地畜牧兽医主管部门咨询。以下的补贴政策及具体数据可供参考。

（1）规模养殖补贴　生猪养殖规模在 500~999 头的是 20 万元，生猪在 1 000~1 999 头的是 40 万元，生猪在 2 000~2 999 头的是 60 万元，生猪在 3 000 头以上的是 80 万元。总之是养殖的规模越大，得到的补贴越多，养殖户们可根据自己的规模申请。

（2）动物防疫补贴

① 重大动物疫病疫苗免费。国家对高致病性禽流感、口蹄疫、高致病性猪蓝耳病、猪瘟、小反刍兽疫等动物疫病实行强制免疫政策。上述重大动物疫病强制免疫疫苗，养殖场（户）无须支付疫苗费用。

② 因重大动物疫病扑杀，补偿损失。国家对因高致病性禽流感、口蹄疫、高致病性猪蓝耳病、小反刍兽疫发病的动物及同群动物，布

鲁氏杆菌病、结核病阳性奶牛实施强制扑杀。对因上述疫病扑杀畜禽给养殖者造成的损失予以补助。

（3）病死猪无害化处理补贴

① 养殖环节病死猪无害化处理每头 80 元。对养殖环节病死猪无害化处理给予每头 80 元的补助，由中央和地方财政分担。

② 病害猪损失每头补贴 800 元。对屠宰环节病害猪损失和无害化处理费用予以补贴，病害猪损失财政补贴标准为每头 800 元。

（4）良种工程相关补贴

突出"育、保、测、繁"四大环节，着力提升育种创新、种质资源保护、品种测定和制种能力，改善育种科研、生产设施、疫病防控、种业监管等基础设施条件。中央财政对使用优良种猪精液进行品种改良的养殖场户给予补贴，每头能繁母猪按照每年使用 4 份精液进行补贴。

新政出台后，符合条件的养殖户在向上级提交申请后，经政府人员审核，可领补贴。当然，领到补贴的前提条件是养殖场必须经当地农业行政部门申请备案。

9. 新建猪场需要办理哪些手续和证件？

新建猪场必须有土地租赁协议或使用证、环境评价意见与排污许可证、动物防疫合格证等。根据《中华人民共和国畜牧法》的第三章第二十六条规定："农户饲养的种畜禽用于自繁自养和有少量剩余仔畜、雏禽出售的，农户饲养种公畜进行互助配种的，不需要办理种畜禽生产经营许可证。"而其他种猪场、商品代仔猪场均应办理相关证件（表 1-1）。

表 1-1　新建猪场应取得的相关证件

猪场类别	证件	办理机构
种猪场及种公猪站	土地租赁协议或使用证	国土部门等
	环境评价意见与排污许可证	环保部门
	营业执照	市场监管部门
	种畜禽生产经营许可证	地（市）级以上农牧部门

猪场类别	证件	办理机构
	动物防疫合格证	县级以上动物防疫监督部门
	养殖备案	县级以上畜牧兽医行政主管部门
商品代仔猪场	土地租赁协议或使用证	国土部门等
	环境评价意见与排污许可证	环保部门
	营业执照	市场监管部门
	种畜禽生产经营许可证	县级以上农牧部门
	动物防疫合格证	县级以上动物防疫监督部门
	养殖备案	县级以上畜牧兽医行政主管部门
规模化养殖场	土地租赁协议或使用证	国土部门等
	环境评价意见与排污许可证	环保部门
	动物防疫合格证	县级以上动物防疫监督部门
	养殖备案	县级以上畜牧兽医行政主管部门

10. 规模化养猪场的生产技术性能指标有哪些？

（1）繁殖性状指标 ① 产仔数，每头母猪平均年产仔 2.2 窝，经产母猪每胎平均产仔 10 头，初产母猪则为 9.5 头；② 产活仔数，经产母猪每窝平均产活仔 10 头，初产母猪为 8.5 头；③ 初生个体重为 1.1~1.4 千克；④ 初生全窝重为 11~14 千克；⑤ 断奶全窝重为 45~65.7 千克；⑥ 哺育率（断奶成活率）为 90% 以上；⑦ 母猪年产窝数为 2.2 窝；⑧ 母猪产后 14 天配种率为 90% 以上；⑨ 一次情期受胎率为 85.0%；⑩ 仔猪 35 日断奶，成活率达到 90.0% 以上，断奶重达 8.5 千克；⑪ 育成仔猪。仔猪断奶后在育成舍培育 35 天，培育期成活率在 98.0% 以上，70 日龄转群重达到 28~30 千克。

（2）生长育肥性状指标 ① 平均日增重 750~800 克，育肥期

11

105 天（18 周），平均体重达 100 千克出栏，育成期成活率为 98.0% 以上，育成期每增重 1 千克活重消耗饲料为 3.0 千克以下；② 出栏率为 160.0%；③ 全群料肉比。生产每千克肉猪活重消耗的饲料数量，若以仔猪出生到育肥应摊的母猪和公猪所消耗的饲料加上育肥猪本身消耗的饲料计算，为 3.5~3.8 千克。④ 育肥速度。170~180 日龄，体重达 100 千克。

（3）胴体性状指标　① 屠宰率为 75%；② 背膘厚为 1.4 厘米以下；③ 瘦肉率 60% 以上。

（4）经济技术指标　① 每头肥猪占用的建筑面积及生产成本：每头肥猪所占用的建筑面积一般为 0.8~1.0 米²。② 劳动生产率：按全员（养猪场的全员包括直接生产人员和管理人员）计算劳动生产率，每个劳动人员年生产肉猪 400~500 头。

11. 规模化养猪生产群体构成的技术参数有哪些?

流水式生产有节律的商品猪生产，是以最大限度地利用猪群、猪舍和设备为原则，以精确计算猪群规模和栏位数为基础的。为此，首先要求将猪群按工艺划分为不同的工艺群，计算其存栏数，并将它们配置在相应的专门化车间和栏位中，以完成整个生产过程。

不同规模猪场猪群结构参数见表 1-2。

表 1-2　不同规模猪场猪群结构参数

猪群类别	生产母猪（头）				
	100	200	300	600	900
空怀母猪	25	46	70	140	210
妊娠母猪	53	106	160	320	480
分娩母猪	23	46	70	140	210
后备母猪	10	17	26	52	78
公猪	4	8	12	24	36
哺乳仔猪	200	400	600	1 200	1 800
保育仔猪	219	438	654	1 308	1 962
育肥猪	495	1 005	1 500	3 015	4 500

（续表）

猪群类别	生产母猪（头）				
合计存栏	1 029	2 070	3 098	6 211	9 294
全年上市商品猪	1 716	3 461	5 148	10 384	15 444

12. 规模化养猪场系统规划技术参数有哪些?

规模化养猪场应建立在远离主要交通干道1.5~2.0千米的地区。不与其他畜牧场或加工厂相邻。

（1）功能性区域　猪场在总体布局上至少应包括几个功能性区域。即生产区、生产辅助区、管理与生活区。

生产区：包括种猪舍、各种类型的生产车间、消毒室、消毒池、药房、兽医室、出猪台、病死猪处理室、隔离舍、维修室及仓库、值班室、粪便处理区；

辅助区：包括饲料厂及仓库、水塔、锅炉房、屠宰加工厂、车库等；

管理与生活区：包括办公室、食堂、职工宿舍等。

（2）各类猪群的有效建筑面积见表1-3。

表1-3　各类猪群的有效建筑面积　　　　（米²/头）

猪群种类	有效面积	饲养方式
种公猪	12.5	地面平养
空怀配种母猪	2.5~3.0	地面平养
单体妊娠母猪	1.3	限位饲养
产仔哺乳母猪	1.3	高床养猪
哺乳仔猪	0.30	高床养猪
保育幼猪	0.40	高床养猪
生长育肥猪	0.9~1.0	地面平养

13. 规模化猪场建筑工艺及设施的配置有何要求?

工厂化养猪要求生产车间工艺设计先进、合理、实用。规模化养猪的猪舍通常有单列式和双列式两种。以双列封闭式为主,并且因群体而异。现对猪舍的建筑设计参数提出如下:

(1)猪舍规格 深度8~8.5米,开间隔3~4米,长度50~70米(视地形而定),沿口(滴水)高度3.2~3.5米。

(2)猪舍屋顶式样 多数是人字形或平顶形。人字形采用木材或水泥钢筋混凝土屋架,屋面盖瓦,瓦下是一层油毡和篾垫或纤维板等物。平顶用钢筋混凝土浇筑,务必要保暖防漏。新建的单位还可以采用轻钢结构活动厂房,既经济,又耐用。

(3)墙体 东、西山墙,南、北围墙以及舍内猪栏隔墙在1.2米高的范围内为实砖墙,其上部为空斗砖墙。集约化养猪对种猪和成品肉猪群也可砌半墙,上面采用转帘。

(4)门窗设计 集约化养猪南北墙设移窗,规格为宽1.5米,高1.2米,也可不设窗而设半墙围布。最好每栋房子南北墙设地窗,规格为长0.5米,宽0.2米,窗门面积可参考采光系数标准,即种猪舍窗门的有效采光面积应占舍内总面积的8.5%~10%,肥猪舍应占7%~8.5%。

(5)门 设东西两扇门,宽1.4米,高2米。猪栏通运动场的门宽0.6米,高1.2米。

(6)走道 一般设3条走道,中间1条(1米),两边各1条(0.8米)。

(7)运动场 集约化养猪一般不设运动场,但根据经验,空怀配种舍和育肥舍设运动场为好,运动场与猪舍宽度相同,长度2~3米。

(8)猪栏 内设60~80厘米的漏缝地板,下设地下排粪沟,自动饮水器装在离漏缝地板40~60厘米的高度。

14. 先进的猪场为什么要使用猪栏? 各类猪栏都有什么优缺点?

使用猪栏可以减少猪舍占地面积,便于饲养管理和改善环境。不同的猪舍应配备不同的猪栏。按结构分有实体猪栏、栅栏式猪栏、母猪限位栏、高床产仔栏、高床育仔栏等。按用途分有公猪栏、配种栏、妊娠栏、分娩栏、保育栏、生长育肥栏等。

（1）实体猪栏　即猪舍内圈与圈间以0.8~1.2米高的实体墙相隔，优点在于可就地取材、造价低，相邻圈舍隔离，有利于防疫，缺点是不便通风和饲养管理，而且占地多。适于小规模猪场。

（2）栅栏式猪栏　即猪舍内圈与圈间以0.8~1.2米高的栅栏相隔，优点为占地小，通风好，便于管理。缺点是耗钢材，成本高，且不利于防疫。现代化猪场多用此类猪栏。

（3）综合式猪栏　即猪舍内圈与圈间以0.8~1.2米高的实体墙相隔，沿通道正面用栅栏。集中了二者的优点，适于大小猪场。

（4）母猪单体限位栏　单体限位栏系钢管焊接而成，由两侧栏架和前、后门组成，前门处安装料槽和饮水器，尺寸：2.2米×0.6米×0.9米（长×宽×高）。用于空怀母猪和妊娠母猪，与群养母猪相比，便于观察发情、配种以及饲养管理，但限制了母猪活动，易发生肢蹄病。适于工厂化集约化养猪。

（5）高床产仔栏　用于母猪产仔和哺育仔猪，由底网、围栏、母猪限位架、仔猪保温箱、料槽等组成。底网采用由直径5毫米的冷拔圆钢编成的网或塑料漏缝地板，2.2米×1.7米（长×宽），下面附于角铁和扁铁，靠腿撑起，离地20厘米左右；围栏即四面侧壁，为钢筋和钢管焊接而成，2.2米×1.7米×0.6米（长×宽×高），钢筋间缝隙5厘米；母猪限位架为2.2米×0.6米×（0.9~1.0）米（长×宽×高），位于底网中央，架前安装母猪料槽和饮水器，仔猪饮水器安装在前部或后部；仔猪保温箱1米×0.6米×0.6米（长×宽×高）。优点是占地少，便于管理，防止仔猪被压死和减少疾病。但投资高。

（6）高床育仔栏　用于4~10周龄的断奶仔猪，结构同高床产仔栏的底网和围栏，2.2米×1.25米×0.7米（长×宽×高），离地20~40厘米，占地少，便于管理，但投资高，适于规模化猪场。

15. 采用漏缝地板有什么好处？漏缝地板都有哪些样式？

采用漏缝地板易于清除猪的粪尿，减少人工清扫，便于保持栏内的清洁卫生，保持干燥，有利猪的生长。要求耐腐蚀、不变形、表面平整、坚固耐用，不卡猪蹄、漏粪效果好。漏缝地板距粪尿沟约80厘米，沟中经常保持3~5厘米的水深。

目前主要有以下几种样式。

（1）水泥漏缝地板　表面应紧密光滑，否则会因积污而影响栏内清洁卫生，水泥漏缝地板内应有钢筋网，以防受破坏。

（2）金属漏缝地板　由金属条排列焊接（或用金属编织）而成，适用于分娩栏和小猪保育栏。其缺点是成本较高，优点是不打滑、栏内清洁、干净。

（3）金属冲网漏缝地板　适用于小猪保育栏。

（4）生铁漏缝地板　经处理后表面光滑、均匀无边，铺设平稳，不会伤猪。

（5）塑料漏缝地板　由工程塑料模压而成，有利于保暖。

（6）陶质漏缝地板　具有一定的吸水性，冲洗后不会在表面形成小水滴，还具有防水功能，适用于小猪保育栏。

（7）橡胶或塑料漏缝地板　多用于配种栏和公猪栏，不会打滑。

16. 猪场中常用的饲料供给及饲喂设备有哪些？

饲料贮存，输送及饲喂，不仅花费劳动力多而且对饲料利用率及清洁卫生都有很大影响。饲料贮存，输送及饲喂设备主要有贮料塔、输送机、加料车、料槽和自动食箱等。

（1）贮料塔　贮料塔多用2.5~3.0毫米镀锌波纹钢板压型而成，饲料在自身重力作用下落入贮料塔下锥体底部的出料口，再通过饲料输送机送到猪舍。

（2）输送机　用来将饲料从猪舍外的贮料塔输送到猪舍内，然后分送到饲料车、料槽或自动食箱内。类型有：卧式搅龙输送机、链式输送机、弹簧螺旋式输送机和塞管式输送机。

（3）加料车 主要用于定量饲养的配种栏、妊娠栏和分娩栏，即将饲料从饲料塔出口送至料槽，分为手推机动式和手推人力式加料两种形式。

（4）料槽 分自由采食和限量料槽两种。材料可用水泥、金属等。水泥料槽：主要用于配种栏、分娩栏及生长育肥栏，优点是坚固耐用，造价低，同时还可作饮水槽，缺点是卫生条件差。金属料槽：主要用于妊娠栏和分娩栏，便于同时加料，又便于清洁，使用方便。

仔猪补料槽 仔猪补料槽一般由料斗、把手、支架、螺栓、固定铁、槽底、漏料缝、槽芯、采料槽、凹形槽底构成。料斗安装在支架上，支架用螺栓装在固定铁上，支架与槽体边相连接，固定铁固定在槽底上，槽底上设有槽芯，在槽芯的一周设有凹形采料槽供猪采食用，料斗和槽芯之间设有漏料缝，槽底的底部设有凹形槽底，料斗上装有把手。该类料槽一般结构设计简单、质量轻、强度高、耐酸碱、防腐蚀，便于搬运，使用寿命较长，采食后清洗消毒方便，能满足小猪吃食的需要，可做多种采食用。

间隙添料料槽 条件较差的一般猪场采用。可为固定或移动料槽。一般为水泥浇注固定料槽。设在隔墙或隔栏的下面，由走廊添料，滑向内侧，便于猪采食。一般为长形，每头猪所占料槽的长度依猪的种类、年龄而定。集约化、工厂化猪场，限位饲养的妊娠母猪或泌乳母猪，其固定料槽为金属制品，固定在限位栏上。

方形自动落料料槽 常见于集约化、工厂化的猪场。方形落料料槽有单开式和双开式两种。单开式的一面固定在与走廊的隔栏或隔墙上；双开式则安放在两栏的隔栏或隔墙上，自动落料料槽一般为镀锌铁皮制成，并以钢筋加固。

圆形自动落料料槽 圆形自动落料料槽用不锈钢制成，较为坚固耐用，底盘也可用铸铁或水泥浇注，适用于高密度、大群体的生长育肥猪舍。

猪不同体重阶段所需的料槽长度可参考表1-4。

表1-4　猪不同体重阶段所需的料槽长度　（单位：毫米）

猪的体重（千克）	每头猪的料槽长度	
	限饲	自由采食
5	100	33
10	130	35
20	175	38
40	200	50
60	240	60
90	280	70
120	300	75

17. 猪场常用的供水及饮水设备有哪些？

猪自动饮水器的种类很多，有鸭嘴式、乳头式、杯式等。

（1）鸭嘴式自动饮水器　目前，国内外猪场使用最多的是鸭嘴式猪用饮水器，主要由阀体、阀芯、密封圈、回位弹簧、塞盖、滤网等组成。其中阀体、阀芯选用黄铜和不锈钢材料，弹簧、滤网为不锈钢材料，塞盖用工程塑料制造，整体结构简单，耐腐蚀，工作可靠，不漏水，寿命长。猪饮水时，嘴含饮水器，咬压下阀杆，水从阀芯和密封圈的间隙流出，进入猪的口腔，当猪嘴松开后，靠回位弹簧张力，阀杆复位，出水间隙被封闭。水停止流出。鸭嘴式饮水器密封性好，水流出时压力降低，流速较低，符合猪只饮水要求。安装这种饮水器的角度有水平和45°两种，离地高度随猪体重变化而不同，原则上是若饮水器与水管成90°，饮水器高度与猪前肩平齐；若饮水器与地面成45°，饮水器高度比猪高5厘米。

（2）乳头式猪用自动饮水器　乳头式猪用自动饮水器的最大特点是结构简单，由壳体、顶杆和钢球三大件构成，猪饮水时顶起顶杆，水从钢球、顶杆与壳体的间隙流出至猪的口腔中，猪松嘴后，靠水压及钢球、顶杆的重力，钢球、顶杆落下与壳体密接，水停止流出。这种饮水器对泥沙等杂质有较强的通过能力，但密封性差，并要减压使用，否则，会因流水过急而导致猪喝水困难，而且流水飞溅，不仅浪费用水还会弄湿圈舍地面。

（3）杯式猪自动饮水器 杯式饮水器是一种以盛水容器（水杯）的单体式自动饮水器，常见的有浮子式、弹簧式和水压阀杆式等形式。

① 浮子式饮水器多为双杯式，浮子室和控制机构放在两水杯中间。通常一个双杯浮式饮水器固定安装在两猪栏间的栅栏间壁处，供两栏猪共用。浮子式饮水器由壳体、浮子阀门机构、浮子室盖、连接管等组成。当猪饮水时，推动浮子使阀芯偏斜，水即流入杯中供猪饮用，当猪嘴离开时，阀杆靠回位弹簧弹力复位，停止供水，浮子有限制水位的作用，它随水位上升而上升，当水上升到一定高度，猪嘴就碰不到浮子了，阀门复位后停止供水，避免水过多流出。

② 弹簧阀门式饮水器。水杯壳体一般为铸造件或由钢板冲压而成杯式，杯上销连有水杯盖。当猪饮水时，用嘴顶动压板，使弹簧阀打开，水便流入饮水杯内，当嘴离开压板，阀杆复位停止供水。

③ 水压阀杆式饮水器。杯式饮水器是靠水阀自重和水压作用控制出水的杯式饮水器，当猪只饮水时用嘴顶压压板，使阀杆偏斜，水即沿阀杆与阀座之间隙流进饮水杯内，饮水完毕，阀板自然下垂，阀杆恢复正常状态。

猪饮水时对饮水器的水压也有一定的要求，合适的水压能够保证猪喝到充足的水，猪的大小不同对水压的要求也不同，一般仔猪为 0.3 千克/厘米^2，生长育肥猪为 1.0 千克/厘米^2，母猪为 1.4 千克/厘米^2。猪各个生长阶段要求的水流速度也不同，一般随着猪的体重增加，水流速度也增加。决定猪一天的饮水量的因素也很多，主要有猪的体重大小、猪舍的环境温度、日粮中蛋白质和盐分含量多少、饲料的干湿度以及猪的健康状况等因素。猪每采食 1 千克干饲料大约需要 2.5 千克水，表 1-5 给出了不同阶段猪对水的大致需要量及所要求的饮水器的高度。

表 1-5　不同阶段猪的饮水器高度和日消耗水量

猪不同阶段	日消耗水量（升）		饮水器高度（厘米）	水流速度（升/分钟）
	冬天	夏天		
哺乳仔猪（4~8 千克）	1~2	2~3	10	0.5
保育猪（8~28 千克）	2~4	4~8	25	0.5~0.8
生长猪（28~70 千克）	5~7	10~14	50	0.8~1.2
育肥猪（70~100 千克）	8~10	14~18	70	1.2~1.5
后备母猪、后备公猪	10~12	18~22	80	1.5~2.0
断奶母猪、妊娠母猪及公猪	12~15	22~26	90	2.0~2.5
哺乳母猪	15~20	30~40	90	2.5~3.0

18. 猪场中常用的供热保温设备有哪些？

我国大部分地区冬季舍内温度都达不到猪只的适宜温度，需要提供采暖设备。另外供热保温设备主要用于分娩栏和保育栏。采暖分集中采暖和局部采暖。

供热保温设备有以下几种。

（1）红外线灯　设备简单，安装方便，通过灯的高度来控制温度，但耗电，寿命短。目前在生产中最为常用。常见红外线灯的功率有 100 瓦、150 瓦、200 瓦和 250 瓦。

（2）吊挂式红外线加热器　其使用方法与红外线相同，但费用高。

（3）电热保温板　优点是在湿水情况下不影响安全，外形尺寸多为 1 000 毫米 × 450 毫米 × 30 毫米，功率为 100 瓦，板面温度为 260~320℃，分为调温型和非调温型。

（4）电热风器　吊挂在猪栏上，热风出口对着要加温的区域。

（5）保温箱　仔猪用的保温箱，主要在仔猪出生之日起至满月出栏情况下起到保温作用。保温箱上盖预留灯泡及观望窗口，尺寸大小根据当地情况而定，常见的规格为：1.0 米 × 0.6 米 × 0.6 米。在保温箱的箱体上有仔猪进出门。现在仔猪保温箱常常配套仔猪电热板来使用，既科学合理又有很好的节能效果。

（6）挡风帘幕 用于南方较多，且主要用于全敞式猪舍。

（7）太阳能采暖系统 经济，无污染，但受气候条件制约，应配有其他的辅助采暖设施。

19. 猪场常用的通风降温设备有哪些？

为了节约能源，尽量采用自然通风的方式，但在炎热地区和炎热天气，就应该考虑使用降温设备。通风除降温作用外，还可以排出有害气体和多余水汽。

（1）通风机 大直径、低速、小功率的通风机比较适用于猪场应用。这种风机通风量大，噪声小，耗能少，可靠耐用，适于长期工作。

（2）水蒸发式冷风机 它是利用水蒸发吸热的原理以达到降低空气温度的目的。在干燥的气候条件下使用时，降温效果特别显著；如果环境相对湿度在85%以上时，空气中水蒸气接近饱和，水分很难蒸发，降温效果差些。

（3）湿帘－负压风机降温 湿帘－负压风机降温系统是由纸质多孔湿帘、水循环系统、风扇组成。未饱和的空气流经多孔、湿润的湿帘表面时，大量水分蒸发，空气中由温度体现的显热转化为蒸发潜热，从而降低空气自身的温度。风扇抽风时将经过湿帘降温的冷空气源源不断地引入室内，从而达到降温效果。

（4）喷雾降温系统 其冷却水由加压水泵加压，通过过滤器进入喷水管道系统而从喷雾器喷出成水雾，在猪舍内空气温度降低。其工作原理与水蒸发式冷风机相同，而设备更简单易行。如果猪场自来水系统水压足够，可以不用水泵加压，但过滤器还是必要的，因为喷雾器很小，容易堵塞而不能正常喷雾。旋转式的喷雾可使喷出的水雾均匀。

（5）滴水降温 在分娩栏，母猪需要用水降温。因小猪要求温度稍高，而且喷水会使分娩栏内地面潮湿，会影响小猪生长，因而采用滴水降温法。即冷水对准母猪颈部和背部下滴，水滴在母猪背部体表散开，蒸发，吸热降温，未等水滴流到地面上已全部蒸发掉，不会使地面潮湿。这样既照顾了小猪需要干燥，又可使母猪和栏内局部环境温度降低。

自动化很高的猪场，供热保温，通风降温都可以实现自动调节。如果温度过高，则帘幕自动打开，冷气机或通风机工作；如果温度太低，则帘幕自动关闭，保温设备自动工作。

20. 猪场常用的清洁消毒设备有哪些？

清洁消毒设备有冲洗设备和消毒设备。

（1）固定式自动清洗系统　现在很多公司生产的自动冲洗系统设备能定时自动冲洗，配合程式控制器（PLC）作全场系统冲洗控制。冬天时，也可只冲洗一半的猪栏，在空栏时也能快速冲洗，以节省用水。水管架设高度为2米时，清洗宽度为3.2米；高度为2.5米时，清洗宽度为4米，高度为3米时，清洗高度为4.8米。

（2）简易水池放水阀　水池的进水与出水靠浮子控制，出水阀由杠杆机械人工控制。简单、造价低，操作方便，缺点是密封可靠性差，容易漏水。

（3）自动翻水斗　工作时根据每天需要冲洗的次数调好进水龙头的流量，随着水面的上升，重心不断变化，水面上升到一定高度时，翻水斗自动倾倒，几秒钟内可将全部水倒出冲入粪沟，翻水斗自动复位。结构简单，工作可靠，冲力大，效果好，主要缺点是耗用金属多、造价高、噪声大。

（4）虹吸自动冲水器　常用的有两种形式，盘管式虹吸自动冲水器和U形管虹吸自动冲水器。结构简单，没有运动部件，工作可靠，耐用，故障少，排水迅速，冲力大，粪便冲洗干净。

（5）高压清洗机　CDQ-10型高压清洗机采用单相电容电动机驱动卧式三柱塞泵。当与消毒液相连时，可进行消毒。

（6）火焰消毒器　利用煤油高温雾化剧烈燃烧产生的高温火焰对设备或猪舍进行瞬间的高温喷烧，以达到消毒杀菌之功效。

（7）紫外线消毒灯　以产生的紫外线来消毒杀菌。

21. 猪场常用的粪便处理设备有哪些？

每头猪平均年产猪粪2 500千克左右，及时合理地处理猪粪，既可获得优质的肥料，又可减少对周围环境的污染。

粪便处理设备包括带粉碎机的离心泵、低速分离筒、螺旋压力机、带式输送装置等部分。将粪液用离心泵从贮粪池中抽出，经粉碎后送入筛孔式分离滚筒将粪液分离成固态和液态两部分。固态部分进行脱水处理，使其含水率低于70%后，再经带式输送器送往运输车，运到贮粪场进行自然堆放状态下的生物处理。液态部分经收集器流入贮液池，可利用双层洒车喷洒到田间，以提高土壤肥力。

（1）复合肥生产设备　可把猪粪生产为有机复合肥，设备包括原料干燥、粉碎、混合、成粒、成品干燥、分级、计量包装等部分。在颗粒成形时间根据肥料含有纤维质的比例，选用不同的制粒机。纤维质比例较大时采用挤压式制粒机，占比例小时采用圆盘造粒机，干燥燃料以煤为主，也可用其他燃料代替。

（2）BB肥（掺混肥）生产设备　能利用猪粪生产出高含量全价营养复合肥，本设备可根据不同的作物及土质，加入所需的微量元素和杀虫剂。自动计量封包，精度准确，每包定量可以自由设定在20~50千克。

22．猪场还经常会用到哪些设备？

（1）监测仪器　根据猪场实际可选择下列仪器：饲料成分分析仪器、兽医化验仪器、人工授精相关仪器、妊娠诊断仪器、称重仪器、活体超声波测膘仪、计算机及相关软件。

（2）称重、运输设备　称重设备主要是指地磅等设备。目的是对原料、产品及猪体进行称重。

运输设备主要有仔猪转运车、饲料运输车和粪便运输车。仔猪转运车可用钢管、钢筋焊接，用于仔猪转群。饲料运输车采用罐装料车或两轮、三轮和四轮加料车。粪便运输车多用单轮或双轮手推车。

除上述设备外，猪场还应配备断尾钳、牙剪、耳号钳、耳号牌、捉猪器、赶猪鞭等。

23．我国的猪种如何分类？

我国是世界上猪种资源丰富的国家之一。据（1986年）《中国猪品种志》介绍：中国地方猪种 48 个、培育品种 12 个、从国外引入的品种 8 个，合计 68 个。

长期的农牧业生产实践，形成了我国丰富的猪种资源。根据来源，我国的猪种可分为地方品种、培育品种和引入品种（国外品种）三大类型。

24. 从经济类型上看，猪的品种是怎么分类的？

从经济价值考虑，根据猪的产肉特点和外形特征，大致将猪分为瘦肉型猪、脂肪型猪和兼用型猪 3 种不同经济类型。

（1）脂肪型猪种　脂肪型猪能生产较多的脂肪，胴体瘦肉率仅占 35%~45%，背膘厚 5.0 厘米以上。这种类型的猪成熟早、繁殖力高、耐粗饲、适应性强、肉质好。对蛋白质饲料需要较少，需要较多的碳水化合物饲料，饲料转化率较差。脂肪型猪的外形特点是体躯宽深而稍短，颈部短粗，下颌沉垂而多肉，四肢短，大腿较丰满，臀宽平厚，胸围大于或等于体长。早年的巴克夏猪是脂肪型猪种的典型代表。我国很多地方猪种都属脂肪型猪，如华南型猪：两广小耳花猪（32% 瘦肉率、肥肉 + 板油占胴体的 52.69%、9~10 个月才长到 80~85 千克）、海南猪等；培育的脂肪型猪有赣州白猪。现在已不再培育脂肪型猪。

（2）瘦肉型猪种（系）　瘦肉型猪的胴体瘦肉率为 55%~65%，其生长发育快，育肥期短。瘦肉型猪生产瘦肉的能力强，能有效利用饲料转化为瘦肉。瘦肉型猪的外形特点是躯体长，胸腿肉发达，身躯呈流线型，体长比胸围长 15~20 厘米，背膘厚 1.5~3.0 厘米，腰背平直，腿臀丰满，四肢结实。丹系长白猪是典型代表。

杂交得来的瘦肉型猪与我国本土的脂肪型猪，在生长发育的规律上存在很大的不同，主要表现在囤积脂肪的能力、出栏时的胴体瘦肉率以及生长高峰期的不同。

①瘦肉型猪体内沉积蛋白质能力较强，沉积脂肪能力较弱；脂肪型猪沉积脂肪能力较强而沉积蛋白质能力较弱，瘦肉型猪上市屠宰时胴体瘦肉率高达 55%~65%，而脂肪型猪胴体瘦肉率只有 35%~45%。

② 瘦肉型猪各种体组织生长的高峰期较脂肪型猪晚，脂肪型猪多属于早熟型品种，成年体重较小，各种体组织生长的高峰期到来得也较早。如我国地方猪种 4~5 月龄就达到了肌肉生长高峰期，而脂肪的生长很早就已开始，到 5~6 月龄时已强烈沉积。瘦肉型猪肌肉生长高峰期在 5~6 月龄，而脂肪强烈沉积是在 8~9 月龄，因此，瘦肉型猪达 90 千克上市时胴体瘦肉率较高而脂肪率较低。

（3）兼用型猪种 兼用型猪的体形、胴体肥瘦度、背膘厚度、产肉特性、饲料转化率等均介于瘦肉型猪和脂肪型猪之间，有的偏向于瘦肉型猪，称为肉脂兼用型猪，有的偏向于脂肪型猪，称为脂肉兼用型猪。瘦肉占胴体重 45%~55%，背膘厚 3.0~4.5 厘米。苏白猪为典型代表。我国培育的很多品种都是肉脂或脂肉兼用型猪，如北京黑猪、新金猪、上海白猪、哈尔滨白猪、吉林花猪、新淮猪等；国外猪种如苏联大白猪、中约克夏等。

25. 我国的引入猪种（国外品种）主要有哪些？

目前国际上流行的都是经改良的品种，均属瘦肉型，只是胴体品质和生产性能上略有差异。我国引入的主要有以下几类品种。

（1）大约克夏猪 大约克夏猪也叫大白猪，1852 年在英国育成，是世界上著名的瘦肉型猪种，有较好的适应性，其主要优点是生长快、饲料利用率高、产仔多、瘦肉率高。

外貌特征：体格大，体型匀称，耳直立，鼻直，四肢较高，全身被毛白色。成年公猪体重为 350~380 千克，成年母猪体重为 250~300 千克。

育肥性能：6 月龄体重可达 90~100 千克，肉料比 1：3 左右，屠宰率为 71%~73%，胴体瘦肉率为 60%~65%。

繁殖性能：性成熟晚，5 月龄出现第一次发情，经产母猪产活仔10 头左右。35 日龄断奶窝重为 80 千克。

（2）长白猪 原产于丹麦，是世界上著名瘦肉型猪种之一。长白猪的主要特点是产仔数较多，生长发育较快，省饲料，胴体瘦肉率高，但抗逆性差，饲料营养要求较高。

外貌特征：头狭长，耳向前平伸略下垂，体躯深长，结构匀称，后臀特别丰满且肌肉发达，体躯前窄后宽呈流线型，全身被毛白色。成年公猪体重达 250~350 千克，成年母猪体重为 220~300 千克。

育肥性能：长白猪 6 月龄体重可达 90 千克以上，日增重为 500~800 克，肉料比 1：3，屠宰率为 69%~75%，胴体瘦肉率为 50%~65%。

繁殖性能：性成熟较晚，公猪一般在 6 月龄时性成熟，8 月龄开始配种。

（3）杜洛克猪　杜洛克猪饲养条件比其他瘦肉型猪要求低，生长速度快，饲料利用率高，胴体瘦肉率高，肉质较好，性情温和。成年公猪体重为 340~450 千克，成年母猪体重为 300~390 千克。在杂交利用中一般作为父本。

外貌特征：全身被毛呈金黄色或棕红色，色泽深浅不一，头小清秀，嘴短而直，两耳中等大小，耳尖稍下垂。背腰在生长期呈平直状态，成年后稍呈弓形，胸宽而深，后躯肌肉丰满。四肢粗壮结实，蹄呈黑色，多直立。

育肥性能：6 月龄体重可达 90 千克，日增重为 600~700 克，肉料比 1：2.99。在体重 100 千克时屠宰率为 75%，胴体瘦肉率达 61% 以上。

繁殖性能：性成熟较晚，母猪一般在 6~7 月龄、体重 90~110 千克时开始发情，经产母猪产仔数 10 头左右。

（4）汉普夏猪　是美国第二个普及的猪种（薄皮猪），广泛分布于世界各地。主要特点是生长发育较快，抗逆性较强，饲料利用率较高，胴体瘦肉率较高，肉质较好，但产仔数较少。

外貌特征：毛黑色，肩颈结合处有一白色带（包括肩和前肢），故又称银带猪。头中等大，嘴较长且直，耳中等大且直立。体躯较杜洛克猪稍长，背宽大略呈弓形，后躯臀部肌肉发达，体质强健，体型紧凑，成年公猪体重 315~410 千克，成年母猪体重 250~340 千克。

育肥性能：6 月龄可达 90 千克，日增重 600~700 克，肉料比 1：3，体重达 90 千克时屠宰，其屠宰率 71%~79%，胴体瘦肉率 60% 以上。

繁殖性能：性成熟较晚，母猪一般在 6~7 月龄、体重 90~110 千克时开始发情。汉普夏猪以母性强，仔猪成活率较高而著称，产仔数平均为 8.66 头。

（5）皮特兰猪　产于比利时的邦特地区，主要特点是生长发育快，瘦肉率高（达 65% 以上）。

外貌特征：毛色灰白，体躯夹有黑斑，耳中等大小，微前倾，头部清秀，颜面平直，嘴大且直。体躯呈圆柱形，肩部肌肉丰满，背直而宽大，体长 1.5~1.6 米。

育肥性能：6 月龄体重可达 100 千克，每增重 1 千克消耗配合饲料 3.0 千克以下，90 千克时屠宰，胴体瘦肉率可达 65% 以上。后躯占胴体 37% 以上。

繁殖性能：性成熟较晚，5 月龄后公猪体重达 90 千克，母猪 6 月龄，体重达 100 千克以后配种为宜，初产母猪产仔 7 头以上，经产母猪产仔 9 头以上。该猪种体质较弱，较神经质，配种时注意观察，尤其在夏季炎热天气需注意防暑和调教。

26. 国内地方优良猪种主要有哪些？

根据猪种来源、地域分布和生产性能等特点，我国地方猪种可划分为华北型、华南型、华中型、江海型、西南型和高原型 6 个类型。

（1）华北型　分布于秦岭和淮河以北。主要特点是体格较大，头直嘴长，背腰狭窄，臀部倾斜，四肢粗壮；皮厚毛密，鬃毛发达，被毛多为黑色且冬季密生绒毛；母猪 3~4 月龄开始发情，繁殖力强，经产母猪产仔大多在 12 头以上。代表品种有东北地区的民猪、西北地区的八眉猪和淮河流域的淮猪等。

（2）华南型　分布于中国南部。主要特点是体格偏小，头小面凹，耳竖立或向两侧平伸，躯体短宽，腿臀丰满，四肢较短；皮薄毛稀，鬃毛短小，被毛多为黑色或黑白花色；性成熟比华北型早，繁殖力低，平均产仔数为 8~10 头，乳头 5~6 对。代表品种有云南的滇南小耳猪、福建的槐猪、海南的海南猪等。

（3）华中型　分布于长江以南，北回归线以北，大巴山和武陵山以东的大部分地区。主要特点是体型略大于华南型，头中等大小，耳向上或平向前伸，背腰较宽且多小凹，腹大下垂；毛色以黑白花

为主，头尾多为黑色；繁殖力中等，每胎产仔数为 10~13 头，乳头
6~8 对。代表品种有浙江的金华猪、广东的大花白猪、湖南的宁乡
猪、广西的两头乌猪等。

（4）江海型　分布于长江中下游及东南沿海的狭长地带，包括台
湾省西部的沿海平原。主要特点是额宽，耳大下垂，背腰较宽，教平
直或微凹，骨粗；皮厚而松软，且多褶皱，被毛有黑色或间有白斑；
繁殖力高，经产母猪产仔数 13 头以上，乳头多在 8 对以上。代表品
种有太湖流域的太湖猪、江苏的姜曲海猪、台湾省的桃园猪等。

（5）西南型　分布于四川盆地，云南、贵州的大部分地区，以及
湖南、湖北的西部地区，主要特点是体格稍大，头大，额面多横行皱
纹且有旋毛，四肢粗壮；毛色多样，以全黑或"六白"为主，也有黑
白花和少量红毛猪；繁殖力偏低，经产母猪产仔数为 8~10 头，乳头
6~7 对。代表品种有四川的内江猪和荣昌猪、云南等地的乌金猪等。

（6）高原型　主要分布于青藏高原，品种数和头数均较少，以藏
猪为代表品种。主要特点是体型小，形似野猪，善奔跑，耐饥寒；繁
殖力低，一般年产 1 胎，每胎 5~6 头；生长慢，较晚熟，胴体瘦肉
率在 52% 左右。

27. 我国地方猪种与外种猪比较有哪些特点？

中国地方猪种有很多优良的种质特性，有些特性是中国猪种特有
的，其中最突出的是繁殖力高、肉质好、抗逆性强。

（1）繁殖力高　中国地方猪种性成熟早，排卵数多。据嘉兴黑
猪、东北民猪、金华猪、内江猪等 9 个品种的统计，性成熟时间平均
为 130 日龄，排卵数初产猪平均为 17.21 个，经产猪为 21.58 个。而
外种猪性成熟一般在 180 日龄以上，排卵数也较少。中国地方猪种产
仔数多，上述几个品种初产平均 10.54 头，经产平均 13.64 头。国外
繁殖力高的品种长白猪、大白猪产仔数较少。产仔数为低遗传力性
状，品种选育收效甚微。因此，我国地方猪种的高繁殖力性状就显得
更加重要。养猪先进的国家，都竞相引进我国的太湖猪、东北民猪等
与其本国品种杂交，以期利用我国猪种的高产仔基因。中国地方猪种
与外国猪种比较，还具有乳头数多、发情明显、受胎率高、护仔能力

强、仔猪育成率高等优良繁殖特性。

（2）肉质好 中国地方猪种虽然脂肪多，瘦肉少，但肉质明显优于外国猪种。国外一些高度选育的瘦肉型品种，劣质肉（PSE肉，即肉色苍白、质地松软、切面渗水）发生率很高，经济损失巨大，肉质改良工作已成为当前猪育种工作的重点。而中国地方猪种肉质优良，肌肉嫩而多汁，肌纤维较细，密度较大，肌肉大理石分布适中，肌纤维间充满脂肪颗粒，烹调时产生特殊的香味。

（3）适应性强 中国地方猪种比任何外国猪种都能更好地适应当地的饲养管理和环境条件，在长期的自然选择和人工选择过程中，地方猪种具有良好的抗寒、耐热、抗病、耐低营养和适应粗纤维饲料的能力。用氟烷测验测定猪的应激敏感性，没有发现中国地方猪种有氟烷阳性的报道。而外国猪种氟烷阳性的发生率相当高，如荷兰皮特兰达94%、德国皮特兰为87%、法国皮特兰为31%，丹麦长白为7%、英国长白为11%、法国长白为17%、荷兰长白为22%、德国长白68%、比利时长白为86%，荷兰约克夏为3%，美国汉普夏为2%。氟烷阳性猪遇到应激因素的刺激，绝大部分猪会发生应激综合征（PSS），由此而带来的损失巨大。

中国地方猪种与外国猪种比较，虽然具有一些独特的优点，但也有明显的不足，如生长缓慢、单位增重耗料多、瘦肉率低、皮厚等。因此，中国地方猪种直接用于育肥性价比较低。

（1）生长速度慢 在生长速度上，外国猪种明显高于中国本地猪种。在生长育肥期内，中国地方猪种如民猪、金华猪、太湖猪平均日增重为453克，外国猪种长白猪、杜洛克猪、大约克夏猪平均日增重为667克。外国猪种180日龄可达90千克以上，而中国地方猪种达90千克则远远超过180日龄。

（2）饲料利用率低 中国地方猪种民猪、金华猪、太湖猪平均料肉比为3.5∶1，外国猪种长白猪、杜洛克猪、大约克夏猪的平均料肉比为3∶1。外国猪种的饲料利用率高，可节省饲料，降低饲养成本。

（3）瘦肉率低 外国猪种的胴体瘦肉率高于中国地方猪种，外国猪种体重90千克时胴体瘦肉率达55%以上，我国地方脂肪型猪90

千克时胴体瘦肉率在 45% 以下。

28. 不同养殖模式下如何选择适合自己需要的品种？

不同的养殖模式，需要选择适合的品种进行饲养。在选择时，要把握以下重点。

（1）了解不同品种猪的繁殖性能特点，选择适合自己的母猪品种 相比而言，地方品种和培育品种母猪的繁殖性能优势较引进品种明显。不少地方猪种性成熟早、泌乳力强，发情征状明显，好配种，繁殖力高。相反，引进品种母猪发情征状不明显，配种时间不易把握，因不发情、屡配不孕、产仔少或头胎猪断奶后不发情等原因引起的淘汰率高，泌乳力、护仔性等方面也不如国内地方猪种，但其生长、育肥等生产性能高。广大养殖户可根据自身情况灵活确定饲养的母猪品种。

（2）要以市场为导向进行选择 市场化养猪的目的，不仅仅是为满足消费需求，而是以营利为目的。因此，要根据不同市场的猪肉消费需求特点，选择适销对路的品种尤其关键。如果运往大中城市消费，或者与大型屠宰加工企业合作，一般要求育肥猪屠宰率高、胴体瘦肉率高，就要选瘦肉率相对较高的引进品种及其杂交组合饲养。如果以本地农村市场销售为主，可以考虑选养地方品种或土洋结合的杂交组合（以引进品种为父本，以地方猪为母本杂交的后代），或者是饲养培育品种，因为这些品种肉质较好，适应性强，适合农村的消费习惯。当然，现在大中城市出现一批高档肉消费群，他们对肉的质量要求更高。在调查研究的基础上，也可以饲养特色地方品种猪，或者是以地方品种猪为基础的杂交组合，以迎合消费需求，提高猪肉销售价格，获得更好的经济效益。

（3）以自身技术水平和饲养管理条件为参考选择品种 对于已经具备一定生猪养殖经验，有一定知识积累的专业化养猪场户，可以选择外来品种杂交组合进行饲养育肥，如选择"杜长大"（杜洛克猪、长白猪、大白猪三元杂交），也可以选择一些配套系猪饲养。对于饲养量在 3 000 头以上的中等规模猪场，技术力量相对雄厚，可选择生长快、饲养报酬高、饲养技术要求比较严格的外三元品种或高效配套系。如果是和公司合作，以"公司＋农户＋基地"或"公司＋养殖小区"等模式组织生猪生产，饲养的品种或组合一般由公司决定，不需要过多考虑品种选择的问题。

对于农户散养、专业户养殖等中小规模养殖场户，从业人员如果没有经过专门化的养猪技术培训，专业知识略显欠缺，没有多少养猪经验的情况下，宜选择适应性好、生长育肥性能较高、抗病抗逆性能较强的培育猪种及其配套杂交组合，也可以选择引进品种作为父本，与本地地方品种杂交，生产杂交一代，育肥出售。待有一定养猪技术和知识积累后，可更换为引进品种饲养。如果是为了生产优质猪肉，市场价格看好，地方品种或是特色培育品种，也是不错的选择。

另外，选择饲养品种还要考虑饲养条件，尤其是饲料资源条件。一般引进品种对饲料的要求较高，营养、饲养环境条件跟不上，生长潜力就很难发挥，造成生长缓慢、抗病力差，经济效益就低。地方品种猪对青粗饲料的消化率明显高于引进品种。所以，如果是用全价饲料养猪，则可以选择引进品种。如果是想充分利用当地饲料资源，特别是农副产品和青饲料资源，则宜选择地方品种及其杂交种或培育品种。

第二章 猪的营养需要与日粮

1. 猪必需的营养物质有哪些?

为了保证正常的生长和繁殖,必须通过饲料给猪提供营养物质。猪维持生命、生长和繁殖所需的营养物质,可概括为蛋白质、能量、维生素、矿物质和水五大类。除水之外,所有养分都只能通过饲料提供。

2. 为什么说蛋白质对猪是头等重要而又不可替代的营养物质?

饲料中含氮物质的总称是粗蛋白。粗蛋白包括纯(真)蛋白质和氨化物两部分。蛋白质的基本结构单位是氨基酸。蛋白质对猪是头等重要而又不可替代的营养物质。猪的肌肉、神经、结缔组织、皮肤、内脏、被毛、蹄壳及血液等,都以蛋白质为基本构成成分。此外,猪的体液和激素的分泌,精子、卵子的生成,都离不开蛋白质。

纯(真)蛋白质是由氨基酸组成的。氨基酸是一种含有氨基的有机酸,是蛋白质的基本组成成分。如果按氨基酸对猪的营养需要来讲,可把氨基酸分为必需氨基酸和非必需氨基酸。

体内不能合成或合成的数量不能满足猪的生理需要,必须由饲料提供的氨基酸称必需氨基酸。研究证明,生长猪需 10 种必需氨基酸(赖氨酸、蛋氨酸、色氨酸、组氨酸、异亮氨酸、亮氨酸、苯丙氨酸、缬氨酸、苏氨酸和精氨酸),生长猪能合成机体所需 60%~75% 和精氨酸,成年猪能合成足够需要的精氨酸,猪对蛋氨酸需要量 50% 可用胱氨酸代替,苯丙氨酸需要量的 30% 可用谷氨酸代替。所以,称胱氨酸和苯丙氨酸等为半必需氨基酸。但要注意胱氨酸和苯丙氨酸不能转化为蛋氨酸和谷氨酸。

非必需氨基酸在体内合成较多，不需要由饲料来提供，在猪体内可由其他的氨基酸或氮源合成体内所需的氨基酸。

由此可见，在饲料中提供足够的必需氨基酸和非蛋白氮合成非必需氨基酸的能力，决定了饲料蛋白质水平的合适程度，则实际猪对蛋白质的需要量就是猪对必需氨基酸和合成非必需氨基酸氮源的需要。

饲料蛋白的营养价值主要取决于饲料中必需氨基酸的组成和含量。饲料中必需氨基酸含量和各氨基酸比例越接近猪对必需氨基酸的需求，其饲料蛋白的营养价值就越高。

不同饲料来源的饲料蛋白质品质不一。饲料蛋白中某一个或某些氨基酸的不足，就会限制其他氨基酸的利用，该氨基酸称为限制性氨基酸。在某一饲料或某一日粮中，某一氨基酸的含量与猪只所需的氨基酸之比最小的一个为第一限制氨基酸，稍大一点为第二限制氨基酸，以此类推。猪饲料中常见的限制性氨基酸有赖氨酸、蛋氨酸、色氨酸、苏氨酸和异亮氨酸。猪日粮中第一限制性氨基酸往往为赖氨酸。由于饲料蛋白质中各种必需氨基酸的含量有很大差别，因此，在日粮中多种饲料搭配使用，可发挥蛋白质的互补作用，提高饲料蛋白质利用率或蛋白质的生物学价值，添加合成的氨基酸可提高饲料蛋白的生物学价值。例如，玉米中赖氨酸含量较少，豆饼、鱼粉中含量较多，把玉米和豆饼、鱼粉混合在一起，即可取长补短，互相弥补，达到互补平衡的要求。

以植物蛋白来源的日粮，一般易缺的氨基酸为赖氨酸，所以，猪日粮中要经常添加赖氨酸。

3. 猪饲料的能量物质是什么？

猪饲料的能量物质主要是碳水化合物。碳水化合物是玉米等植物性饲料的主要成分，分解后能供给猪体热能。碳水化合物进入猪体后，就像炉子里加了煤一样，被氧化后产生热能，用来作为呼吸、运动、循环、消化、吸收、分泌、细胞更新、神经传导以及维持体温等各种生命活动的能源。满足日常消耗的能量后，剩余的碳水化合物就转化成了脂肪。

饲料中的碳水化合物由无氮浸出物和粗纤维两部分组成。无氮浸出物的主要成分是淀粉，也有少量的简单糖类。无氮浸出物容易消化，是植物性饲料中产生热能的主要物质。粗纤维包括纤维素、半纤维素和木质素，总的来说难于消化，过多时还会影响饲料中其他养分的消化率，因此，猪饲料中粗纤维的含量不宜过高。当然，适量的粗纤维在猪的饲养中还是有必要的，因为它除了能提供一部分能量外，还能促进胃肠蠕动，有利于消化和排泄以及具有填充作用，使猪具有饱腹感。

　　脂肪与碳水化合物一样，在猪体内的主要功能是氧化供能。脂肪的能值很高，所提供的能量是同等重量碳水化合物的2倍以上。除了供能外，多余部分可蓄积在猪的体内。此外，脂肪还是脂溶性维生素和某些激素的溶剂，饲料中含一定量的脂肪时，有助于这些物质的吸收和利用。同时，植物性饲料的脂肪中还含有仔猪生长所必需、但又不能由自行执行合成的3种不饱和脂肪酸，即亚油酸、亚麻油酸和花生四烯酸，仔猪缺乏这些脂肪酸时，会出现生长停滞、尾部坏死和皮炎等症状。

　　除了米糠、蚕蛹和部分油饼外，猪饲料通常含脂肪不多。

4. 维生素是一类什么样的营养物质？

　　维生素是饲料所含的一类微量营养物质，在猪体内既不参与组织和器官的构成，也不氧化供能，但它们却是机体代谢过程中不可或缺的物质。目前已发现的维生素有30多种，其化学性质各不相同，功能各异，日粮中缺乏某种维生素时，猪会表现出独特的缺乏症状，从而严重损害猪的健康、生长和繁殖，甚至引起死亡。

　　通常根据溶解性，将维生素分为脂溶性维生素和水溶性维生素。前者包括维生素A、维生素D、维生素E、维生素K，后者包括B族维生素和维生素C。脂溶性维生素在猪体内可以有较多的储存，因此猪可以较长时间地耐受缺乏脂溶性维生素而不出现缺乏症；相比之下，水溶性维生素则在体组织中储存量不大，因此需要每天通过日粮摄取水溶性维生素，以补其不足。

5. 维生素 A 有什么功能？缺乏时有什么表现？

维生素 A 的主要功能是保护黏膜上皮健康，维持生殖功能，促进生长发育和防止夜盲症。猪缺乏维生素 A 时，表现食欲不佳、视力减退或夜盲。

维生素 A 与黄体素（孕酮）的合成有关，黄体素分泌不足时，将导致妊娠终止。有研究表明，适当提高饲粮维生素 A 的添加量，可以提高母猪窝产仔数和断奶仔猪数。母猪缺乏维生素 A 时，受胎率下降，表现发情不正常、难产、流产、死胎、弱胎、畸形胎及胎衣不下。公猪饲料中添加维生素 A 能促进睾丸发育，提高精液质量。仔猪瞎眼和四肢麻痹容易患肺炎、下痢等。维生素 A 容易被氧化破坏，尤其是在高温高湿的环境下与微量元素及酸败脂肪接触时，维生素 A 会损失殆尽。

6. 猪从哪里获得维生素 D？

维生素 D 又称抗佝偻病维生素，与猪体内钙、磷的吸收和代谢有关。缺乏时仔猪会患佝偻病（软骨病），成年猪产生骨质疏松症。

植物性饲料一般含有维生素 D 较少，但其所含的麦角固醇经阳光（紫外线）照射可以转变成维生素 D；此外，猪皮肤中的 7- 脱氢胆固醇经紫外线照射也可转变成维生素 D。因此，使猪多晒太阳和喂给晒干的草粉（如苜蓿、紫云英、豆叶粉等），都能改善猪的维生素 D 供给状况。

7. 维生素 E 有何功能？

维生素 E 又叫生育酚，与繁殖机能密切相关，能促进促甲状腺素（TH）和促肾上腺皮质激素（ACTH）以及促性腺激素的产生，增强卵巢机能，使卵泡增加黄体细胞。

日粮中缺乏维生素 E，公猪精液数量减少，精子活力降低，母猪则可能不孕。此外，还会发生白肌病、心肌萎缩，并有四肢麻痹等症状。青绿饲料和种子的胚芽中富含维生素 E。

在母猪日粮中补充维生素 E，不仅能提高受胎率，减少胎儿死亡，增加窝产仔数，还能增强仔猪的抗应激能力，减少断奶前仔猪死亡，缩短母猪断奶至发情间隔，提高公猪精液质量。

8. 维生素K有何功能？

维生素K与机体的凝血作用有关，缺乏时会导致凝血时间延长、全身性出血，严重时可出现死亡。猪的肝脏以及绿色植物中含维生素K较多，猪消化道内的微生物也有一定的合成维生素K的能力。

9. 猪需要的水溶性维生素有哪些？

（1）维生素 B_1 又叫硫胺素、抗脚气病维生素、抗神经炎维生素等。能促进胃肠蠕动和胃液分泌，有助于消化，提高采食量，促进生长发育，增强抗病力；维持神经组织及心肌的正常功能。缺乏时，早期表现为食欲减退、消化不良、呕吐、腹泻，严重时出现心肌坏死和心包积液现象。

米糠、麸皮和酵母富含维生素 B_1，青饲料、优质干草中含量也多，猪一般不易缺乏。

（2）维生素 B_2（核黄素） 是酶系统的组成部分，参与能量代谢，具有促进生物氧化的作用。生长猪缺乏会出现食欲不振、消化不良、呕吐、生长缓慢、神经过敏；皮肤干燥易皱裂，被毛粗乱甚至脱毛，背部皮肤变厚，发生皮炎，产生皮屑；口腔黏膜和舌面易发炎溃疡，免疫功能下降。母猪表现食欲减退、不发情、早产或者产死胎、弱胎或无毛仔猪，有时还发生胚胎被母体吸收的现象。

核黄素能由植物、酵母、真菌和其他微生物合成，但动物本身不能合成。脱脂乳、乳清和酵母中含有丰富维生素 B_2。动物性饲料及青绿饲料，尤其是豆科植物中含有维生素 B_2 较多，玉米和其他谷物中含量较少。

（3）维生素 B_3（泛酸） 是辅酶A的组成成分，参与碳水化合物、脂肪和蛋白质的代谢，与皮肤和黏膜的正常生理功能、毛发的色泽有很重要关系。泛酸还可以促进抗体的合成，从而增强机体抵抗病原体的能力。

缺乏泛酸时，猪表现为丧失食欲，生长速度缓慢，饲料转化率下降，胃肠功能紊乱，腹泻、粪便带血；皮肤发红，炎症主要位于肩部和耳后部，皮肤肮脏并呈鳞片状，眼周有棕褐色分泌物；运动失调，在发病初期，后肢行走僵硬，站立时轻微颤抖。当病情日趋严重时，病猪在前进中后肢提举过高，往往触及腹部，腿内弯，出现"鹅行步伐"。严重病猪将导致后肤瘫痪，呈一侧歪倒，后肢明显向两侧伸展，似犬坐式。母猪缺乏泛酸将导致死胎、化胎、弱仔产出后因不会吸奶而死亡。母猪还出现脂肪肝、肾上腺肥大、肌内出血、心脏扩张、卵巢核质减少及子宫发育异常等症状。

大部分饲料中富含泛酸，谷实及其加工副产品也是泛酸的来源。大麦、豆饼中泛酸利用率高，玉米和高粱的利用率低。以谷类尤其是玉米、豆粕为主的饲料，一般都需要添加泛酸。以植物蛋白为主未添加泛酸的饲料较易引起缺乏症。

（4）维生素 B_5（烟酸、尼克酸、维生素PP） 泛酸对保持组织的完整性，特别是皮肤、胃肠道和神经系统的完整性具有重要意义。

猪缺乏维生素 B_5，会出现呕吐、下痢症状，因结肠和育肠损害所致的坏死性肠炎，使粪便恶臭。生长猪日粮中缺乏维生素 B_5 表现为食欲减退，生长缓慢，皮肤干燥，皮炎和鳞片样皮肤脱落，被毛粗糙、脱毛和正常红细胞贫血；有些猪局部瘫痪、后肢肌肉痉挛、唇部和舌部溃烂。

几乎所有植物性饲料都含有不同量的泛酸，但某些饲料中泛酸以结合型存在，这种类型的泛酸对仔猪大部分不能利用。玉米、小麦和高粱中利用率差，豆饼中利用率较高，鱼粉和肉骨粉含量较高。

（5）维生素 B_6（吡哆醇） 是猪体内氨基酸代谢和蛋白质合成所必需的一种维生素。猪缺乏维生素 B_6 表现为食欲下降，生长发育受阻，免疫反应减弱；皮下水肿、皮肤发炎和脱毛；后肢麻痹，外周神经发生进行性病变，导致运动失调；小细胞低色素性贫血，脂肪肝。仔猪在出生后2周内即可出现厌食症，伴随生长减慢、呕吐、腹泻等。

玉米-豆饼型日粮中不必添加维生素 B_6，因为饲料中含量丰富，其生物利用率为40%~60%。

（6）叶酸 对维持母猪的繁殖性能和促进胎儿早期发育有重要的

作用。在保证种母猪的稳定繁殖机能方面，可提高窝产仔数；维持良好的泌乳力，防止泌乳紊乱。

叶酸分布于动、植物饲料中，青绿饲料、谷物、豆类和动物产品中叶酸含量丰富，所以，一般情况下猪不易引起缺乏。

（7）维生素 B_{12}（钴胺素） 参与许多物质代谢过程，在血液形成中起重要作用。缺乏时，猪食欲减退、生长迟缓，并可发生皮炎。严重缺乏时，发生恶性贫血。

（8）维生素 C（抗坏血酸） 在活细胞内的各种氧化还原反应中起重要作用，参与肾上腺皮质内固醇的合成，有助于缓解应激，并消除高温对精液质量的不利影响。公猪增喂维生素 C 后，精子质量有所提高；母猪受胎率提高。维生素 C 具有较强的抗应激作用，可以通过缓解应激，改善母猪繁殖性能和抵抗力。母乳是 1 周龄前仔猪维生素 C 的唯一来源。在怀孕期和哺乳期，给母猪补充维生素 C 可降低断奶前仔猪死亡率。

猪缺乏维生素 C 表现为食欲不振，生长缓慢，患病率增高，营养不良，体质虚弱，呼吸困难，齿龈肿胀，出血、溃疡；猪日增重、抗病力、生产力下降。

10. 饲料中的维生素应如何保存？

加工的主要目的是更好地保存和利用饲料，但由于各种维生素的性质不同，加工条件与方法不同，在饲料加工过程中维生素的损失情况也不尽相同。造成维生素损失的主要因素包括氧化、日照温度和时间、酸碱度、金属与酶的作用、光或电子辐射、水分含量等。

只有详细了解各种维生素的稳定性特点后，才能最大限度地避免损失，保持饲料的营养价值。

11. 猪必需的矿物质元素有哪些？

猪日粮中至少需要 13 种无机元素：氯、钠、钙、磷、钾、铜、铁、锌、锰、碘、硒、镁、硫，可能还有铬。环境来源似乎能满足猪对这些元素（如果这些元素事实上是需要的话）的需要。实际猪日粮中添加的元素有盐（钠和氯）、钙、磷、铜、铁、锌、锰、碘和硒。

（1）盐　日粮中加盐是为了提供钠和氯，生长育肥猪日粮中正常的添加量为 0.25%~0.35%。种猪盐的添加量妊娠母猪为 0.4%、哺乳母猪为 0.5%。过量的盐有毒，尤其当供水不足时或溶解盐的浓度过高时，毒性更大。饲料中含盐量不应超过 2.5%。当给猪饲喂在加工生产过程中添加盐的一些副产品（如乳清和鱼粉）时，要特别当心盐中毒。

（2）钙与磷　钙与磷是支持骨骼和组织生长的两种元素，需要量很大。它们还参与其他重要的生理过程如肌肉收缩和能量转移。配制日粮时应注意：一是钙磷的需要量；二是所用饲料中这两种元素的生物学利用率；三是钙磷的比例。钙磷的可接受比例范围为（1.0~2.0）：1。

（3）铜　猪需要铜来合成血红蛋白和合成与激活正常代谢必要的一些氧化酶类。生物效价高的铜盐有硫酸铜、碳酸铜和氧化铜。缺铜导致铁的功用差，血细胞生成异常，角质化、胶原蛋白、弹性蛋白和骨髓合成变差。缺铜症状有贫血、腿弯曲、心血管异常等。饲料中铜超过 250 克 / 吨，饲喂几个月会引起中毒。降低日粮锌和铁水平或升高钙水平会加重铜中毒。饲喂 100~200 克 / 吨的铜，会促进猪的生长。

（4）铁　实际上，猪可以通过与环境的接触获得铁，特别是与土壤的接触；集约化养猪使铁的环境来源基本被切断。仔猪出生时，铁在体内的储备很低，随着体重增加，血量增加，合成血红蛋白需要铁，使体内储备的铁的含量迅速降低，母乳的含铁量甚少，不能满足仔猪生长的需要。现已证明，母乳的低铁含量可有效地防止微生物繁殖和肠道病发生。哺乳仔猪补铁是必需的，首选的补铁法是给出生 3 天内的仔猪注射 100~200 毫克的葡聚糖苷铁（生血素）。仔猪出生几周后，通过采食含铁充足的仔猪料就能很容易满足铁的需要量。

（5）锌　植物性饲料中，锌的含量很低。给猪饲喂不加锌的日粮，猪易患皮肤角质化不全症。过去 10 年中，对锌的生化作用机制进行许多研究。现已了解到锌在免疫机制中能起作用，并能防止细胞受到氧化损害。最新有关锌的一项实际应用是，在断奶猪日粮中添加高水平氧化锌（锌量达 3 000 克 / 吨）能预防仔猪下痢。这种高水平的锌是有毒的，建议该水平的饲喂期不能超过 2 周。人们还需注意锌与钙的拮抗关系，日粮中过量的钙会引起锌的缺乏。

（6）锰　作为许多种与糖、脂和蛋白质代谢有关的酶的组成成分发挥作用。锰对硫酸软骨素的合成必需，硫酸软骨素是骨有机质黏多糖的组成成分。饲料锰的需要量非常低，生长育肥猪为 4 克 / 吨、种猪为 40 克 / 吨。

（7）碘　猪体内大部分碘存在于甲状腺中。在甲状腺，碘以一、二、三和四碘甲状腺氨酸（甲状腺素）的形式存在，这些激素对调节代谢率非常重要。碘化钾和碘酸钙是饲料中有效的补充形态，饲料中补充 0.14 克 / 吨的碘即可满足猪的需要。严重缺碘使猪生长停止、昏睡、甲状腺肿大。母猪缺碘产无毛弱仔或死胎。大剂量碘极少造成中毒。

（8）硒　硒的作用与维生素 E 有关。缺硒的临床症状是外观看来正常的仔猪突然死亡。日粮中的含硒量主要取决于种植谷物饲料的土壤。用来自世界上缺硒地区的饲料配制的日粮应补充硒。无机形式的硒如亚硒酸钠和硒酸钠已使用许多年。近来有报道称添加部分有机硒也有效。

硒的安全浓度和毒性浓度之间范围很窄，需要量在 0.35 克 / 吨范围内，而超过 5.0 克 / 吨则有毒。日粮中加硒时应特别小心。

12. 水在猪体内有什么主要功能？

水在动物体内的主要功能如下。

（1）水是动物体的构成成分　猪体内的各种器官、组织及产品都含有一定量的水分，如血液中水分含量达 80% 以上，肌肉中为 72%~78%，骨骼中约含 45%。

（2）水能使机体维持一定的形态　由于水具有调节渗透压和表面张力的作用，可以使细胞饱满而坚实，从而维持机体的正常形态。

（3）水是畜体的重要溶剂　营养消化、吸收、运输和代谢，代谢物的排出，还有繁殖及泌乳等生理过程都必须有水参加。

（4）水对体温调节起着重要作用　动物不仅通过血液循环可以将代谢产生的热传送到机体各部位维持体温，而且可以通过饮水和排尿、排汗等来调节体温。

（5）水是一种润滑剂　如关节腔内润滑液能减少关节转动时的摩擦，唾液能使饲料易于吞咽。

（6）水参与动物体内各种生化反应　水不仅参与体内的水解反应，还参与氧化—还原反应，有机物质的合成以及细胞的新陈代谢。

水是最基本的，但又是经常被忽视的营养成分。缺水或饮水不足对机体危害极大，可以降低猪的生产性能，对猪泌乳、生长速度和饲料消耗量均有不良影响。体内水分减水 5% 时，猪就会感到不适，食欲减退；减少 10% 时，会导致生理失调；减少 20% 时，会导致死亡。

猪对水的需要量因其生长发育阶段、生理状况、采食量及环境温度等条件的不同而异。一般猪每采食 1 千克干饲料需 2~5 千克水。冬季的适宜给水量为饲料量的 2~3 倍，春秋季约为 4 倍，夏季 5 倍。哺乳母猪和育肥前期的猪给水量还要增加，每头每天需水量育肥猪为 20 千克左右，哺乳母猪为 50 千克左右。除了水量外，对水质还有一定的要求。水的质量的监测有总可溶性固形物浓度、pH，亚硝酸根离子浓度、硫酸根离子浓度、氯化钠浓度、总碱度，还有水中的微生物含量。水中总可溶固形物（即盐分）的含量，一般每千克水中含盐分 1 500 毫克左右比较理想；高于 5 000 毫克仍可饮用，但不理想，可能出现腹泻等现象；高于 7 000 毫克则不宜饮用。因此，在养猪生产中，特别是在新建猪场时，必须重视水的来源，要保证有充足清洁质好的水源。

13. 影响猪对水需要量的因素有哪些？

猪对水的需要量受环境因素的影响，更受机体损失水的影响。

猪体经过 4 个主要途径损失水：肺脏呼吸、皮肤蒸发、肠道排粪，肾脏泌尿等。体重为 1 千克、45 千克、90 千克的猪由肺脏和皮肤蒸发损失的水，每天分别为 86 克、1.3 千克和 2.1 千克。喂给水和料的比例为 2.75∶1，体重为 75 千克的猪损失的水每天为 1 千克。由于猪没有汗腺，猪主要以呼吸损失水，而不是蒸发损失水。

腹泻时，粪便中的水损失多，动物的需水量增加。盐和蛋白质的采食量增加引起的过度泌尿会显著增加需水量。奶虽然含水 80%，但也是导致机体缺水的高蛋白质和高矿物质食物。

引起水需要增加的其他条件是外周温度较高、发烧和哺乳。在任意温度下猪个体间饮水量差异很大，但在 7~22℃ 下生长猪的饮水量几乎没有差异。到 30℃ 和 33℃ 时饮水量增加很多，而且引起猪的行为变化：猪在整个猪圈的地面都排粪排尿，并且将水槽里的水弄得到处都是，以图体表凉爽。

水的最低需水量是指在生长或妊娠期间为平衡水损失、产奶、形成新组织所需的饮水量。水温也会影响饮水量，饮用低于体温的水时动物需要额外的能量来温暖水。

一般来说，饮水量与采食量、体重呈正相关。但每天采食量低于30 克 / 千克体重时，由于饥饿，生长猪会表现饮水过量的行为。

14．猪常用的能量饲料有哪些？

在一些养猪户做自配料的时候，往往会对能量饲料的范围摸不清，给配料工作造成了很多的麻烦，因此，清晰地了解能量饲料的种类是正确高效配制饲料的前提。

能量饲料指的是在绝干物质中，粗纤维含量低于 18%，粗蛋白质含量低于 20%，天然含水量小于 45% 的谷实类、糠麸类等。这类饲料富含淀粉、糖类和纤维素，是猪饲料的主要组成部分，用量通常占日粮的 60% 左右。

（1）谷物类　玉米号称饲料之王。它在谷实类饲料中含可利用能量最高，玉米的颜色有黄、白之分，黄玉米含有少量胡萝卜素，有助于蛋黄和皮肤的着色。

高粱与玉米相比，代谢能含量低一些，脂肪含量比玉米低，不含胡萝卜素；小麦脂肪含量低，但是蛋白质含量比玉米高，用小麦喂肉猪以粗碎为宜，太细影响适口性，一定情况下可以替代玉米。

（2）糠麸类　小麦麸粗纤维含量高，能量值低，质地疏松，可减缓母猪便秘，但仔猪喂多了易引起腹泻。小麦麸易氧化变质，不宜储存；米糠分为全脂米糠、脱脂米糠和粗糠，其纤维含量高，赖氨酸含量低，精氨酸含量高。米糠含胰蛋白酶抑制因子，须经加热除去。全脂米糠不饱和脂肪含量高，不耐储存，对猪适口性不好。脱脂米糠脂肪含量低，其他成分与全脂米糠基本相同，对猪的适口性好于全脂米糠。粗糠几乎没有利用价值，多用做填充物。

另外，在猪的常用能量饲料中，一些油脂也可以作为能量饲料来使用，尤其是夏季，可喂食母猪油脂补充能量。

15. 玉米喂猪要注意哪些事项？

玉米是最常用的能量饲料。喂猪时要注意以下"五要""两不要"。

（1）"五要"

一要糖化后饲喂。玉米粉经糖化后，能使部分淀粉转化成糖，可使猪喜食快长。做法是：将玉米粉放入缸中，再倒入2倍的快开的热水充分搅拌成糊状，在其表面撒上5厘米厚的干粉，经过3~4小时即被糖化。

二要添加饼类饲料。供给粗蛋白含量低且品质差，不能完全满足猪的生长需要，可在日粮中加入15%豆饼或菜籽饼等。如仔猪应加入5%鱼粉。

三要添加微量元素。玉米中矿物质元素含量低，故应在日粮中添加骨粉、磷酸氢钙和硒、铁、铜、锌、锰等微量元素。

四要添加维生素。玉米中维生素含量低，饲喂时必须加喂青绿饲料，可添加畜禽多种维生素。

五要喂前浸泡。玉米经浸泡能吸收水分而膨胀变软，猪易咀嚼，易消化吸收。浸泡方法，是在玉米粉中加1~1.5倍的水浸泡2小时。

（2）"两不要"

一不要单纯饲喂。纯用玉米喂猪每增重1千克需消耗6千克玉米。而用配合饲料喂猪只需2.5~3千克。

二不要粉碎后长期贮存。玉米应粉碎后饲喂，粉碎后的玉米面时间久了易变质。粉碎量以15天用完为宜，夏天以10天用完为宜。

16. 为什么发霉的玉米不能喂猪？

发霉的玉米中含有黄曲霉毒素，猪吃后会引起黄曲霉毒素中毒症，俗称"黄膘猪"。

仔猪和怀孕母猪较为敏感，中毒仔猪常呈急性发作，出现中枢神经症状，头弯向一侧，角弓反张，数天内死亡。大猪持续病程较长，精神不振，食欲减退或废绝，口渴喜饮；可视黏膜黄染或苍白，皮肤充血发红或有出血斑；四肢无力，步行蹒跚；粪便先干后稀，重者混有血丝甚至血痢；尿黄或茶黄色混浊。后期病猪出现间歇期抽搐、角弓反张等精神症状，多因衰竭而死亡。慢性中毒病猪体温基本正常，食欲减少或废绝，或只吃青饲料不吃饲料，可视黏膜轻度黄染或苍白，皮肤基本正常。但内脏已受毒素损伤，一遇刺激常使病情加重，甚至引起不明原因死亡。

在养猪实践中，霉玉米的危害不像猪瘟、蓝耳病等烈性传染病那样，猪群突然发病，出现大量死亡等。其危害是潜在的，或者说是一点一滴积累起来的，外表可能一切正常，但受到外界应激的影响后，可能马上发病。比如：母猪的流产、发情配种率差，后备母猪和育肥猪表现外阴肿大等。最为可怕的是，能造成猪的免疫力下降（即免疫抑制），导致疫苗免疫效果差、猪对各种疾病的敏感性增加等。

17. 如何识别发霉玉米？

① 正常玉米籽粒多为黄白色，颗粒饱满，无损害，无虫咬、虫蛀和发霉变质现象。发霉玉米可见胚部有黄色或绿色、黑色的菌丝，质地疏松，有霉味。

② 发霉后的玉米皮特别容易分离。

③ 观察胚芽，玉米胚芽内部有较大的黑色或深灰色区域为发霉的玉米，在底部有一小点黑色为优质的玉米。

④ 在口感上，好玉米越吃越甜，霉玉米放在口中咀嚼味道很苦。

⑤ 在饱满度上，霉玉米比重低，籽粒不饱满，取一把放在水中有漂浮的颗粒。另外，还要警惕不法商贩用油抛光已经发霉的玉米并进行烘干的处理，还有一些不法分子将已经发芽的玉米用除草剂喷洒，再进行烘干销售。

⑥ 玉米粒发黑的，是长时间高湿高温造成的；胚芽外皮有绿的，是脱粒早、来不及晒造成的；胚芽皮内发绿或发黑的，是闷时间过

长的。

18. 猪常用的蛋白质饲料有哪些?

蛋白质饲料指干物质中粗纤维含量低于18%、粗蛋白含量高于20%的豆类、饼粕类及动物性饲料。蛋白质饲料可分为动物性蛋白饲料和植物性蛋白饲料。

(1)植物性蛋白饲料

① 豆粕(饼)。以大豆为原料取油后的副产品。通常将用浸提法或经预压后再浸提取油后的副产品称为大豆粕;将用压榨法或夯榨法取油后的副产品称为大豆饼。

② 全脂大豆。全脂大豆中约含35%的粗蛋白,17%~20%的粗脂肪,有效能值也较高,不仅是一种优质蛋白质饲料,同时在调配仔猪饲料时也可作为高能量饲料利用。

③ 菜籽粕(饼)。以油菜籽为原料取油后的副产品。用压榨法或土法夯榨取油后的副产品称为菜籽饼,用浸提法或经预压后再浸提取油后的副产品称为菜籽粕。

菜籽饼含粗蛋白35%~36%,菜籽粕含37%~39%。同时,也含有一些有毒物质,主要包括硫葡萄糖苷的四种降解产物、芥子碱、单宁、植酸等。其脱毒方法包括碱处理法、水浸法、发酵法、热喷法等,但根本途径还需从普及应用无毒或低毒品种着手。

④ 棉籽粕(饼)。以棉籽为原料经脱壳、去绒或部分脱壳、再取油后的副产品。去壳的棉籽粕(饼)的蛋白质质量在饼粕类中属高档品质。棉籽粕(饼)中含有较丰富的磷、铁及锌,但植酸磷的含量也较高,影响其他元素的吸收利用。棉籽粕(饼)含有多种抗营养物质,最主要的是游离棉酚(存在于棉籽色素腺体中的一种毒素)。猪对游离棉酚的耐受力较差,一般乳猪、仔猪料中不用棉籽粕(饼)。另外,由于棉酚是人类的避孕药,因此种猪避免使用。品质优良的棉籽粕(饼)在取代猪日粮中的部分豆粕(饼),但用量不宜超过10%,同时注意氨基酸的平衡。

⑤ 花生粕(饼)。以脱壳后的花生仁为原料,经取油后的副产品。一般将土法夯榨及机械压榨取油后的副产品称为花生饼,经预

压、有机溶剂浸提或直接有机溶剂浸提取油后的副产品称作花生粕。花生仁饼和花生仁粕中的粗蛋白含量分别约为45%和48%，高于豆粕（饼）中的含量3~5个百分点。但从氨基酸的含量及组成比例看则不如豆饼，如赖氨酸含量低，仅为豆粕（饼）的一半，其他必需氨基酸除精氨酸外均低于豆粕（饼）。

（2）动物性蛋白饲料

① 鱼粉。以一种或多种鱼为原料，经去油、脱水、粉碎后的高蛋白质饲料。鱼粉蛋白质含量高，消化率一般在90%以上，而且所含氨基酸平衡，赖氨酸、色氨酸、蛋氨酸及胱氨酸丰富。鱼粉蛋白质含量因原料质量不同，变异较大。

鱼粉是猪良好的蛋白质及必需氨基酸的来源。生长育肥猪阶段鱼粉用量应适当控制，一者因为成本因素，再者猪后期鱼粉用量太高会使胴体变软及有鱼腥味。

新鲜的鱼粉有烤鱼香味，并稍带鱼油味，不可有酸败、氨臭等腐败味及过热之焦味。贮藏不良时，鱼粉表面出现黄褐色油脂，味变涩，难以消化。国产鱼粉与国外同类产品相比，粗蛋白含量相近。进口鱼粉中秘鲁鱼粉质量较好，粗蛋白含量可达60%以上，含硫氨基酸约比国产鱼粉高1倍，赖氨酸也明显高于国产鱼粉。

② 肉骨粉。用动物屠宰后不宜食用的下脚料以及肉类罐头厂、肉品加工厂等的残余碎肉、内脏杂骨等为原料，经高温消毒、干燥粉碎成的粉状饲料。蛋白质含量较高，为20%~50%，但粗蛋白主要来自磷脂、无机氮、角蛋白、结缔组织蛋白、水解蛋白和肌肉蛋白。其中磷脂、无机氮、角蛋白利用价值很低，肌蛋白利用价值较高。氨基酸组成不理想，脯氨酸、甘氨酸含量较多，赖氨酸及色氨酸不足。肉骨粉是良好的钙、磷来源，维生素 B_{12}、烟酸含量较高，但维生素 A、维生素 D 不足。在生长育肥猪中可适量添加，但乳猪料中应尽量少用。

③ 喷雾干燥血浆蛋白粉。是将健康动物的新鲜血液经抗凝处理，分离血浆和血细胞，将血浆经瞬间的高温喷雾干燥后而获得的具有固有气味的粉末状产品。它作为一种新型的蛋白质饲料原料，在早期断奶乳猪料中得到广泛的使用。

喷雾干燥血浆蛋白粉营养全面，蛋白质含量 72% 以上，粗脂肪 2% 左右，灰分 9% 以下。它不仅蛋白质、氨基酸组成理想（赖氨酸、色氨酸和苏氨酸等必需氨基酸的含量较高），而且氨基酸的消化利用率高（除蛋氨酸外，其他各种氨基酸的回肠末端消化率在 80% 以上）。此外，它含丰富的免疫球蛋白，还含许多生物活性物质，如未知生长因子、生物活性肽、各种酶等。其消化能可达 17.1 兆焦／千克，是一种高能量物质。

④ 羽毛粉。是将家禽羽毛净化消毒，再经蒸煮、酶解或水解、粉碎或膨化成粉状，可供作动物性蛋白质补充饲料。

羽毛蛋白质主要成分为含双硫键的角蛋白，加热水解可提高其利用价值，关键取决于水解程度，如果水解过度，则会破坏氨基酸；水解不足，则双硫键未被解开，蛋白质利用率不良。羽毛粉中含粗蛋白 80%~85%，含硫氨基酸最高，其中胱氨酸含量可达 4%，此外缬氨酸、亮氨酸、异亮氨酸的含量也很高。宜与缺乏异亮氨酸的原料如血粉配合使用效果较好。

19. 猪常用的青绿多汁饲料有哪些?

青绿多汁饲料主要指天然水分含量高于或等于 60% 的饲料，以富含叶绿素而得名。主要包括天然牧草、栽培牧草、青饲作物、水生植物、菜叶瓜藤类、非淀粉质根茎瓜类等。这类饲料来源广、成本低、采集方便、营养丰富，对促进动物生长发育、提高畜产品品质和产量等具有重要作用。我国养猪在利用青绿多汁饲料方面积累了很丰富的经验，特别在母猪的空怀及妊娠前期、肉猪的生长期及青年母猪都大量利用这类饲料。我国为粮食短缺的国家，如何更好地利用这类饲料，在发展猪业方面具有重要的意义。青绿多汁饲料可以鲜喂，制成干草饲喂，也可制成青贮饲喂。人工制的豆科干草是一种非常好的饲料，有专制喂猪的干草粉和颗粒。

（1）青绿多汁饲料的营养特点

① 水分含量高。一般青绿多汁饲料的水分含量为 60%~90%，水生植物甚至可高达 90%~95%。因其水分含量高，干物质少，所以能值较低，对于杂食性单胃动物不能以青绿饲料作为主食。

② 蛋白质含量高，品质优良。一般禾本科牧草和叶菜类青绿多汁饲料的粗蛋白含量为 1.5%~3%，豆科牧草为 3.2%~4.4%，折合成干物质计算，两者的粗蛋白含量分别为 13%~15%、18%~24%。例如苜蓿干草中粗蛋白含量为 20% 左右，相当于玉米籽实中粗蛋白含量的 2.5 倍，约为大豆饼的一半。不仅如此，由于青绿多汁饲料都是植物体的营养器官，其中所含的氨基酸组成也优于禾本科籽实，尤其是赖氨酸、色氨酸等含量更高。

③ 维生素含量丰富。青绿多汁饲料富含有多种维生素，包括 B 族维生素以及维生素 C、维生素 E、维生素 K 等，特别是胡萝卜素，每千克青饲料中含有 50~80 毫克胡萝卜素。青苜蓿中含硫胺素 1.5 毫克 / 千克、核黄素 4.6 毫克 / 千克、烟酸 18 毫克 / 千克，是各种维生素廉价的来源。

④ 矿物质元素含量丰富。一般青绿多汁饲料中钙为 0.25%~0.5%，磷为 0.20%~0.35%，比例较为适宜，尤其以豆科牧草钙的含量较高。此外，青绿多汁饲料中含有丰富的铁、锰、锌、铜等微量矿物元素。

（2）使用青绿多汁饲料注意事项

① 要合理搭配使用，防止过量。青绿多汁饲料蛋白质、维生素及矿物元素含量丰富，是一类良好的饲料，但由于其水分含量高，营养不全面，单位重量的能值低，不能长期单独饲喂，只能多种搭配并配合精料喂用。用青绿多汁饲料饲喂生长育肥猪，一般可替代精饲料的 10%~15%（以干物质计算）；用青绿多汁饲料饲喂母猪效果较好，可替代精料 20%~25%。

② 勿需将青绿多汁饲料煮熟喂猪。过去，我国农村养猪为了减小青绿多汁饲料的体积，多将其煮熟了喂猪，实际这样做的结果不仅降低了原有营养的含量，还容易引起亚硝酸盐中毒。正确方法是将青绿多汁饲料洗净、切碎、打浆或发酵后与适量的全价料混匀直接喂猪，这样既可相对减少青绿多汁饲料的体积，又可保持其营养。怀孕母猪可将其切碎直接饲喂，但需注意不要过量饲喂。

③ 预防感染寄生虫病。水葫芦等水生饲料或在池塘边生长的草，由于与淡水螺等水生动物接触，很容易成为某些寄生虫的附着物，如果喂猪不注意方法，就易造成寄生虫病的传播与蔓延。在喂养过程

中，须及早进行预防投药，防止寄生虫病的传染。

④ 防止中毒。主要考虑两方面，一是农药中毒。对于刚施用过农药的田地上青绿多汁饲料，不宜立即喂猪，一般要经 15 天后方可收割利用。二是氢氰酸中毒。青绿多汁饲料一般不含氢氰酸，但有的青绿多汁饲料，尤其是玉米苗、高粱苗含有氰苷配糖体，如果经过堆放好氧发酵或霜冻枯萎，或是在烧煮过程中缺氧或不煮熟透，在植物体内特殊酶的作用下，氰苷被水解后便形成氢氰酸而有毒。如喂猪，会发生氢氰酸中毒，这在农村中经常发生。将青绿多汁饲料制作成青贮料就可避免发生这类情况。

（3）养猪常用青绿多汁饲料

① 紫花苜蓿。紫花苜蓿属豆科多年生草本植物，特点是适应性强、产量高、品质好，一般 667 米^{2}产 2 000~4 000 千克，被冠以"牧草之王"。苜蓿的营养成分较丰富，按干物质计算，每千克初花期的紫花苜蓿含粗蛋白 20%~22%、粗脂肪 3.1%、无氮浸出物 41.3%，且富含维生素 A 及 B 族维生素。

目前一般中小养猪场夏季将苜蓿草切成 5~10 厘米的小段直接饲喂，种猪每天饲喂 1~2 千克，妊娠前期适当多喂一些，因为适口性好，又由于纤维含量高，在怀孕母猪限喂阶段可适量多喂些，以增加母猪的饱感，利于胚胎着床。冬季将苜蓿脱水或晒干制成苜蓿粉或颗粒在配合饲料中使用。全价料中的添加比例一般为 5%~15%。

② 紫云英。又称红花草。特点是产量较高、鲜嫩多汁、适口性好，猪只特别喜欢采食。其营养价值在现蕾期最高，按干物质计算，粗蛋白含量为 31.76%、粗脂肪为 4.14%、粗纤维为 11.82%、无氮浸出物为 44.46%、粗灰分为 7.82%。

③ 象草。又称紫狼尾草。象草具有产量高、管理粗放、利用期长等特点，已成为南方青绿多汁饲料的重要来源。象草营养价值较高，茎叶干物质中含粗蛋白 10.58%、粗脂肪 1.97%、粗纤维 33.14%、无氮浸出物 44.70%、粗灰分 9.61%。在广东、福建利用美洲狼尾草和非洲象草培育的杂交狼尾草用于养猪取得了较好的效果。该杂交狼尾草在株高 120 厘米时测定，鲜草含干物质 15.2%、粗蛋白 9.95%、粗脂肪 3.47%。而且该品种杂交狼尾草产量高，一般每公顷

可产鲜草 15 万千克以上，6 个月生长期每公顷的产量可达 22.5 万千克。将杂交狼尾草切碎、打浆与饲料按 1∶1 拌匀，饲喂生长育肥猪可提高日增重，降低饲料成本。

④ 菜叶类。包括瓜果、豆类叶子及一般蔬菜副产品。其中的豆类叶子能量高，蛋白质含量也较丰富。作物的藤蔓和幼苗一般粗纤维含量较高，可作猪饲料。白菜、甘蓝和菠菜，也可用于饲料。

⑤ 南瓜。南瓜营养丰富，无氮浸出物含量高，且其中多为淀粉和糖类。南瓜脆嫩多汁，能刺激食欲，有机物质消化率高，对改善日粮的营养成分、提高消化率有重要作用。此外，南瓜耐贮藏，运输方便，是较好的猪饲料，尤其适用于育肥阶段的猪。

⑥ 水生植物类。包括水浮莲、水葫芦、水花生、绿萍、水芹菜和水竹叶等。这类青饲料具有生长快、产量高、适应性强、管理方便、不占耕地等特点。水生饲料茎叶柔软，细嫩多汁，水分含量可达 90%~95%，干物质含量很低。此外，水生饲料最易带来寄生虫如猪蛔虫、姜片虫、肝片吸虫等，最好将其青贮发酵或煮熟后饲喂。熟喂时宜现煮现喂，不宜过夜，以防产生亚硝酸盐。

⑦ 松叶。主要是指马尾松、黄山松、油松等树的针叶。据分析，马尾松针叶干物质为 53.1%~53.4%、总能为 9.66~10.37 兆焦 / 千克、粗蛋白为 6.5%~9.6%、粗纤维为 14.6%~17.6%、钙为 0.45%~0.62%、磷为 0.02%~0.04%，且富含维生素、微量元素、氨基酸等，对猪具有抗病、促生长之效。饲喂时应坚持由少到多的原则。猪料中针叶用量以 5%~8% 为宜。

20. 猪饲料中常用的矿物质饲料有哪些?

（1）食盐　盐的主要化学成分氯化钠在食盐中的含量高达 99% 之多，而钠和氯都是动物所需的重要无机物。因此食盐成为补充钠、氯的最简单、最廉价的有效物质。食盐的生理作用是刺激唾液分泌、促进其他消化酶的作用，同时可改善饲料的味道，促进食欲，保持体内细胞的正常渗透压。氯还是胃液的组成成分，对蛋白质的消化具有重要作用。

（2）钙　钙约占动物体内所含无机物的 70%，是动物的齿、骨骼、蛋壳的重要组成元素。钙对动物的生长发育和生产水平至关重要。猪的配合饲料中规定的钙磷比例一般为（1.5~1）：1。石粉、贝壳粉、蛋壳粉则是饲料中常用到的补充钙源的矿物质饲料。其中，石粉称为天然的碳酸钙，含钙在35%以上。贝壳粉是所有贝类外壳粉碎后制得的产物总称，主要成分为碳酸钙。蛋壳粉是蛋加工厂的废弃物，包括了蛋壳、蛋膜、蛋等混合物经干燥灭菌粉碎而得，优质蛋壳粉含钙可达34%以上。一般来说，碳酸钙颗粒越细，吸收率越好。

（3）磷　磷几乎存在于所有细胞中，为细胞生长和分化所必需。磷的生理功能在于参加骨的组成，且与能量代谢有关，还能调节血液酸碱度。此外，磷还决定蛋壳的弹性和韧性。

在饲料中常用到的含磷补充物有磷酸二氢钠、磷酸氢二钠。其中，磷酸二氢钠为白色粉末，含两个结晶水或无结晶水，含磷在26%以上。磷酸二氢钠水溶性好，生物利用率高，既含磷又含钠，适用于所有饲料。磷酸氢二钠为白色细粒状，无水磷酸氢二钠含磷为21.82%。

另外，需要注意的是猪日粮中磷含量过高，会导致纤维性骨营养不良症。

21. 目前国内猪常用的饲料添加剂有哪些？

饲料添加剂是指那些在常用饲料之外，为补充满足动物生长、繁殖、生产各方面营养需要或为某种特殊目的而加入配合饲料中的少量或微量的物质。其目的在于强化日粮的营养价值或满足养殖生产的特殊需要，如保健、促生长、增食欲、防饲料变质、保存饲料中某些物质活性、破坏饲料中的毒性成分、改善饲料及畜产品品质、改善养殖环境等。广义的饲料添加剂包括营养性和非营养性添加剂二大类。

（1）营养性饲料添加剂

① 氨基酸添加剂。猪饲料主要是植物性饲料，最缺乏的必需氨基酸是赖氨酸和蛋氨酸。因此，猪用氨基酸添加剂主要有赖氨酸添加剂和蛋氨酸添加剂。这两种氨基酸添加剂都有 L 型和 D 型之分，猪只能利用 L 型赖氨酸，但 D 型和 L 型蛋氨酸却均能利用。在具体使用时应注意三个问题：第一，适量添加。添加合成氨基酸降低饲粮中

的粗蛋白质水平，应有一定的限度。一般生长前期（60千克前）粗蛋白质水平不低于14%，后期不低于12%。第二，应经济划算。如添加合成氨基酸后饲粮价格过高，经济不划算，也没有实际意义。第三，人工合成的氨基酸大都是以盐的形式出售，如L型赖氨酸盐酸盐，其纯度为98.5%，而其中L型赖氨酸的量只占78.8%。添加时应注意效价换算。例如，饲料中拟添加0.1%的赖氨酸，则每吨饲料中L型赖氨酸盐酸盐的添加量为 $1 \div 0.985 \div 0.788 = 1.288$ 千克（1 228克）。

② 维生素添加剂。随着集约化养猪的发展，长年不断而又大量地供给青绿饲料越来越受限制，因此，在饲粮中添加维生素添加剂得到日益广泛的应用。现常用的维生素添加剂有维生素 A、维生素 D_3、维生素 E、维生素 K_3、B 族维生素（氯化胆碱、烟酸、泛酸、生物素）等。生产中多采用复合添加剂形式配制，把多种维生素配合加入饲粮中，其添加量仔猪为 0.2%~0.3%、育肥猪为 0.1%~0.2%。配制复合维生素时应注意维生素间的相互作用。

③ 微量元素添加剂。微量元素添加剂为常用添加剂，使用时从化工商店购买饲料级即可（不一定非要分析纯或化学纯）。目前我国养猪生产中添加的微量元素主要有铁、铜、锰、锌、钴、硒、碘等。饲料中的微量元素是以矿物质盐类形式添加，而动物营养需要中的规定只是对某元素（例如铁）的需要量，而不是对矿物质盐（硫酸亚铁）的需要量。作为添加剂使用时，必须注意以下两点：第一，充分粉碎，均匀混合。加入全价料中须先经石灰石粉等稀释后混合；第二，实际含量。不同产品，杂质含量各异，应注意该元素在产品中的实际含量。部分元素在不同化学结构中的含量是有差异的，要根据矿物质盐中所含元素量计算出所需用该盐类的数量。

（2）非营养性饲料添加剂　非营养性饲料添加剂虽不是饲料中的固有营养成分，本身也没有营养价值，但有着特殊的、明显的维护机体健康、促进生长和提高饲料利用率等作用。

目前，这类添加剂品种繁多，在实践中应用也不一致。对这种添加剂不应理解为配合饲料所必需的，但为了取得某种特定效果，却是重要手段。

① 抑菌促生长剂。属于抑菌促生长的添加剂有抗生素类、抑菌药物、砷制剂、高铜制剂等。这类物质的作用主要是抑制猪消化道内的有害微生物的繁殖，促进消化道的吸收能力，提高猪对营养物质的作用，或影响猪体内代谢速度，从而促进生长。

② 抗生素：作为饲料添加剂已有 50 余年的历史。实践证明，抗生素对保护动物健康、促进生长和提高饲料利用率有一定效果。特别是在养殖环境较差、饲料水平较低时效果显著。20 世纪 60 年代以后，抗生素作为添加剂使用引起了争论。首先是病原菌产生耐药性问题，由于长期使用抗生素会使一些细菌产生抗药性，而这些细菌又可把耐药性传给病原微生物，从而影响人畜疾病的防治。其次是抗生素在畜产品中的残留问题。残留有抗生素的肉类等畜产品，在食品烹调过程中不能完全使其"钝化"，从而影响人类健康。最后是有些抗生素有致突变、致畸和致癌作用。

因此，在使用抗生素饲料添加剂时，要注意下列事项。

第一，最好选用动物专用的、吸收和残留少的不产生抗药性的品种。

第二，严格控制使用剂量，保证使用效果，防止不良副作用。

第三，对抗生素的作用期限要作具体规定。研究证明，抗生素在动物体内蓄积到一定水平后就不再蓄积，此时食入量与排泄量呈平衡状态，如果停药，则体内残留的抗生素可以逐步排出。大多数抗生素消失时间需 3~5 天，故一般规定在屠宰前 7 天停止添加。

第四，严禁添加各种抗生素滤渣。抗生素滤渣是抗生素类产品生产过程中产生的工业三废，因含有微量抗生素成分，在饲料和饲养过程中使用后对动物有一定的促生长作用。但对养殖业的危害很大，一是容易引起耐药性，二是由于未做安全性试验，存在各种安全隐患。

③ 驱虫保健剂：驱虫保健剂主要用于预防和治疗猪寄生虫病。寄生于猪体的寄生虫不仅大量消耗营养物质，而且使猪的健康和生产受到严重的危害。驱虫药一般需多次投药。第一次只能杀灭成虫或驱成虫，其后杀灭或驱赶卵中孵出的幼虫。在驱虫期间，圈舍要勤打扫，以防排出体外的虫与虫卵再次进入猪体内。以饲料添加剂的形式用药为连续用药，有较好的驱虫效果，是在大群体、高密度饲养管理

条件下，预防和控制寄生虫方便而有效的方法。

目前我国批准使用的猪用驱虫性抗生素，只有两个品种，即越霉素 A 和潮霉素 B。

此外，近年研制开发的阿维菌素、伊维菌素也是一些高效安全的体内外驱虫抗生素，但目前我国尚未批准其作为饲料添加剂使用。

（3）微生态制剂　微生态制剂又名活菌制剂、生菌剂、益生素，即动物食入后，能在消化道中生长、发育或繁殖，并起有益作用的活体微生物饲料添加剂。这是自 1970 年以来为替代抗生素饲料添加剂开发的一类具有防治消化道疾病、降低幼畜死亡率、提高饲料效率、促进动物生长等作用，天然无毒、安全无残留、副作用少的饲料添加剂。这类产品在国外已开始应用。可选作活菌制剂的微生物种类很多，主要的菌种有乳酸杆菌属、链球菌属、双歧杆菌属、某些芽孢杆菌、酵母菌、无毒的肠道杆菌和肠球菌等，多来自土壤、腌制品和发酵食品、动物消化道、动物粪便的无毒菌株。在生产和选取用这类产品时，绝对不能引入有毒、有害菌株；产品必须稳定存活且对消化道环境和饲料加工、贮存等因素有较强的抵抗能力。使用活菌制剂获得理想效果的关键是猪食入活菌的数量，一般认为每克日粮中活菌（或孢子）数以 200 000~2 000 000 为佳。此外，与活菌制剂的菌种、动物所处的环境条件有关。当动物处于因断奶、饲料改变、运输等引起的应激状态或其消化道中存在着抑制动物生长的菌群时，使用活菌制剂效果才比较明显。

研究证明，在动物的消化道内存在的正常微生物群落对宿主具有营养、免疫、生长刺激和生物颉颃等作用，是维持动物良好健康状况和发挥正常生产性能所必须的条件。近年来，已开始采用寡糖等通过化学益生作用调控动物消化道微生物群落组成。这些寡糖包括果寡糖、甘露寡糖、麦芽寡糖、异麦芽寡糖、半乳糖寡糖等。大量研究表明，在饲料中适量添加寡糖，可提高猪的生长速度，改善其健康状况，提高饲料利用率和免疫力，减少粪便及粪便中氨等腐败物质含量。

（4）酶制剂　猪对饲料养分的消化能力取决于消化道内消化酶种类和活力。研究和实践证明，适合猪消化道内环境的外源酶能起到内源酶同样的消化作用。饲料中添加外源酶可以辅助猪消化，提高猪的消化力，能够改善饲料利用率，扩大对饲料物质的利用，扩大饲料资源，消除饲料抗营养因子和毒素的有害作用，全面促进饲粮养分的消化、吸引和利用，提高猪的生产性能和增进健康，减少粪便中的氮和磷等排出量，保护和改善生态环境等。

作为饲料添加剂的酶制剂多是帮助消化的酶类，主要有蛋白酶类、淀粉酶类、纤维素分解酶类、植酸酶等。

目前多从发酵培养物中提取酶，制成饲料添加剂，也有连同培养物直接制成添加剂的。由于酶活性受许多因素的影响，其作用具有高度的特异性，为了适应底物的多样性、复杂性和动物消化道内 pH 环境的变化，根据使用对象和使用目的的要求，选用不同来源、不同 pH 适应性的酶配制成的多酶系复合酶制剂，适应范围广，作用能力强，在饲料中的添加效果好，是较理想的酶添加剂产品。

（5）调味、增香、诱食剂 这种添加剂是为了增进动物食欲，或掩盖某些饲料组分的不良气味，或增加动物喜爱的某种气味，改善饲料适口性，增加饲料采食量。作为调味剂的基本要求是：第一，加入饲料后的味道或气味更适合猪的口味，从而刺激猪食欲，提高采食量；第二，调味剂的味道或气味必须具有稳定性，在正常的加工贮存条件下，味道或气味既不会被挥发掉，又不致变成另一种不被动物喜爱的味道或气味。

调味剂有天然的和合成的两种，主要活性成分包括：香草醛、肉桂醛、茴香醛、丁香醛、果酯及其他物质。商品调味剂除含有提供特殊气味和滋味的活性物外，一般还含有如助溶剂、表面活性剂、稳定剂、载体或稀释剂、抗黏结剂等非活性的辅助剂。

饲料调味剂产品有固体和液体两种形式。液体形式的饲料调味剂为多种不同浓度的溶液，其溶剂的种类取决于活性物质的可溶性，一般有油、脂肪酸、水、丙二醇或它们的混合物。其添加方法通常是以喷雾法直接喷附在颗粒饲料表面或其饲料中，但这种添加方法对于饲料中香料的香气不能持久，故多用于浆状或液体饲料中。固体调味剂通常是以稻壳粉、玉米芯粉、麦麸粉以蛭石等作为载体的粉状混合物。有的香料调味剂制成胶囊，可提高稳定性，延长香气的持续时间。干燥固体调味剂较液体调味剂具有稳定性好，使用方便，不需喷雾设备，且易装运、贮存等优点。但液体调味剂一般较便宜、经济，添加于颗粒饲料方便，效果好。实际应用需根据需要选用。

调味剂主要用于人工乳、代乳料、补乳料和仔猪开食料中，使仔猪不知不觉地脱离母乳，促进采食，防止断奶期间生产性能下降。添加的香料主要为乳香型、水果香型，此外还有草香、谷实香等。常加的除人工乳中的香源外，还有柑橘油、香兰素以及类似烧土豆、谷物类的香味都是猪所喜爱的。一般断奶前先在母猪饲料中添加，使仔猪记住香味，再加入人工乳中。开始以乳香型为主，随着日龄的增加，逐渐增加柑橘等果香味香料，后期逐渐转为炒谷物、炒黄豆等，使其逐渐转为开食料。

（6）其他非营养性生长促进剂　包括铜制剂、有机砷制剂等。如每吨日粮添加 150~250 克铜，可提高日增重 8% 左右，提高饲料利用率 5% 左右。但不可超标过量。

22. 猪饲料常用的加工调制方法有哪些？

猪饲料经过适当加工调制，可缩小容积，提高其适口性和营养价值，又能消除有毒物质。具体方法有以下几种。

（1）发芽　为解决早春青黄不接，满足种公猪及仔猪的维生素需要，利用大麦或小麦发芽喂猪，取得良好效果。

① 水浸。将麦类除去杂质，放于木桶内，用 25℃温水浸泡 1 昼夜，水面浸没表层，捞出浮于水面的瘪子。

② 催芽。捞出浸泡的麦粒，装放木桶内，上面覆盖草袋，放置 20~25℃室温下一昼夜，依靠自热，促使发芽。

③ 上盘。将催好芽的大麦小麦装入方木盘内。每盘装 2.5 千克麦子，3~4 厘米厚，上盘后放于木架上，保持室温在 25~28℃范围内。每小时向盘内均匀洒水 1 次、盘底要有 6~8 个小孔，经过 2~3 天发芽可长到 5~6 厘米高。

④ 起盘。调制好的发芽饲料取下即可喂猪。必须彻底刷洗木盘，先用热碱水刷，后用清水冲洗，备下次发芽使用。

（2）打浆　适用于各种青饲料，多汁饲料及各种青贮饲料。打浆的饲料猪喜欢吃，有利于消化吸收。打浆的设备很简单，一般把普通的锤式粉碎机筛板上的小筛眼改成直径 3~4 厘米的大筛眼，并在青料上洒水，趁湿打浆。也可用自制旋刀打浆机打浆。

使用方法：先向打浆池子倒入净水，水深为池子深度的 1/3，然后开动电动机，逐渐加入青料，随着水的流动流到刀片下，如此循回即将青料打成浆状。打成浆状后关闭电动机，将浆液取出即可喂猪。

（3）青贮　青贮是将新鲜可饲喂的青绿植物填装入青贮窖内，经过相当长的发酵过程制成一种优良饲料。在青料常年供应中占主要地位。

青贮能常年保存，扩大了饲料来源，随时供给猪只以青绿多汁饲料，填补冬季和青黄不接时青绿饲料的不足。

① 青贮的原料。利用青玉米秸、南瓜、大头菜、白菜帮、胡萝卜、甜菜和薯类秧蔓、树叶等进行青贮，都有良好的效果。

青贮要有适宜的含水量。青贮原料水分过多，酪酸菌易于生长，常引起腐臭。过酸或水分流失，猪不爱吃；水分过少，压实不好，易透空气，适于霉菌的繁殖，可能霉烂。青贮原料适宜含水量为 70%~75%。含水少的可适量加水，水多的可晾晒一定的时间后再进行青贮。

青贮原料应有较多的糖分，才适于乳酸菌的生长。青贮料中的乳酸，主要是由糖转化来的，所以原料必须含有一定的糖分，才能使乳酸菌迅速生长，这是获得品质好的青贮饲料的关键之一。一般青玉米秸、甜菜、向日葵、薯秧等都含有相当数量的糖分，含糖量一般不低于新鲜原料重量的 1%~1.5%。蛋白质多的植物不宜单贮，最好与含糖多的植物混合青贮。

② 青贮技术。

窖址选择：青贮窖要设在地势高燥、排水良好、地下水位低、土质结实、距离畜舍近的地方。窖形多用圆形，易踏实，损失少，一般口径直径 3 米，深 3 米。长方形窖四角不易踏实，损失较大，一般不常用。青贮窖的容积及青贮料量的计算，先求出青贮窖的容积，然后再乘青贮原料单位容积重量，就得出全窖青贮料的重量。窖壁要平滑、垂直，否则，会影响青贮料下沉，原料疏松易透气，影响青贮的品质。地下水位高时，窖底应距地下水位50厘米，以防窖底出水。

调制步骤：玉米过早收割产量低，有霜害时，也可在乳熟期收割。豆科野草在现蕾期或开花初期收割，禾本科野草在抽穗期收割。各种树的嫩枝叶可在7~8月青贮。马铃薯秧在收获前1~2天进行青贮。南瓜充分成熟后进行青贮。胡萝卜缨、白菜帮在收获同时进行青贮。收割时应随时剔除干枯的玉米秸和有毒害的野草、野菜等。洒过杀虫药的原料，经过相当长时间才能进行青贮。

原料的搬运和切碎：防止水分蒸发。收割的当日铡完，不堆积过夜。

装窖：切碎的原料装入窖内时，随贮随踏实，踩踏时要特别注意周边及四角的地方，防止空气透入窖内。原料中水分少时逐层均匀加水，或与水分多的饲料混合青贮。水分过多时应加少量糠麸或干草粉，调节原料的含水量。当青贮窖装满时，要高出地面1.5米。贮完立即封窖，先盖一层厚10厘米左右的干净秸秆或青草，然后加30~40厘米厚的湿土。1~2天后再培一次土。以后要经常检查、培土，以防因下沉发生裂缝而进入空气。

开窖取用：青贮原料完成发酵过程后，即可开窖取用。禾本科青贮原料一般经40~50天后取用，豆科经60~70天取用。取用时先把覆盖土全部除去，然后，把秸秆及表层霉烂的青贮料取出扔掉，见到优良新鲜的青贮料时，一层一层取喂。切忌挖洞掏取青贮料。

23. 养猪生产中配合饲料为什么需要多样搭配？

饲料的多样搭配包括青、粗、精饲料的合理搭配，碳水化合物、蛋白质、矿物质和维生素饲料的合理搭配，以及同类饲料的多种搭配3个方面。总之，饲料中所含原料的品种越多，搭配得越合理，喂猪的效果越好。

就青、粗、精3种饲料来说，青绿多汁饲料的特点是含水分多、体积大、能量少，但适口性好、易于消化，且含有多种维生素、矿物质和质量较好的蛋白质，是猪的优良饲料；粗料的特点是体积大、含粗纤维较多、质地粗硬，猪吃多了不易消化，营养价值较低，但在饲料中少量搭配，可增大饲料体积，让猪有饱食感；精料的特点是体积小、营养价值高、易于消化，但矿物质、维生素缺乏。在这 3 种饲料中，如果单用某种饲料喂猪，易造成猪吃不饱或营养不足，或吃多了却还有饿的感觉，所以，只有把青、粗、精 3 种饲料合理搭配起来，才能保持饲料营养的平衡，从而提高饲料的适口性，让猪既吃饱、又吃好，使饲料发挥最高的效率。

碳水化合物、蛋白质、矿物质和维生素等营养成分都是猪所必需的营养物质，缺一不可。但几乎没有任何一种饲料原料能全部满足猪对以上营养物质的需要，虽然每种饲料原料都含有多种营养物质，但往往是有些营养物质含量高，有些营养物质含量少，有些营养物质缺乏。若单纯用某种或某几种饲料原料来喂猪，不仅猪长不好，还浪费饲料。因此，必须根据各阶段猪的营养需要，实行多种饲料原料搭配和合理搭配。

就是在同一类饲料原料中，也必须实行多样配合。例如，同样是蛋白质补充饲料，各种饲料原料中的蛋白质品质也不一样。饲料原料的种类越多，蛋白质营养价值就越高。

因此，在养猪生产中，无论是青、粗、精各类饲料也好，蛋白质补充饲料也好，或其他添加剂饲料也好，都要实行多品种搭配，没有条件的要创造条件，争取饲料合理搭配。

怎样合理搭配饲料呢？我们进行饲料配合时除考虑多样搭配、营养全面外，还必须考虑饲料的体积、适口性及是否容易消化。

体积合适，就是说猪能吃得下、吃得饱。配合饲料时，如粗饲料过多，青饲料和精饲料过少，就会造成饲料体积大、营养少，猪的胃肠容积有限，吃不下那么多，营养就得不到满足。相反，如饲料中精料多、青料少、没有粗料，猪吃后可能营养够了，但达不到饱的感觉，猪会不安静，影响生长。

至于适口性和是否易消化的问题，这与配合饲料内粗纤维的含量有很大的关系。粗纤维含量过高，粗纤维木质化严重，不仅猪不爱吃，而且还会严重影响饲料的消化吸收。因此，在配合猪饲料时，应尽量设法多用青料少用粗料。若用粗料应品质好、花样多，劣质粗料应尽量少搭配，如稻谷壳、高粱壳、花生壳等，不仅粗纤维含量多，而且木质化程度高，适口性差，极难消化吸收，故应与其他优质粗料搭配起来进行粉碎后发酵喂猪。

24. 配合饲料的种类有哪些？

按照营养成分和用途不同，饲料可分为单一饲料、混合饲料、配合饲料、浓缩饲料和预混合饲料。如果按饲料形状分，可分为粉状饲料和颗粒饲料。

（1）全价配合饲料　该饲料能满足动物所需的全部营养，主要包括蛋白质、能量、矿物质、微量元素、维生素等物质。其产品可直接饲喂动物，无须再添加其他单体饲料。

（2）浓缩饲料　又称蛋白质补充饲料，是由蛋白质饲料（鱼粉、豆粕、血粉等）、矿物质饲料（骨粉、石粉等）及添加剂预混料配制而成的配合饲料半成品。这种浓缩饲料再掺入一定比例的能量饲料（玉米、高粱、大麦等）就成为满足动物营养需要的全价饲料。

（3）添加剂预混饲料　是指用一种或多种微量的添加剂原料，与载体及稀释剂一起搅拌均匀的混合物。预混饲料便于使微量的原料均匀分散在大量的配合饲料中。添加剂预混料是配合饲料的半成品，可供配合饲料厂生产全价配合饲料或蛋白补充饲料用，也可以单独出售，但不能直接饲喂动物。

（4）超浓缩饲料　又称精料，是介于浓缩饲料与添加剂预混合料之间的一种饲料类型。其基本成分及组成是添加剂预混料，在此基础上又补充一些高蛋白饲料及具有特殊功能的一些饲料作为补充和稀释，一般在配合饲料中添加量为 5%~10%。

（5）混合饲料　又称初级配合饲料，是向全价配合饲料过渡的一种饲料类型。混合饲料是由几种单一饲料，经过简单加工粉碎，混合在一起的饲料。其配比只考虑能量、蛋白质等几项主要营养指标，产品质量较差，营养不完善，但比单一饲料有很大改进。

25. 怎样选择全价配合饲料的生产厂家？

目前国内全价配合饲料厂家非常多，在选择厂家时要考虑以下几个方面。

（1）看质量　养殖户在选择哪个品牌的饲料时，首先会考虑其产品质量。配合饲料厂家众多，产品质量也良莠不齐，首先应该考虑规模较大的配合饲料厂，大型配合饲料厂一般生产设备和生产工艺比较先进，产品质量从硬件上能够得到基本的保证。同时，大型饲料厂信誉度高，具有专业的品控队伍，对质量要求比较严格，产品品质较好。

（2）看距离　因为全价配合饲料使用量大，因此饲料厂的生产量和销售量也大，这就存在一个生产及时且送货方便的问题，所以应该尽量选择在当地设厂的公司。如果饲料厂离养殖场距离太远，会造成运输成本增加，导致产品价格提高，或者同等价钱的饲料质量要相对差一些，遇到紧急情况送货可能也不够及时。

（3）比价格和质量　养殖户一般都要求在保证产品质量的同时，价格越低越好，即要求饲料质优价廉，这其实存在一定的隐患，价格要求越低，其质量可能就得不到保证，因此不能过分注重价格，更不能只使用最便宜的饲料，俗话说"一分钱，一分货"，一定要综合判断，在价格和质量上有所取舍，不要轻易相信"质优价廉"。

（4）比服务　现在饲料厂不仅是在卖产品，更是在卖服务，因为在猪的饲养过程中，养殖户会遇到一些饲养技术问题或猪发病现象，因此一定要考虑饲料厂家的售后技术服务。饲料厂的专业技术服务是饲料产品最重要和最实用的一项附加值，好的服务就等于给养殖买了一份保险。选择饲料售后服务好、技术强的厂家，可以让饲料产品发挥最佳效果的同时，还能带来先进的生产理念和养殖技术，提高猪场的养殖技术水平，消除猪场对疾病的担忧，从而降低养殖风险和综合成本。因为饲料厂的销售人员一般对猪的价格都比较关注，其交往的人员和联系的业务也较广，与饲料厂人员多沟通，也可以拓宽猪的销售渠道，让猪卖个好价钱，实现猪场效益最大化。

总之，选择哪个饲料厂家，最终看的是总体养殖效益，猪场可以对各个厂家的饲料进行饲养试验，在使用过程中留心观察猪的生长情况和发病情况，通过试验结果进行比较，最终选择性价比最高的厂家。

26. 猪饲料配方设计中应注意哪几个问题？

把饲料配方的目标放在经济效益、社会效益与生态效益的结合点上，充分考虑品种、性别、日龄、体重、饲喂条件、饲喂方式等影响饲粮配制效果的因素，才能设计出具有合理利用同种饲料资源、提高产品质量、降低饲养成本的高质量饲料配方。

（1）注意灵活应用饲养标准，科学确定饲料配方的营养标准　在饲料配方设计时不能生搬硬套饲养标准，要在国家标准允许的范围内，根据不同的饲喂对象，以动物实验的结果为依据，从以下 4 个方面灵活应用饲养标准。

① 不同的品种（基因型）选用不同的营养水平。一般认为，在相同的条件下，瘦肉型猪较肉脂型猪需要更多的蛋白质，三元杂交瘦肉型比二元杂交瘦肉型猪又需要更多的蛋白质。因此，配制猪的饲粮时，不仅要根据不同经济类型猪的饲养标准和所提供的饲料养分，而且要根据不同品种特有的生物特点、生产方向及生产性能，并参考形成该品种所提供的营养条件的历史，综合考虑不同品种的特性和饲粮原料的组成情况，对猪体和饲粮之间营养物质转化的数量关系、以及可能发生的变化作出估计后，科学地设计配方中养分的含量，使饲料所含养分得以更加充分利用。

② 不同生产阶段选用不同的营养水平。猪在不同的生理阶段，对养分的需要量各有差异。在配方设计时，既要在充分考虑到不同生理阶段的特殊养分需要，进行科学的阶段性配方设计，又要注意配合后饲料的适口性、体积和消化率等因素，以达到既提高饲料的利用率，又充分发挥猪的生产性能的效果。如早期断奶仔猪具有代谢旺盛、生长发育迅速、饲料利用率高的生理特点，但也处于消化器官容积小、消化机能不健全等特点，在配方设计时，既要考虑其营养需要，又要注意饲料的消化率、适口性、体积等因素。

③ 不同性别采用不同的营养水平。据美国 NCR-4I 猪营养委员会进行的一项综合试验表明，日粮中蛋白质含量从 13% 提高到 16%，并不影响公猪增重和饲料利用率，胴体成分也未变化；而小母猪日粮中蛋白质含量从 13% 提高到 16%，增重和饲料利用率都有所

提高，眼肌面积和瘦肉率呈线性下降。因此，当饲料中蛋白质含量最小为16%，小母猪的各种生产性能达到最佳水平，而阉公猪日粮中蛋白质含量为13%~14%时，即可达最佳水平。

④ 不同的季节选用不同的营养水平。不同的季节，应配制营养浓度不同的日粮，以满足其生理需要。炎热夏季，为保证猪的营养需要，应注意调整饲料配方，增加营养浓度，特别是提高日粮中油脂、氨基酸、维生素和微量元素的含量，降低饲料的单位体积，并适当添加氯化钾、小苏打等电解质，以保证养分的供给，减缓其生产性能的下降。

（2）注意饲料原料的质量和可利用性　在选用饲料原料时要注意下列问题。

① 原料的营养含量。我国幅员辽阔，地形复杂，土壤类型繁多，气候差异较大，即使是同一种饲料，由于产地、品种、加工方法和质量等级不同，其营养成分含量也有差异。配方设计时一定注意原料的养分含量的取值，尽量让原料的营养含量取值相对合理或接近，使配制的饲料达到既能充分满足猪的生理需要，又能生产出符合产品质量标准，同时也不浪费饲料原料的要求。

② 饲料原料的消化率与体积。选用原料设计配方时，要注意饲料的消化率和体积，做到配方营养平衡、消化率高和体积又适中，以使所配饲料能达到预期效果。

③原料的适口性。在考虑饲料的营养价值、消化率、价格因素的基础上，要尽量选用适口性好的饲料原料，以保证所配饲料能使猪足量采食。

④ 原料营养成分之间适宜配比。营养物质之间的相互关系，可以归纳为协同作用和拮抗作用两个方面。具有协同作用就能使饲料营养的利用率提高，改善饲料报酬，降低饲养成本。不合理的配比或具有拮抗作用就会降低使用效果，甚至产生副作用。

⑤ 饲料原料的可利用性。配方设计应从经济、实用的原则出发，尽可能考虑利用当地便于采购的饲料原料，找出最佳替代原料，实现有限资源的最佳分配和多种物质的互补作用。

（3）注意正确限制配方中养分的最低限量与最小超量　按照饲养

标准中规定的猪营养需要量平均值的最低需要量设计配方，由于原料的质量差异和加工方面的因素，产品中的某些养分指标不一定能够满足猪的实际需要量和配合饲料质量标准中规定的营养指标的最低保证值，必须超量添加一部分来满足猪的实际营养需要和饲料质量标准中规定的要求，这个超量称之为最小超量。它是根据原料的质量情况和加工因素，是产品营养指标的实测值与饲料质量标准中营养指标的最低保证值之差。因此，正确限制配方中养分的最低含量和最小超量，是有效控制和降低配方成本的有效措施，也是保证饲料产品合格的重要措施。

（4）注意饲料的安全性和合法性　饲料是动物的粮食，也是人类的间接食品，同时还是影响生态环境的重要因素。配方设计必须遵循国家的《产品质量法》《饲料和饲料添加制管理条例》《兽药管理条例》《饲料标签》《饲料卫生标准》《饲料药物添加剂使用规范》《禁止在饲料和动物饮用水中使用的药物品种目录》等有关饲料生产的法律法规，决不违禁违规使用药物添加剂，不超量使用微量元素和有毒有害原料，正确使用允许使用的饲料原料和添加剂，确保饲料产品的安全性和合法性。

27. 饲料配方设计中较成熟的先进技术有哪些？

优化配方成本设计，就是根据可供选用的饲料原料的种类、数量、价格以及原料的质量，在遵循饲养标准和保证产品质量的条件下，应用先进技术，进行最佳配方的比例筛选，以降低饲料成本，提高饲料的使用效果，达到最低成本饲料配方设计的总目标。因此，在遵循日粮中粗蛋白、氨基酸、电解质、钙磷和脂肪酸平衡的原则下，目前，可应用于饲料配方中较成熟的先进技术主要有以下几项。

（1）以理想蛋白质模式理论为基础设计配方　理想蛋白质模式理论是对蛋白质的氨基酸营养价值和动物对氨基酸需要量两方面研究的结晶。以理想蛋白质模式为基础，补充合成氨基酸进行日粮配方设计，在不影响猪的生产性能的同时，可节省天然蛋白质饲料资源，减少粪尿中氨的排泄量，减轻集约化畜牧业生产对环境的氨污染问题。据报道，在不影响猪的生产性能的前提下，日粮中添加赖氨酸，可使断奶仔猪（10~20千克）日粮蛋白质水平从18%降低到16%，再添加色氨酸，可进一步从16%下降到14%。生长猪（20~50千克）日粮蛋白水平16%降到14%和14%下降到12%；粗蛋白为10%的育肥猪日粮中添加赖氨酸和色氨酸后，生长效果与粗蛋白为13%的日粮没有差异。

（2）组合应用非营养性添加剂　众多试验与应用效果证实，益生素、酶制剂、酸化剂、低聚糖、抗生素等饲料添加剂，不仅单独添加对提高饲料利用率、促进动物生产性能的充分发挥有良好的作用，而且它们之间科学组合使用具有加性效果，是目前国内外提高养殖经济效益采用的一种有效、经济和简捷的途径。据报道，在28日龄断奶猪基础日粮中加0.15%的酸化剂和0.1%的酶制剂，可提高日增重18.61%，饲料利用率提高13.5%，腹泻率降低28.58个百分点，降低料肉比10.9%。

（3）应用小肽的营养理论指导饲料配方　传统的观点一直认为动物采食的蛋白质，在消化道内蛋白酶和肽酶的作用下降解为游离氨基酸后才能被动物直接吸收利用。但在许多的试验中，人们发现动物对饲料各种氨基酸的利用程度不完全受单一限制氨基酸水平的影响。按照蛋白质降解为游离氨基酸的理论，使用氨基酸结合日粮或低蛋白平衡氨基酸日粮，动物并不能达到最佳生产性能。随着人们对蛋白质消化吸收及其代谢规律研究的不断深入，人们发现蛋白质降解产生的小肽（二肽、三肽）和游离氨基酸一样也能够被吸收，而且小肽比游离氨基酸具有吸收速度快、耗能低、吸收率高等优势。据报道，在仔猪饲粮中添加富肽制剂，可使饲料转化率提高11.06%，提高仔猪重12.93%，腹泻率降低60%，经济效益提高15.63%。

（4）应用配方软件技术提高配方设计的科学性和准确性　计算机配方软件技术由初等代数上升为高等教学，主要是应用运筹学的各种规划方法，使配方设计由单纯的配合走向配合与筛选结合，能够较全面地考虑营养、成本和效益，克服了手工配方的缺点，为配方调整、经济分析和采购决策提供大量的参考信息，大大提高配方设计效率，实现成本最小化、收益最大化的目标。

28. 饲料配方设计应遵循哪些原则？

（1）必须以猪的饲养标准中的各项营养指标规定为基础　饲养标准是通过实验总结出来而制定的，标准规定的各项指标需要量可作为配合日粮的基础。

（2）必须适应猪的消化生理特点　不同年龄的育肥猪消化器官的发育有所不同，特别是单胃动物，对粗纤维消化力很低，应选择粗纤维含量低的饲料。幼猪代谢旺盛，消化器官又不发达，所以需要更精一点的饲料和添加酶来促进消化。

（3）必须考虑日粮体积和猪的采食量　一般每100千克体重，每日需干物质2.5~4千克，所以配合日粮，应注意干物质含量。

（4）注意日粮适口性

（5）注意日粮的经济性

（6）注意日粮的多样性

（7）注意精、粗饲料合理搭配比例　小猪的粗纤维含量不超过7%，中、大猪不大于12%。

（8）注意日粮中能量和粗蛋白质的含量　育肥猪日粮中每千克应含能量2.8~3.00兆卡，粗蛋白为12%~16%。三元杂交猪则应该为3.10兆卡/千克左右，粗蛋白质应该为14%~18%，都是幼猪取大值，大猪取小值。

29. 请举例说明猪饲料的配合方法

某养猪户现有玉米粉、麦麸、木薯粉、统糠、鱼粉、花生饼、骨粉、钙粉、食盐等，拟配合一个60~70千克二元杂交育肥猪的日粮。

第一步：查表得知，60~90千克二元杂交育肥猪的饲养标准为消化能2 900大卡/千克，粗蛋白质为13.6%、钙为0.4%、磷为0.35%、食盐为0.5%、粗纤维为8%（三元杂交猪要求更高）。

第二步：从饲料营养成分（表2-1）中查出各营养成分。

表 2-1 现有饲料原料中的营养成分

饲料	数量 （千克）	消化能 （大卡）	粗蛋白 （%）	粗纤维 （%）	钙 （%）	磷 （%）
玉米粉	1				0.04	0.21
木薯粉	1	3 500	8.5	2.00	0.07	0.05
麦麸	1	3 440	3.7	2.40	0.22	1.05
统糠	1	2 627	13.7	6.8	0.12	0.44
花生饼	1	1 040	5.8	30.9	0.32	0.59
鱼粉	1	3 412	43.8	5.8	3.91	2.9
骨粉	1	3 310	65.0	0	48.79	4.06
石粉	1				37.0	0.02

第三步：按能量或饲料比例分配营养进行初步搭配，能量料占 50%~60%，蛋白质料占 15%~30%，糠麸类占 15%~25%（这是经验值，这个经验一定要牢记，进行试配是大有好处的）。当然，试配首先考虑的先是粗蛋白质含量和能量的含量，其他以后再考虑。试配日粮见表 2-2。

表 2-2 按配方比例进行试配

饲料	配方 比例 （%）	消化能 （大卡）	粗蛋白 （%）	钙 （%）	磷 （%）
玉米	45	3 500×45%=1 575	8.5×45%=3.82	0.04×45%=0.018	0.21×45%=0.0945
木薯粉	10	3 440×10%=344	3.7×10%=0.37	0.07×10%=0.007	0.05×10%=0.0005
花生饼	10	3 412×10%=341	43.8×10%=4.38	0.32×10%=0.032	0.59×10%=0.059
统糠	20	1 014×20%=208	5.8×20%=1.16	0.12×20%=0.024	0.44×20%=0.088
麦麸	10	2 627×10%=263	13.7×10%=1.37	0.22×10%=0.022	1.05×10%=0.105
鱼粉	5	3 310×5%=166	65×5%=3.25	3.91×5%=0.196	2.9×5%=0.145
合计	100	2 897	14.34%	0.299	0.492

另外算得试配日粮的粗纤维为 8.4%，赖氨酸含量 0.55%。

第四步：试配日粮成分与标准进行比较，见表 2-3。

表 2-3　试配日粮成分与标准比较

	消化能 （大卡）	粗蛋白质 （%）	钙 （%）	磷 （%）	粗纤维 （%）	赖氨酸 （%）	食盐 （%）
标　准	2 900	13.6	0.44	0.35	8	0.59	0.5
试配日粮	2 897	14.34	0.299	0.492 （有效磷只 有 0.325%）	8.4	0.55	未加
＋－	−3	＋0.74	−0.141	＋0.142	＋0.40	−0.04	−0.5

通过比较发现试配日粮消化能少 3 大卡，粗蛋白质多 0.74%，均不超过 5% 范围，一般不需要进一步调整。但是钙少 0.141%，磷多 0.142%，钙磷比例极不合理，所以，需要补充一些钙制剂，同时，由于磷含量在上述饲料原料中的植物原料中有一半以上是以植酸态磷形式存在，不能被动物消化吸收，所以，实际上只能算一半（这是个估计原则，即植物饲料中的磷含量一般只能算一半），所以，除去鱼粉中的磷含量可以吸收（为 0.145%），其他的 0.347% 只能算一半为 0.18%，加起来有效磷只有 0.325%。

补充钙可以使用磷酸氢钙 0.8% 左右，即可以满足钙和磷的需要和比例合理等要求。一般如果是无鱼粉配方，一般需要添加磷酸氢钙 1%~1.2%。

另外，赖氨酸的缺少超过了 5%，所以，最好补充赖氨酸 0.05% 左右。

食盐则考虑到原料中已含有部分钠和氯，所以，只需要添加 0.35% 左右。

另外，再补充维生素和微量元素预混料。所以，最后的配方是：玉米粉 43%、麦麸 10%、木薯粉 10%、统糠 20%、鱼粉 5%、花生饼 10%、磷酸氢钙粉 0.8%、食盐 0.35%，复合维生素适量，微量元素添加剂适量，后两者按说明书用量使用。

确定日粮喂量的方法：

① 每天喂量（千克）＝每天每头采食能量总量（兆卡）/每千克混合料含能量（兆卡）

② 按猪的体重计算喂量＝实际体重 × 系数，系数为小猪

0.06~0.07，中猪0.04~0.05，大猪0.03~0.04，这套系数也要牢记，即猪的采食量系数（表2-4）。

表2-4　按猪的体重计算喂料量

体重（千克）	按体重（%）	喂量（千克）
15~20	7	1.25
21~30	6	1.75
31~45	5	2.25
46~60	4	2.75
61~75	3.5	2.90
76~100	3.0	3.0

30. 请介绍一种标准猪饲料配方为参照配方的设计方法

以一个最为常用的标准的猪饲料配方作为参照物，再应用于使用其他饲料原料时的设计方案，即用其他饲料原料来考虑替代标准配方中的某些原料的方法。

标准猪饲料配方以最常用的玉米-豆粕-鱼粉-糠麸型日粮配方为准，如下。

小猪（10~20千克）配方：玉米粉57%、豆粕20%、鱼粉5%、米糠或麦麸15%、磷酸氢钙1%、贝壳粉0.5%、食盐0.35%、赖氨酸0.15%、预混料（含微量元素、维生素、非营养性添加剂等）1%。此配方粗蛋白质18.4%、消化能3 230大卡/千克、粗纤维3.5%、钙0.73%、磷0.682%、赖氨酸0.92%，各项指标均满足小猪的日粮营养需要，而且并不偏太高，是比较标准的小猪饲料营养配方。

中猪（20~60千克）配方：玉米粉62%、豆粕20%、米糠或麦麸15%、磷酸氢钙1.2%、贝壳粉0.8%、食盐0.35%、预混料（含微量元素、维生素、非营养性添加剂等）0.65%。此配方粗蛋白质16%、消化能3 180大卡/千克、粗纤维3.8%、钙0.656%、磷0.577%、赖氨酸0.74%，各项指标均能满足中猪的日粮营养需要，而且并不偏太高，是比较标准的中猪饲料营养配方。但由于去掉了鱼粉后，赖氨酸含量下降比较多，比饲养标准要求的0.75%少了

0.01%，但相关不大，可以忽略。

大猪（60 千克以上）配方：玉米粉 70%、豆粕 15%、米糠或麦麸 12%、磷酸氢钙 1.0%、贝壳粉 0.8%、食盐 0.35%、预混料（含微量元素、维生素、非营养性添加剂等）0.85%。此配方粗蛋白质 14%、消化能 3 240 大卡 / 千克、粗纤维 3.7%、钙 0.60%、磷 0.535%、赖氨酸 0.65%，各项指标均能满足大猪的日粮营养需要，而且并不偏太高，是比较标准的大猪饲料营养配方。但赖氨酸与饲养标准的 0.63% 只多 0.02%。

以上是标准经典配方，如果您自己自有的饲料原料不是上述原料，可以进行对比参照，加减和补充添加剂的方法来调整设计，需要注意的几点如下。① 上述标准配方中的中，大猪配方中的赖氨酸已到了饲养标准的边缘，如果您用赖氨酸含量更低的原料来代替上述配方中的原料，则需要补充赖氨酸，如使用 30% 的发酵豆渣来代替上述配方中的 15% 的豆粕和 15% 的玉米粉，则由于豆渣中的赖氨酸只有 1.6%，比豆粕中的 2.5% 少了 1.9%，比玉米粉中的 0.3% 又多了 1.3%，最后算出赖氨酸少了 0.18%，所以，您需要补充赖氨酸 0.15%，而对于上述小猪标准配方来说，由于上面的配方中的赖氨酸已经比饲养标准多了 0.14%，则不存在这个问题。② 如果发酵饲料中添加了磷酸氢钙，在使用这种发酵饲料时，需要在上述标准配方中减少相应的磷酸氢钙用量。③ 特别注意玉米粉中的钙含量为 0.03% 左右，基本上可以忽略，磷 0.25%、赖氨酸含量为 0.25% 左右、消化能为 3 450 大卡 / 千克、粗蛋白 8.5%，因为玉米粉在配方中用量最大，所以，在以上面配方为参照时，要心中牢记玉米粉的这几个参数。④ 上述配方中的能量都比较高，较饲养标准高许多，特别是大猪配方高了 140 大卡 / 千克，所以，可以适当用一些低能量的饲料代替一部分玉米粉，如上面举例的发酵豆渣代替了 15% 玉米粉，仍然符合饲养标准。⑤ 如果您自己的原料实在营养价值太低，也不要紧，只要记住能量蛋白比就可以，能量蛋白比的概念是每千克饲料中含有的消化能（大卡或千卡）与每千克饲料中的蛋白质的克数的比值，如小猪饲料标准中要求的消化能是 3 310 大卡 / 千克，要求的日粮蛋白质含量为 190 克 / 千克（19%），所以，能量蛋白比要求为 17.4，取

18整数，相应地，中猪能量蛋白比应为19，大猪能量蛋白比为22，越大的猪由于基础代谢旺盛，体重增多，长肥肉比例增加，所以，需要的能量越多，能量蛋白比越高，如果您的饲料原料营养价值太低，也不要紧，但要符合能量蛋白比就可以。举例说明，您的饲料原料为木薯渣和统糠粉混合物，配制中猪饲料，只能配制到能量2 500大卡/千克，则相应地蛋白质含量也配制到2 500÷19=132克/千克就可以，即13.2%，不必像饲养标准那样达到16%。猪在采食时会根据能量需要适当增加采食量，以满足日粮营养需要，反之，如果饲料达到了饲养标准那么高的能量（中猪是3 100大卡/千克），则蛋白质含量也要达到16%，猪也就不会采食。公式：饲料能量蛋白比 = 饲料消化能（大卡或千卡/千克）÷蛋白质含量（克/千克），注意蛋白含量单位不是（%），而是（克/千克）。⑥有时，尽管能量蛋白比符合要求，但营养也不能太低。举例说明，如果您自己的饲料原料大多为秸秆发酵料，用量用到30%以上，则可能消化能只有2 000大卡，尽管能量蛋白比合理，中猪的蛋白质也配制到了2 000÷19=105克/千克（10%含量），但根据猪的采食量要求，采食量 = 猪每日需要摄入的消化能总值÷饲料中的能量含量，从饲养标准中查得40千克的中猪每日需要摄入能量为5 610大卡，则需要采食这种饲料为2.85千克，但是40千克的中猪是很难吃下近3千克饲料的，肚子撑很大，从而影响消化，体形形成草腹。所以，饲料中最低能量值应不小于2 500大卡/千克。

上述标准配方中，您还可以采用菜粕、棉粕、花生饼、芝麻饼、豆渣发酵料及其他蛋白质原料来代替其中的部分豆粕，而可以采用薯干粉、大小麦粉、高粱粉、啤酒糟发酵料、木薯渣发酵料等其他能量饲料来代替部分其中的玉米粉、麦麸米糠等能量饲料等，注意根据不同的原料的特点，进行赖氨酸、钙磷含量和比例、能量蛋白比等的调整。

31. 养殖户是自配饲料好，还是购买成品饲料好？

规模化猪场自配饲料是一种切实可行的办法。但在配制时，要充分考虑各种营养以及营养的平衡。规模化猪场饲养的外三元杂交猪是公认的瘦肉型猪，其日粮的粗纤维水平不可过高，一般生长育肥猪为 3%~4%，能量饲料主要以玉米、麦麸，蛋白饲料主要以豆粕、鱼粉等粗纤维含量低的原料配制日粮。不可过多地利用米糠、稻谷等粗纤维含量高的原料。纯外三元杂交猪的瘦肉率一般都在 60% 以上，瘦肉组织中的蛋白比例高。要充分发挥瘦肉型猪合成肌肉组织的遗传潜能，在营养上，就必须通过日粮提供足够的粗蛋白。瘦肉型猪在 15~30 千克体重阶段日粮蛋白水平为 17.5%，30~60 千克体重阶段为 16.5%，60 千克体重至出栏为 15%。日粮蛋白的营养实际上是氨基酸的营养，在瘦肉型猪日粮中氨基酸的平衡与供给量尤为重要，实际饲料配制往往需在日粮中额外添加赖氨酸 0.1%~0.15%、蛋氨酸 0.05%~0.08%。

规模化猪场猪群密度高，且离土饲养（通常为水泥地面），缺乏日光照射和青饲料供应，又以高蛋白和高能量营养水平的日粮喂养，加之瘦肉型猪生长速度快，日增重高达 0.8 千克以上，故日粮中维生素、矿物质及微量元素的浓度需要相应提高。否则，因日粮营养水平的不平衡可导致饲料中某些养分的浪费或相对缺乏。现在众多的规模化猪场已从生产实践中认识到使用浓缩料、预混料的诸多益处。值得指出的是，一些用量甚微，过量即引起中毒的药物，如亚硒酸钠等，自行配料依靠人工拌入饲料是难以达到均匀的，而饲料生产厂家却可做到这一点。

因此，要根据自身情况决定是自配饲料，还是购买饲料。并着重从以下 3 个方面考虑。

（1）是否具备相关设备　为了确保各种原料混合均匀，需要保证原料粉碎粒度和混合的均匀度。对于颗粒大而用量少的原料来说，需要先经过细微粉碎后与相应载体或稀释剂预混合，然后再与用量大的原料混合，最终获得全价配合饲料。可见，从无到有的配制全价饲料需要很多机械设备和操作步骤，这对于中小规模的养猪场来说是很难实现的。如果采用已经配制好的预混料或者浓缩料，则问题大大简化，用户只需要按照一定的比例将预混料与粉碎好的蛋白质饲料、能量饲料混合均匀即可。如果购买浓缩料，则只需使用简单设备将粉碎好的能量饲料如玉米与之混合均匀获得全价配合饲料。

（2）如何保证饲料品质 对于大规模的饲料生产厂家来说，饲料配制过程中的每一个环节都有相应的品质控制程序，以保证最终获得的饲料营养成分可靠。这不仅涉及粉碎粒度、混合均匀度，还与饲料原料的品质、加工工艺等有关。对于常规饲料原料如玉米来说，养殖户可以按照常规营养成分含量来配制饲料，而对于营养成分含量变化大的饲料原料来说，一定要慎重。如果采用合适的预混料或者浓缩料，则品质控制简单化，只需考虑能量饲料原料和蛋白质饲料原料的质量和混合效果，比较适合中小规模的养殖户。

（3）考虑饲料成本问题 自己配制可以采用一些适合自身条件的饲料原料，如农副产品，同时部分节省加工费用，可有效降低养殖成本，也是自己配制饲料的优势所在。对于大型的养殖场户来说，根据自己的饲料资源特色，充分发挥自身优势，降低养殖成本，自己配制饲料是切实可行的。而对于小型养殖场户来说，则可以采取两者结合的办法，一方面，利用饲料生产商的规模效应，采用价廉物美的成品全价配合饲料，另一方面，则利用自己的农副产品，适当的减少对全价配合饲料的购买，降低成本。

32. 怎样选择和使用浓缩料？

（1）浓缩饲料的选择 目前，我国生产的浓缩饲料品种不少，质量也有差别，有的甚至是不合格的伪劣产品。因此，一定要选购产品质量可靠的厂家生产的浓缩饲料。同时应根据猪的品种、用途、生长阶段等选购相应的产品，不能把其他动物用的浓缩饲料用于猪，也不能把种猪的浓缩饲料用于生长育肥猪。

根据国家对饲料产品质量监督管理的要求，凡质量可靠的合格浓缩饲料，必须要有产品标签、说明书、合格证和注册商标。只有掌握这些基本知识，才不会上当受骗。此外，一次购买的数量不宜过多，以保证其新鲜度和适口性。

（2）浓缩饲料不能直接饲喂 浓缩饲料是由蛋白质饲料、矿物质饲料、微量元素、维生素、氨基酸和非营养性添加剂按一定比例配制而成的均匀混合物，再与一定比例的能量饲料配合，即成为营养基本平衡的配合饲料。猪用浓缩饲料，一般粗蛋白质含量在35%以上，矿物质和维生素含量也高于猪需要量的 3 倍以上。因此不能直接饲喂，而必须按一定比例与能量饲料相互配合后才可饲喂。配合时不需要再添加任何添加剂，饲喂时要与粉碎后的能量饲料混合均匀，采用生干粉或用冷水拌湿饲喂，并供足清洁的饮水。

（3）浓缩饲料与饲料原料配比计算方法 浓缩饲料与养猪户自产的饲料原料的配合比例一定要合理，才能达到营养平衡。通常在浓缩饲料产品说明书中，也推荐有与常用饲料原料配合的比例，可以参照使用。但往往所推荐的常用饲料原料与养殖户自产饲料原料不相符，这就需要自己能够计算配合比例。通常都采用简单且易掌握的对角线法。现以 20~60 千克体重的生长育肥猪为例，说明这种计算方法。

例如：养殖户已购入含粗蛋白 38% 的猪用浓缩饲料，并有自产的玉米、小麦麸、糠饼 3 种饲料原料，这 3 种饲料原料配合比例计算方法和步骤是：第一步，确定配合饲料营养水平，生长育肥猪营养需要为消化能 12.9 兆焦 / 千克饲料、粗蛋白质 15%；第二步，列出自有饲料原料营养成分含量；第三步，根据当地饲料原料和以往经验，初步确定浓缩饲料的大概配比，大约为 20%，然后计算出要配的能量饲料的消化能。

33. 怎样选择使用预混料？

预混料中含有猪生长发育所必需的维生素、微量元素、氨基酸等营养成分及药物等功能性添加剂，规格大多为 1%~5%，养殖户购回后，只需按照推荐配方，选用优质原料，经过粉碎、混合，即成为全价饲料。只要将其合理使用，预混料自配料就可保证饲料质量，同时降低生产成本，取得良好的效果。

（1）营养标准的选择 规模养殖场在使用预混料时，可以根据标签的推荐配方进行配制饲料，但这样配制的饲料配方成本一般较高，因此可以让预混料厂家技术人员根据猪场情况和当地原料来源设计符合本猪场的饲料配方。如果猪场自己有专业配方人员，可以自己制作配方，制作饲料配方的第一步就是选择猪的营养标准。根据所养猪的品种选择相应的营养标准。目前在养猪生产实际中常采用的营养标准有美国的 NRC 标准、法国的 ARC 标准及中国地方品种猪标准等。猪场应该根据所养猪的品种进行选择，也可以根据猪的体况或季节进行细微的调整。

（2）配料过程控制 ① 严把原料质量关。禁止使用发霉变质原料；不要使用水分超标的玉米；严禁使用过期浓缩料或预混料。② 原料称量要准确。采用人工称量配料，称量是配料的关键，是执行配方的首要环节。称量的准确与否，对饲料产品的质量起至关重要的作用。要求操作人员一定要有很强的责任心和质量意识，否则人为误差很可能造成严重的质量问题。在称量过程中，首先，要求磅秤合格有效。要求每周由技术管理人员对磅秤进行一次校准和保养，每年至少一次由标准计量部门进行检验；其次，每次称量必须把磅秤周围打扫干净，称量后将散落在磅秤上的物料全部倒入下料坑中，以保证原料数据准确；再次，切忌用估计值来作为投料数量。每种物料因为添加比例不同，其称量精确度要求也不一样，大致要求称量误差在 4% 以内。③ 原料粉碎粒度要合适。粉碎机是饲料加工过程中减小原料粒度的加工设备。应定期检查粉碎机锤片是否磨损，筛网有无漏洞、漏缝、错位等。粉碎机对产品质量的影响非常明显，直接影响饲料的最终质地和外观的形状。操作人员应经常注意观察粉碎机的粉碎能力和粉碎机排出的物料粒度。该项技术的关键是将各种饲料原料粉碎至最适合动物利用的粒度，使配合饲料产品能获得最大饲料饲养效率和效益。要达到此目的，必须深入研究掌握不同动物及动物的不同阶段对不同饲料原料的最佳利用粒度。大料粉碎粒度要合乎要求，例如玉米粉碎时筛片的孔径选择一般为教槽料 0.6 毫米、保育料 1.5 毫米、中小猪料 2.0 毫米、大猪料 2.5 毫米、公母猪料 4.0 毫米等。④ 原料添加顺序要合理。首先加入量大的原料，量越小的原料应在后面添加，如维生素、矿物质和药物添加剂，这些原料在总的配料过程中用量很小，所以，不能把它们直接添加到空的搅拌机内。如果在空的搅拌机内先添加这些微量成分，它们就可能落到缝隙或搅拌机的死角处，不能与其他原料充分混合。这不仅造成了经济价值较高的微量成分损失，而且使饲料的营养成分不能达到配方的水平，还会对下一批饲料造成污染。所以，量大的原料应首先加入到搅拌机中，在混合一段时间后再加入微量成分。有的饲料中需要加入油等液体原料，在液体原料添加前，所有的干原料一定要混合均匀。然后再加入液体原料，再次进行混合搅拌。含有液体原料的饲料需要延长搅拌时间，目的是保证液体原料在饲料中均匀分布，并将可能形成的饲料团都搅碎。有时在饲料中需加入潮湿原料，应在最后添加，这是因为加入潮湿原料可能使饲料结块，使混合更不易均匀，从而增加搅拌时间。⑤ 混合时间要合适。混合均匀度指搅拌机搅拌饲料能达到的均匀程度，一般用变异系数来表示。饲料的变异系数越小，说明饲料搅拌越均匀；反之，越不均匀。生产成品饲料时，变异系数不应大于10%。搅拌时间应以搅拌均匀为限。确定最佳搅拌时间是十分必要的。搅拌时间不够，饲料搅拌不均匀，影响饲料质量；搅拌时间过长，不仅浪费时间和能源，对搅拌均匀度也无益处；卧式搅拌机的搅拌时间为3~7分钟。⑥ 防止交叉污染。饲料发生交叉污染的场所主要有：储存过程中的撒漏混杂；运输设备中残留导致不同产品之间的交叉污染；料仓、缓冲斗中的残留导致的交叉污染；加工设备中的残留导致的交叉污染；由有害微生物、昆虫导致的交叉污染等。因此需要采用无残留的运输设备、料仓、加工设备和正确的清理、排序、冲洗等技术和独立的生产线等来满足日益高涨的饲料安全卫生要求。⑦ 成品包装要准确。成品包装准确，首先要所用包装袋的包装型号要与饲料相匹配，不要出现错装或混装。其次包装重量要准确，这样方便饲养员的取用，利于饲养员饲喂量的控制。

（3）使用过程中的注意事项　在实际生产使用中，由于养殖户对其认知不够，仍存在着诸多问题，影响了预混料的使用效果，打击了养殖户使用预混料的积极性。① 慎重选料。目前预混料的品牌繁多，质量不一，预混料中的药物添加剂的种类和质量也相差甚大，所以选择预混料不能只看价格，更重要的是看质量，要选择信誉高、加工设备好、技术力量强、产品质量稳定的厂家和品牌。② 妥善保管。预混料中维生素、酶制剂等成分在储存不当或储存时间过长时，效价会降低，因此应放在遮光、低温、干燥的地方贮藏，且应在保质期内尽快使用。③ 严格按规定剂量使用。预混料的添加量是预混料厂按猪不同生长发育阶段精心设计配制的，特别是含钙、磷、食盐及动物蛋白在内的大比例预混料，使用时必须按规定的比例添加。有的养殖户将预混料当作调料使用，添加量不足；有的养殖户将预混料当成了万能药，盲目增加添加量；有的将不同厂家的产品混合使用。不按规定量添加，就会造成猪的营养不平衡，不仅增加了饲养成本，还会影响猪的生长发育，甚至出现中毒现象。④ 合理使用推荐配方。养殖户所购买的预混料，其饲料标签或产品包装袋上都有一个推荐配方，这个配方是一个通用配方，能备齐推荐配方中的各种原料的养殖户，可按推荐配方配料。也可充分利用当地原料优势，请预混料生产厂家的技术人员现场指导，不要自己随意调整配方，否则会使配出的全价饲料营养失衡，影响使用效果。⑤ 把握饲料原料的质量。预混料的添加量仅有1%~5%，而95%~99%的大部分成分是饲料原料，因此原料质量至关重要。目前，农村市场饲料原料的质量差异很大。因此，应尽量选择知名度高、信誉好的厂家的原料。⑥ 注意原料的粉碎粒度。粒度较大的原料，如玉米、豆粕，使用前必须粉碎，猪饲料粒度为500~600为宜，饲喂的饲料混合均匀度变异系数通常不得大于10%。⑦ 正确饲喂。预混料不能单独饲喂，必须按配方混合后方可饲喂，不能用水冲或蒸煮后饲喂。更换料时要循序渐进，1周左右完成换料，尽量减少换料引起的采食减少，生长下降等应激。

34. 当前在饲料使用过程中，主要存在哪些误区?

（1）一味迷信外来饲料　某些养殖户购买饲料，认为外省外县的饲料比本地的饲料质量好。因为他们熟悉本地饲料厂，觉得无论软件硬件都上不了档次，怀疑本地饲料厂能否做出好饲料。岂不知某些外省外县的小作坊，甚至"夫妻店"也打着中国动物营养专家，某某畜禽研究所，什么国家质量检测中心的幌子。当然公司形象好的饲料无可非议。

当今饲料市场鱼龙混杂，每个养殖大县就有100多个品种的饲料在竞争。请养殖户冷静地想一想，老远来的饲料，运输、销售、运营费用要多少? 难道这么多的费用不都是加进饲料里面，由养殖户来承担吗? 某些外来饲料为了拓展市场，不惜一切代价搞活动、打广告、印高档精美资料，这能代表他们有实力吗? 这能保证他们饲料的质量吗?

养殖户养猪都是为了赚钱，不妨将多家饲料、多个品牌作作对比试验，听听群众口碑，哪家饲料适合，就用哪家饲料，不要单纯认为外来的和尚会念经。

（2）用饲料价格推测饲料质量　某些养殖户只凭饲料的价格，就断定饲料质量的好坏。价格高就一定是好饲料吗？同样的质量，同一类产品。外来产品价格肯定高，这是因为他们各种营销费用摊得多，并不一定是饲料的质量好。

原料的质量决定饲料的质量，想用最少的钱买最好的料难！某些厂家为了生存也要迎合市场，不可能放血亏本，只能想办法降低原料成本，加一些劣质的、禁用的原料，短时间内也看不出饲喂效果，实际上用户的养殖生产水平正在降低，隐患相当严重。

（3）认为饲料加工门槛低，各厂家都差不多　饲料谁都会做，但要做好却不容易。养殖户不这么认为，他们总觉得浓缩料就是将豆粕、鱼粉、添加剂混在一起搅一搅，没什么高科技的前沿东西。各厂家技术水平、开发能力、品控能力差不了多少，但其实却不然。

（4）认为蛋白含量越高，饲料就越好　浓缩料主要是蛋白饲料，但氨基酸、维生素、矿物质、微量元素也起着同等重要的作用，某些厂家为了迎合养殖户的心理，推出了45%以上的浓缩饲料，但价格还比常规饲料的价格低500多元/吨，他们靠添加80%以上的羽毛粉、血粉、蛋白精。养殖户不去分析蛋白这么高价格这么低的浓缩料是用什么做的，更不去考虑其消化、吸收和利用率怎样。他们总习惯把两种蛋白相同的饲料做价格对比，他们认为营养指标相同，价格应该不差上下，这是错误的想法。

（5）任凭感觉随意换料　养殖户在选饲料时，不做对比试验，而是凭感觉以及某些饲料厂的优惠政策、促销活动，甚至哪个业务员、经销商说得好，就被煽动去使用谁的饲料。饲料的频繁更换使畜禽经常处于应激状态，抵抗力下降，生猪出了问题，自己还不知道是什么原因。

（6）凭空想象，买便宜料，添加其他原料　不少养殖户专买便宜料，回去后自己再添加重金属、矿物质、鱼粉等，每一个阶段的浓缩料比例都是经过科学测试的，自己胡乱添加，会打乱营养平衡，造成浪费甚至畜禽中毒。

以上这些都是不正确的养殖理念，大家在选浓缩料时，必须综合分析，对比试验，切不可道听途说，盲目追捧。

35. 如何识别掺假的鱼粉?

劣质鱼粉，一是水分超标，重量不足；二是无合格证，无说明书、保质期；三是包装破损，标示不全（如：品名、净重、厂名、厂址、商标等）。这些情况虽不如有意掺假、使假、制假那么严重，但也足以造成用户损失，由于此情况广泛存在也应引起重视。

鱼粉掺假大致分为以下 3 种。

（1）添加植物蛋白 植物性蛋白如棉籽粕、菜籽粕、葵花粕、花生粕、玉米胚芽粕、豌豆粉、稻壳粉、麦麸、草粉、米糠粕、木屑、方便面下脚料等。

（2）添加动物蛋白 水解羽毛粉、虾粉、硫化羽毛粉、肠羽粉、皮革粉、羊毛粉、血粉、肉骨粉、肉松粉、鱿鱼粉（下脚料）等。

（3）鱼粉掺鱼粉 这是最高级的掺假方式。这种方式掺和的鱼粉，也比较难鉴别。其中存在有将国产、杂牌鱼粉掺在秘鲁鱼粉中，当做秘鲁鱼粉卖的；也有将越南鱼粉掺和在国产鱼粉中，当国产鱼粉卖的。

初步判断鱼粉是否有问题可参考表 2-5。

表 2-5 鱼粉质量对比

	正常鱼粉	问题鱼粉
形状	颗粒大小均匀一致，稍显油腻粉状物	质地粗糙、易结块、粉状颗粒较细且易成团，触摸易粉碎，不见或少见肌肉束，此鱼粉则需要进一步检测
组织成分	大量疏松鱼肌纤维 + 少量骨刺、鱼鳞、鱼眼	
手感	具有疏松感，不结块，不发黏，不成团	结块、发黏。有糟鱼酱味和腥臭味；掺杂酱油渣或咸杂鱼的有咸味，掺肉骨粉、皮革粉的手捻松软，颗粒细度不匀，掺杂棉籽壳、棉籽饼粕的手捻有棉绒感，可捻成团

	正常鱼粉	问题鱼粉
颜色	均一、呈浅黄、黄棕或黄褐色。墨罕敦鱼粉呈淡黄色或淡褐色，沙丁鱼粉呈红褐色，白鱼粉为淡黄色或灰白色	掺杂或变质的鱼粉颜色往往无光泽、发暗或不均匀，多为褐黑色，如果鱼粉颜色为灰白色、灰黄色均为掺假鱼粉。若是掺杂棉籽粕，则有黑色的棉籽壳和棉絮。若是掺杂血粉，则有暗红色或黑色的粉状颗粒
气味	优质鱼粉气味儿纯正，有浓郁的烤鱼味儿，略有腥味儿，具有鱼粉正常的鱼腥气味儿，无异臭	有焦味儿则为存储不当引起自燃的烧焦鱼粉；有哈味儿则为鱼粉中的脂肪氧化引起的；有氨臭味儿则为鱼粉储存中的蛋白变性；既无香味，又无臭味则有可能掺假

掺假鱼粉的鉴别方法如下。

（1）用嘴品尝法　前面说到有烤鱼的香味，当然纯的进口鱼粉是口感很好的。舔一点鱼粉的样品放到嘴里，如果咀嚼有牙碜的情况一般就可以断定鱼粉不是原装（有点武断，但成功率很高）。还有就是咀嚼后没有什么残渣，都可下咽，但是掺假的就大不相同了。有的好蒸汽鱼粉入嘴即化，味道不错，相反掺假的就有难以下咽的感觉。

（2）泡水法　取少量鱼粉放入蒸馏水中，静置半小时。正常鱼粉没有漂浮物，水体清爽，颜色澄清。若出现漂浮物过多、水体浑浊不清，甚至茶绿色或褐色等情况，一般则被认为是问题鱼粉。

鉴别鱼粉中是否添加植物蛋白，可用下列方法。

（1）燃烧法　取少量鱼粉在铁质容器上点燃，如果发出谷物干炒后的芳香味或焦煳味，说明掺有植物籽实等，如发出烧毛发的气味则为纯鱼粉或掺有动物性物质。

（2）碱煮法　取一容器，加入鱼粉样品和定量的10%氢氧化钾溶液混合，置火上煮沸，溶解的为鱼粉，不溶解的则为植物性物质。

（3）石蕊试纸测试法　同燃烧法类似，火上加热冒烟后用石蕊试纸测试，如试纸呈蓝色则说明掺有植物性物质，试纸呈红色说明为纯鱼粉。

（4）植物中均含有淀粉和木质素　通过检测鱼粉中是否具有这

两种物质，既可判断鱼粉中是否添加了植物蛋白。检测淀粉：淀粉可与碘化钾反应，产生蓝色或蓝黑色化合物（无氮浸出物40%以上有此反应），豆粕29%的没有此反应。木质素在酸性条件下与间苯三酚反应，产生红色化合物（粗纤维含量在5%以上有此反应）。玉米（1.8%）、玉米蛋白粉（1.0%）无此反应。

（5）掺有植物性物质时可用氯化锌碘液鉴别　取100克氯化锌溶于60毫升蒸馏水中，再加27克碘化钾，溶解后加入0.7克碘晶体。把要检验的鱼粉放入溶液中经10分钟后植物性饲料的颜色有不同程度的加深，棉纤维呈黑褐色，植物茎叶纤维呈深绿色或褐色，而动物肌纤维、皮革粉等不变色或染成浅黄色。

36．豆粕掺假如何鉴别？

豆粕是大豆浸提油脂后，经适当热处理与干燥后的产品，饲料中常用的豆粕一般为一次浸出豆粕，豆制品香味较浓。在实际生产过程中，常有不法商人在豆粕中掺入泥沙、麸皮、碎玉米等杂物，影响畜牧养殖的效益。鉴别豆粕掺假的方法有以下几种。

（1）感官鉴别　质量优良的豆粕呈浅黄褐色或淡黄色，色泽一致，有豆粕香味，呈不规则的碎片状、粉状或粒状；掺入了沸石粉、玉米等杂质后，颜色浅淡，色泽不一，稍有豆香味或无豆香味，结块多，剥开后用手指捻可见白色粉末状物。

（2）水浸法　取少许需检验的豆粕，放入玻璃杯中用水浸泡2~3个小时，然后用木棒轻轻搅动。如果掺有泥沙，可看到豆粕（碎饼）与泥沙分层，上层为饼粕，下层为泥沙。

（3）容重法　一般纯豆粕的容重为594.1~610.2克/升，将豆粕搅拌均匀，用四分法取样，样品放入1 000毫升量筒内，然后将样品从量筒内倒出并称量，认真反复称重几次后取平均值，若容重在上述范围内，则样品比较纯正，偏差较大，说明豆粕掺假。

（4）碘酒鉴别法　取少许豆粕放在干净的瓷盘中，铺薄铺平，在其上面滴几滴碘酒，过1分钟后观察，若其中有物质变为蓝黑色，说明掺有玉米、麸皮、稻壳等。

（5）镜检法　将待检样品置于培养皿中，并使之分散均匀，显微镜下观察：纯豆粕外壳的外表面光滑，有光泽，并有被刺时的印记，豆仁颗粒也无光泽，不透明，呈奶油色；而玉米粒皮层光滑，半透明，并带有似指甲纹路和条纹，这是玉米粒区别于豆仁的显著特点，另外，玉米粒的颜色也比豆仁深，呈橘红色。

37. 饲养户用什么方法辨别麸皮是否掺假？

① 若是不开封的整袋麸皮，看包装袋的上下封口线是不是一致，若不一致，则有可能掺假，同时可以用手拍打，落下白色细粉的，可以基本肯定里面掺有滑石粉。

② 抓一把麸皮放在手掌上轻轻摊开，皮滑而细小且有点绿黄，可以基本肯定里面掺有稻糠。

③ 无掺假的麸皮尝起来味甜，若其中掺有花生皮则味道发苦。若有条件可取少量样品放在 40 倍放大镜下镜检，判断准确率最高。为防止麸皮掺假、霉变，饲养户可以直接去面粉厂购买，气温高时购进半个月的喂量，气温低时购进 1 个月的喂量。

38. 骨粉掺假如何鉴别？

骨粉常见掺有石粉、贝壳粉、细沙等。

（1）肉眼观察法　纯正的骨粉为灰白色粉末状或颗粒状，部分颗粒呈蜂窝状，掺假的仅有少许蜂窝状，假的完全没有蜂窝状颗粒，掺贝壳粉的骨粉色泽发白。

（2）稀盐酸溶解法　将样品倒入稀盐酸中，真骨粉会发出"沙沙"声，骨粉颗粒表面不产生气泡，最后基本溶解，稀盐酸液变浑浊。

（3）焚烧法　取少许样品放入试管中，置于火上焚烧，真的骨粉产生蒸气，并有刺鼻的烧头发味，而掺假骨粉焚烧产生的蒸气和气味较少。

39. 国家严禁在饲料中添加的物质有哪些？

（1）瘦肉精　瘦肉精学名盐酸克仑特罗，既不是兽药，也不是饲料添加剂，而是一种肾上腺素类神经兴奋剂。将瘦肉精拌入猪饲料中喂猪后，猪只体形健美、肉色鲜艳、后臀肌肉饱满。因此，极个别的饲料厂商和养殖户违反国家规定，在饲料中添加瘦肉精。饲用瘦肉精会残留在动物体内，特别是猪肝、猪肺等一些地方。对于畜产品中残留的瘦肉精，一般的烹饪方法和过程都很难使其清除，只有在172℃以上的高温才会使其分解。人若吃了含有瘦肉精残留的猪肉尤其是猪肺、猪肝后，会出现头晕、脸色潮红、心跳加速、胸闷、心悸、心慌等症状，对人的健康危害极大。

莱克多巴胺和盐酸克仑特罗（瘦肉精）一样，也属于β-肾上腺素兴奋剂，世界上大多数国家也没有批准将莱克多巴胺作为兽药使用。欧盟早已明确禁止在食用性动物中使用莱克多巴胺在内的所有β-肾上腺素兴奋剂类药物，我国也早在2002年明确将其列入《禁止在饲料和动物饮用水中使用的药物品种目录》。

（2）镇静剂 受传统观念"肯睡必定肯长"的影响，一些不法分子擅自在饲料中添加安眠酮等镇静剂，使动物长期处于麻醉状态，贪睡、减少活动量，以为这样可以减少消耗，提高饲料报酬，促进生长。实际上，肯睡未必肯长，甚至不利于猪的正常生长，这可能是因为长期在猪日粮中添加镇静剂可以使猪长期处于一种被动睡眠状态，违背了猪正常的生活规律即正常的生物钟，同时镇静剂在麻醉中枢神经系统的同时也将麻醉机体整个消化系统，不利于消化。另外，安眠酮等镇静剂残留在猪肉中，副作用较大，人吃了含有此药的猪肉，会表现出恶心、呕吐、头晕、无力、四肢及口舌麻木，个别较重的患者还会出现短时间的精神失常，过量中毒者可出现昏迷、视神经乳头水肿、心跳过速、呼吸抑制等症状。久吃含有此药的肉类，人体会产生耐药性。我国及欧盟、美国、日本等世界上大部分国家禁止将镇静类药物应用于食用动物，其中包括猪。

（3）三聚氰胺 三聚氰胺是一种用途广泛的化工原料，最主要的用途是作为生产三聚氰胺甲醛树脂的原料。除此之外，还有多种化学用途，包括制作复合板、胶水、黏合剂、塑模、涂料和阻燃剂等。三聚氰胺还是杀虫剂环丙氨嗪的代谢产物。三聚氰胺的最大特点是含氮量高达66%，在饲料中每增加一个百分点的三聚氰胺，会使通常用凯氏定氮方法测定的总氮含量虚涨4个多百分点，而且三聚氰胺生产工艺简单、成本很低，常被不法商人掺杂进食品或饲料中，以提升食品或饲料检测中的粗蛋白含量指标，三聚氰胺被作假的人成为"蛋白精"。近年来还发现添加三聚氰胺的另一个原因，是三聚氰胺可改善饲料的黏韧性和口感特征。此外，三聚氰胺作为一种白色结晶粉末，没有什么气味和味道，掺杂后不易被发现，这也是掺假、造假者心存侥幸的原因之一。但三聚氰胺并不是蛋白质，对猪没有任何营养作用，动物长期摄入三聚氰胺会造成生殖、泌尿系统的损害，膀胱、肾部结石，并可进一步诱发膀胱癌，甚至死亡。畜产品中的残留会严重影响人体健康，尤其是儿童。国家明令禁止在饲料中人为添加三聚氰胺。

国家允许使用的药物饲料添加剂见国家农业农村部《药物饲料添加剂品种目录及使用规范》。需要强调的是，为保障动物产品质量安全，维护公共卫生安全，农业部近几年不断加大兽药风险评估和安全再评价工作力度，从 2015 年到 2018 年年初，共禁止了 8 种兽药用于食品动物。即 2015 年禁止洛美沙星、培氟沙星、氧氟沙星、诺氟沙星等 4 种人兽共用抗菌药物用于食品动物，2017 年禁止非泼罗尼用于食品动物，2018 年 1 月 11 日，禁止喹乙醇、氨苯胂酸、洛克沙胂等 3 种兽药用于食品动物。此外，2016 年还禁止硫酸黏菌素预混剂用于动物促生长。生产中一定要严格执行，严禁添加违禁添加剂和药物成分。

第三章　种猪的饲养与繁殖管理

1. 猪场母猪群体的构成比例一般是多少？

规模化猪场一般都有自己的繁殖体系，形成通常所说的核心群（育种群体）、繁殖群和生产群（商品群体）。但整个群体的大小则以生产群母猪数的多少来衡量。三者的关系大约应符合这样的比例：核心群：繁殖群：生产群=1：5：20。核心群规模的大小，除要考虑繁殖群所需种猪数量外，品种选育的方向和进度是两个重要因素。规模化猪场通常较合理的胎龄结构比例见表3-1。

表 3-1　规模猪场母猪胎龄比例

母猪胎次	1~2	3~6	7胎以上
比例（%）	25~35	60	10~15

随品种状况、饲养管理水平等因素的不同，群体结构会有所变化。如品种繁殖能力强、营养好、饲养管理水平高的猪场，高胎龄母猪可多留一些；母猪本身体况好、营养好及有效产仔胎数多的母猪也可多留作高胎龄母猪。

2. 如何选留后备母猪？

（1）选留数量的确定　选留数量通常为：生产群数量 × 母猪淘汰率 ÷60%。选留原则：本场生产育种的目标和标准。通常包括个体生产性能及系谱同胞鉴定的结果进行判断。

（2）选留时间　后备母猪的选留如果做得精细一些，可以进行3次选留。

第一次在断奶时，通过仔猪断奶转群转入保育舍时进行第一次选择。初次选留体况较好的小母猪作为后备母猪，乳头是否正常是此时选留的一个最重要的、也是最明显的标准。

第二次在 60 千克左右时，通过前一个生长时期的饲养，第一次选留时一些不明显的问题，此时会显示出来，应选择体况良好，乳房结实丰满、乳头整齐无缺陷，肢蹄正常的母猪作为后备母猪。

第三次在配种前后，再次淘汰以下几种情况的母猪：母性差的母猪，这类母猪一般发情不明显，乏情或不发情；体质差的母猪，例如有些母猪被冷水冲淋后浑身发抖、被毛竖立；有隐性感染的母猪，这些母猪一般生长缓慢，疫苗接种时疫苗反应强烈。

3. 后备母猪的选留标准是什么？

后备母猪的本场选留，是根据本场的繁育需要确定的，有纯种繁育和杂交繁育。如果是商品性的规模猪场，还应根据本场的杂交组合来确定，通常以杂交一代母猪为主（如长大一代母猪或大长一代母猪）。

挑选后备母猪，首先要进行母体繁殖性状的选择和测定，要从具备本品种特征外貌（毛色、头型、耳型等）的母猪及仔猪中挑选，还需测定每头母猪每胎的产活仔数、壮仔数、窝断奶仔猪数、断奶窝重及年产仔胎数。因为这些性状确定时间较早，一般在仔猪断奶时即可确定，因此要首先考虑，为以后的挑选打下基础。

（1）母体繁殖性状

① 生长速度。后备母猪应该从同窝或同期出生、生长最快的 50%~60% 的猪中选出。足够的生长速度提高了获得适当遗传进展的可能性。生长速度慢的母猪（同一批次）会耽搁初次配种的时间，也可能终生都会成为问题母猪。

② 外貌特征。毛色和耳形符合品种特征，头面清秀、下额平滑；应注意体况正常，体型匀称，躯体前、中、后 3 部分过渡连接自然；被毛光泽度好、柔软、有韧性；皮肤有弹性、无皱纹、不过薄、不松弛；体质健康，性情活泼，对外界刺激反应敏捷；口、眼、鼻、生殖孔、排泄孔无异常排泄物粘连；无瞎眼、跛行、外伤；无脓肿、疤

痕、无癣虱、疝气和异嗜癖。

③ 躯体特征。头部：面目清秀。背部：胸宽而且要深。腰部：背腰平直，忌有弓形背或凹背的现象。荐部：腰荐结合部要自然平顺。臀宽的母猪骨盆发达，产仔容易且产仔数多。尾部：尾根要求大、粗且生长在较高及结构合理的位置上。

④ 乳头。乳头的数量和分布是判断母猪是否发育良好的评判标准。理想的后备母猪，有效乳头应该在 7 对及 7 对以上，对于 6 对的只作为备选后备母猪，仅在配种目标达不到的情况下才会配种。乳头分布要均匀，间距匀称，发育良好。没有瞎乳头、凹陷乳头或内翻乳头，乳头所在位置没有过多的脂肪沉积，而且至少要有 2~3 对乳头分布在脐部以前且发育良好，因为前 2~3 对乳头的发育状况很大程度上决定了母猪的哺乳能力。

⑤ 外阴。母猪的生殖器非常重要，是决定母猪人工授精和生产难、易的关键。一般以阴户发育好且不上翘的为评判标准。小阴户、上翘阴户、受伤阴户或幼稚阴户不适合留作后备母猪，因为小阴户可能会给配种尤其是自然交配带来困难，或者在产房造成难产，上翘阴户可能会增加母猪感染子宫炎的概率，而受伤阴户即使伤口能恢复愈合仍可能会在配种或分娩过程中造成伤疤撕裂，为生产带来困难，幼稚阴户多数是体内激素分泌不正常所致，这样的猪多数不能繁殖或繁殖性能很差。

⑥ 肢蹄。后备母猪四肢是否健实是决定其使用年限的一个关键因素。母猪每年因运动问题导致的淘汰率高达 20%~45%，运动问题包括一系列现象，如跛腿、骨折、后肢瘫痪、受伤、卧地综合征等。引起跛腿的原因有软骨病、烂蹄、传染性关节炎、溶骨病、骨折等。

肢蹄评分系统中，不可接受（1 分）：存在严重结构问题，限制动物的配种能力；好（2~3 分）：存在轻微的结构问题和 / 或行走问题；优秀（4~5 分）：没有明显的结构或行走问题，包括趾大小均匀，步幅较大，跗关节弹性较好；系部支撑强，行走自如。上述肢蹄评分系统中，分数越高越好。蹄部关节结构良好是使母猪起立躺下，行走自如，站立自然，少患关节疾病和以后顺利配种的原始动力。

前肢：前肢应无损伤，无关节肿胀，趾大小均匀，行走时步幅较大，弹性好的跗关节，有支撑强的系部。

后肢：后肢站立时膝关节弯曲自然，避免严重的弯曲和跗关节的软弱，但从以往实际生产上的业绩看，对膝关节正常的，有"卧系"现象的也可选用。

⑦ 足。挑选后备母猪时，足的大小合适，位置合理；注意单个足趾尺寸（密切注意足内小足趾）；检查蹄夹破裂、足垫膜磨损以及其他的外伤状况；腿的结构与足的形状、尺寸的适应程度；足趾尺寸分布均匀，足趾间分离岔开，没有多趾、并趾现象。关节肿胀、足趾损伤、悬蹄损伤、蹄夹过小、足夹尺寸过大、足夹断裂、足底垫膜损伤等，都是有问题的足。

⑧ 其他。具有以下性状的猪也不能选作后备母猪。阴囊疝：俗称疝气；锁肛：肛门被皮肤所封闭而无肛门孔；隐睾：至少有一个睾丸没有从上代遗传过来；两性体：同时具有雌性（阴户）和雄性（阴茎）生殖器官；战栗：无法控制的抖动；八字腿：出生时，腿偏向两侧，动物不能用其后腿站立。

理想后备母猪的特征见图 3-1。

图 3-1　理想后备母猪的特征

（2）审查母猪系谱　种猪的系谱要清楚，并符合所要引进品种的外貌特征。引种的同时，对引进种猪进行编号，可以根据猪的耳号和产仔记录找出母亲和父亲，并进一步找出系谱亲缘关系。同时要保证耳号和种猪编号对应。

（3）看断奶窝重和品种特征　仔猪在 30~40 日龄断奶时，将断奶窝重由大到小逐一排队，把断奶窝重大的当作第一次选留对象。凡外貌如毛色、头型等品种特性明显，发育良好，乳头总数在 6 对以上且排列整齐，没有瞎乳头、副乳的仔猪，肢蹄结实，无蹄裂和跛行；生殖器官发育良好，外阴较大且下垂等，均可作为第二次留种的标准。同一窝仔猪中，如发现个别有疝气（赫尔尼亚）、隐睾、副乳等遗传缺陷的仔猪，即使断奶窝重大，也不能从中选留。

（4）看后备母猪的生长发育和初情期　4月龄育成母猪表现为身体发育匀称、四肢健壮、中上等膘、毛色光泽。除有缺陷、发育不良或患病的仔猪，如窄胸、扁肋、凹背、尖尻、不正姿势（X状后肢）、腿拐、副乳、阴户小或上撅、毛长而粗糙等不应选留外，其他健康的均可留作种用。后备母猪达到第一个发情期的月龄叫初情期，同一品种（含一代母猪）初情期越早，母性越好。进入初情期，表明母猪的生殖器官发育良好，具备做母猪的条件。初情期在7月龄以上的母猪不应选留作后备种用。

（5）看母猪初产（第一次产仔）后的表现　初产母猪中乳房丰满、间隔明显、乳头不沾草屑、排乳时间长、温驯者宜留种；产后掉膘显著，怀孕时复膘迅速，增重快，哺乳期间食欲旺盛、消化吸收好的宜留种。对产仔头数少、泌乳性能差、护仔性能不好，有压死仔猪行为的母猪，坚决予以淘汰。

4. 怎样进行种猪的测定和选留？

猪的育种就是通过测定、遗传评估，对种群的繁育进行人工干预，改变群体遗传进程，以便在世代的更替中，使群体内个体更好地接近特定选育目标。优良性状只有通过不断地选择才能得到巩固和提高，因此选择是改良和提高种猪生产性能的重要手段。

（1）测定的准确性是基础　测定数据是整个选育工作的源头，其准确性是成败的关键。可能影响准确性的因素很多，养殖者要尽力给予从严控制。

① 营养供给。细分猪的饲养阶段，给出合理的饲料营养标准和相应饲喂数量，并在不同的季节作出适量调整。对饲料和添加剂原料严格把好质量关，对某些原料进行膨化、发酵处理。

② 环境控制。我国南北气候相差悬殊，在四季分明的亚热带季风区域，夏季的酷暑、冬季的湿冷对各类猪的健康和生长都有很大影

响，采暖、保温和通风、防暑同等重要并均需大量投入。给所有猪舍安装湿帘通风，产房、保育舍采用地暖等综合措施，可减少恶劣气候对猪的不利影响。

各类猪舍都采用机械刮粪装置，干粪经充分发酵成农田优质肥料；剩余的水粪经过高效厌氧产沼－沼气发电－脱碳除磷一体化塘－强化生态净化塘－无土栽培－土壤毛细管渗滤－潜流式人工湿地等循环处理达标排放。良好的粪污处理措施净化了猪场的内外环境。

③ 健康保障。严格控制生产区内外和不同生产区的人员、物品往来，构筑好坚实的防疫墙。

在总体免疫程序规范下，制定分阶段实施的责任制，形成缜密的免疫网络。每季度进行各类猪只免疫抗体水平检测，实时监控群体健康状态。

制订"重大疫情应急预案"，以便在有疫情威胁时能及时做出反应，迅速形成有效应对措施，在统一指挥下高效、有序地工作，保障猪群健康。

此外，还要配备足够的测定设备，如称重设备、活体超声波测膘仪等，并加强测定人员的技术培训。

（2）遗传评估是选种的主要依据

① 主选性状和综合选择指数。根据国家生猪遗传改良计划最近提出的三个主要目标选育性状，即总产仔数、达 100 千克体重日龄和达 100 千克体重活体背膘厚。由此 3 个性状（估计育种值 EBV）组建的综合选择指数公式为：$I=0.6 \times EBV_1 + 0.3 \times EBV_2 + 0.1 \times EBV_3$，以期较大提高繁殖性能，适度提升生长速度，并保持良好胴体性状。

② 选种过程。针对目标性状进行遗传评估得出综合育种值，选取同批测定猪中（例如 2 周内）指数值高的公猪 6%、母猪 30% 先留下（测定猪批间的指数值会有一定幅度的波动，其选留比例就不能是划一的，不够基本标准的可以少留甚至不留），将群体内真正优秀的个体选留下来。选留时也要注意单个性状育种值特别高的个体，以维持群体良好的遗传素材。在根据综合育种值大小顺序选种时，还应注意公猪的血统，少量选留性能稍欠优的公猪，避免血缘过窄而致近交程度的快速上升。结合后备猪外貌逐头进行现场选留，主要兼顾品

种特征、繁殖性征、四肢健壮性以及健康状况等。

待预留种猪达到 210 日龄，公猪经过 2~3 次采精，其精液品质达基本要求；母猪有过较明显的发情征状，据此确定正式选留。根据国家生猪遗传改良计划的要求，公、母猪的留种率分别在 3% 和 25% 以下。

（3）加快世代更替

① 合理的世代间隔。缩短世代间隔是加快遗传进展的另一项重要手段。公猪的使用年限以不超过 10 个月为宜，这样，公猪的世代间隔大约为 1.5 年。母猪若能有自身繁殖性能数值甚至有多胎繁殖性能数值将对其估计种育值的准确性大为提高，所以在 1、2、3 胎再进行重复选择对提高繁殖性能是很有好处的。母猪 1、2、3~4 胎比例分别为 50%、30%、20% 左右，是较合理的胎龄结构，这样世代间隔也在 1.5 年内。

② 实际操作。在当代核心群母猪 1、2、3 胎产仔后，根据新获得的繁殖数据，再次计算综合选择指数，排序淘汰低端的 20%。大于 4 胎的母猪全部退出核心群。

5. 怎样进行种猪选配？

选种是选配的基础，但选种的作用必须通过选配来体现。利用选种改变群体动物的基因频率，利用选配有意识地组合后代的遗传基础。有了良好种源才能选配；反过来，选配产生优良的后代，才能保证在后代中选种。选配有同质选配、异质选配和亲缘选配 3 种类型。

按综合选择指数选配时，在指数相同或相近的两个体间进行选配时，整体上可视为同质选配，但就指数内单个性状而言可视为异质选配。在制订选配计划时往往以综合选择指数值为依据，同时考虑参配个体间的亲缘关系，即近交系数不得高于 12.5%。近交能促进基因的纯合，获得稳定的遗传，适度近交是可行的，也是必要的，个别情况下不超过 10% 是可以接受的。

种猪选配的实际操作可参考以下选配图示（图 3–2）进行，具体方法及要点如下。

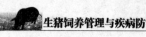

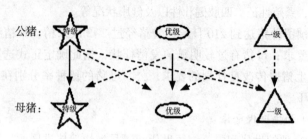

图 3-2 种猪选配操作示意

① 将公、母猪根据综合选择指数值大致分为：特级、优级和一级，将参加本配种时段的公、母猪按综合选择指数值大致排分成特级、优级、一级三个群体。正常的状态下，"特级"和"一级"数量较少，"优级"数量略多。

② 在"特级"的母猪群中，应以"特级"的公猪与之配合为主，不得选"一级"的公猪配合，在"优级"的母猪群中，则以"优级"的公猪与之配合为主，其余尽量安排"特级"的公猪与之配合。在"一级"的母猪群中，以"优级"和"一级"的公猪为主，少量以"特级"的公猪进行异质选配。

③ 通过选配，可使"特级"公猪的与配母猪比平均数多20%~30%，"一级"公猪的与配母猪比平均数少 20%~30%。

④ 为控制群体近交程度不致过快上升，一般控制亲缘系数在12.5% 以下，少数也不得突破 25%。

⑤ 为迅速巩固某一特定性状，可采用半同胞以上的亲缘选配；特殊需要可采用全同胞和亲子交配。亲子交配以限 1 次为度，全同胞交配限 2 次为度，其后的选配须拉开亲缘距离，亲缘选配的总量须限制在全群的 10% 以内。

⑥ 根据图 3-2 所示认真制订详细的选配计划，并遵照执行。

选配工作量大且烦琐，要安排专人负责核心群全群选配计划的制订并切实执行。

后备种猪的选配计划每月制订 1 次，其他各胎次母猪的选配计划每半月制订 1 次（包括综合选择指数的再计算）。

6. 人们都说杂种猪好养，什么是杂交，什么是杂种优势？

杂交是指不同品种、品系或品群间的相互交配。这些品种、品系或品群间杂交产生的杂种后代，往往在生活力、生长速度和生产性能等方面，在一定程度上优于其亲本纯繁群体，即杂种后代性状的平均表型值超过杂交亲本性状的平均表型值。超过部分就是杂种优势。

7. 对杂交亲本的选择有没有要求？

不是所有的杂交都能产生杂种优势的，所以对杂交的亲本还是要有目的的选择。

父本要选择生长速度快、饲料报酬高，胴体品质好的品种或品系。为了保证种公猪的种用价值，应强调对性欲、精液品质、性成熟、适应性等方面的选择。

母本要选择本地区数量多、繁殖力高（包括产仔数、产活仔数、仔猪初生重、仔猪成活率、仔猪断奶窝重、泌乳力和护仔性等）的品种或品系。由于杂交母本猪需要量大，应强调对当地环境的适应性，在不影响杂种生长速度的前提下，母本的体格不一定要求太大。

根据上述要求，我国大多数地方猪种和培育品种，都具有作母本品种的条件。国外引入的猪种，如长白猪、杜洛克猪、大约克夏猪等，都具备作父本的条件。

8. 选择什么杂交方式，才能产生杂种优势？

杂交是遗传上不同种、品种、品系或类群个体之间的交配系统。杂交的最基本效应是使基因型杂合，产生杂种优势。杂种个体表现出生命力更强、繁殖力提高和生长加速，多数杂种后裔群体均值优于双亲群体均值，但也有出现低于双亲群体均值的。目前生产上最常用的杂交方式有二元杂交、三元杂交、四元杂交、轮回杂交和正反反复杂交。

（1）二元杂交　二元杂交指两个具有互补性的品种或品系间的杂交，是最简单的杂交方式，生产上最常见的二元母猪为长大、大长母猪。

纯粹以国外引进品种杂交生产的母猪，养殖户俗称其为"外二元"母猪。二元杂交以我国地方猪种为母本生产的二元母猪，俗称为"内二元"母猪，如长白公猪太湖母猪杂交生产的长太二元母猪。常见的二元杂交公猪为皮杜、杜皮杂种公猪。

（2）三元杂交　三元杂交是指3个品种间或品系的杂交。首先利用两个品种或品系杂交生产母猪，再利用第三个品种或品系的公猪杂交产生的后代猪。三元杂交除育种需要外，大部分用于生产商品猪。生产上最常见的三元猪为杜长大或杜大长商品猪。

全部运用外来品种（系）杂交生产出的三元猪，养殖户俗称为"外三元"。三元杂交的第一母本为国内地方品种生产的猪为"内三元"商品猪。

（3）四元杂交　四元杂交是指两个品种（系）杂交生产的杂交公猪，再利用另外两个品种（系）杂交生产杂交母猪，然后由杂交公猪和杂交母猪杂交产生的后代猪。四元杂交除育种需要外，通常用于生产商品猪。

（4）轮回杂交　由2个或3个品种（系）轮流参加杂交，轮回杂种中部分母猪留作种用，参加下一次轮回杂交，其余杂种均作为商品育肥猪。

（5）正反反复杂交　利用杂种后裔的成绩来选择纯繁亲本，以提高亲本种群的一般配合力，获得杂交后代的最大杂种优势。

9. 什么是配套系？

配套系是指在专门化品系选育基础上，以几个组的专门化品系（多以3个或4个品系为一组）为杂交亲本，通过杂交组合试验筛选出其中一个作为最佳杂交模式，再依此模式进行配套杂交得到产品——商品猪。广义的配套系是指依杂交组合试验筛选出的已被固定的杂交模式生产种猪和商品猪的配套杂交体系。配套系都有自己的商品名称。如，在国外猪中，有PIC、迪卡（美国）、施格（比利时）、达兰（荷兰）、托佩克（加拿大、美国）等。在我国，经国家畜禽品种审定委员会审定的8个猪配套系也都有其商品名称，如中育猪配套系、滇撒猪配套系、光明猪配套系等。

配套系商品猪、配套系种猪都是由固定的杂交模式生产出来的。推广的是依据相对固定的模式生产出的各代次种猪，故有以下称谓：某配套系的曾祖代、祖代、父母代；某配套系的曾祖代、祖代、父母代种猪；某配套系的商品猪。

引进和饲养配套系的种猪时，一定要弄清楚代次及其配套模式，以确保充分发挥其正常的生产性能。如果自己的猪场计划生产某配套系的商品猪，就应该引进配套系的父母代种猪；如果计划生产推广某配套系的父母代种猪，就应该引进饲养该配套系的祖代种猪。

配套系是数组专门化品系间的配套杂交，互补性强，杂种优势明显。同时，由于专门化品系的遗传纯度较高，因而商品猪的整齐度、产品规格化程度较好，从而有利于产业化发展，有利于"全进全出"，有利于商品代群体达到高产要求。因此，具有较高的商品价值，能带来显著的经济效益。

10. 后备母猪的饲养管理要点包括哪些内容？

目前，自繁自养后备母猪的饲养管理存在许多问题，主要表现在：按育肥猪方法饲养，未能形成种用体况，导致发情延长或不发情，配种妊娠率低，哺乳期泌乳不足，仔猪发育不良，断奶后母猪发情延迟或不发情，繁殖力低，使用寿命短。

正确的饲养管理要点主要包括以下内容。

（1）饲喂　日喂料2次，最好使用后备母猪专用料。作好限饲优饲计划：后备母猪6月龄以前自由采食，每天每头喂2.0~2.5千克，根据不同体况、配种计划增减喂料量。7月龄适当限制，喂料量控制在2千克以下；配种使用前1个月或半个月优饲，优饲时2.5千克以上或自由采食。在第一个发情期开始，要安排喂催情料，比规定料量多1/3，配种后料量减到1.8~2.2千克。

（2）做好发情记录　做好后备母猪发情鉴定并记录，将该记录移交配种舍人员。母猪发情记录从6月龄时开始。仔细观察初次发情期，以便在第2~3次发情时及时配种，并做好记录。

（3）发情刺激　为保证后备母猪适时发情，可采用调圈、合圈、成年公猪刺激的方法刺激后备母猪发情；对于接近或接触公猪 3~4 周后，仍未发情的后备猪，要采取强刺激，如将 3~5 头难配母猪集中到一个留有明显气味的公猪栏内，饥饿 24 小时、互相打架或每天赶进 1 头公猪与之追逐爬跨（有人看护）刺激母猪发情，必要时可用中药或激素刺激；若连续 3 个情期都不发情则淘汰。

（4）发情鉴定　发情鉴定最佳方法是当母猪喂料后半小时表现平静时进行（由于与喂料时间冲突，主要用于鉴定困难的母猪），每天进行两次发情鉴定，上下午各 1 次，检查采用人工查情与公猪试情相结合的方法。配种员所有工作时间的 1/3 应放在母猪发情鉴定上。母猪的发情表现有：阴门红肿，阴道内有黏液性分泌物；在圈内来回走动，频频排尿；神经质，食欲差；压背静立不动；互相爬跨，接受公猪爬跨。也有发情不明显的，发情检查最有效方法是每日用试情公猪对待配母猪进行试情。

（5）试情　进入配种区的后备母猪每天放到运动场 1~2 小时并用公猪试情检查。

（6）小群饲养　每圈 3~5 头（最多不超过 10 头），每头占圈面积至少 0.66 米^2，以保证其肢体正常发育。

（7）配种前护理　配种前一段时期按摩乳房，刷拭体躯，建立人猪感情，使母猪性情温顺，好配种，产仔后好带仔。

（8）患病母猪护理　对患有气喘病、胃肠炎、肢蹄病等病的后备母猪，应隔离单独饲养在一栏内；此栏应位于猪舍的最后。观察治疗两个疗程仍未见有好转的，应及时淘汰。进入配种区后超过 60 天不发情的小母猪也应淘汰。

（9）配种体重　后备母猪的配种体重应达到 110 千克以上。

11. 引种外购后备母猪如何挑选与运输？

（1）可靠的良种种源　外购后备母猪，要在经过国家鉴定验收并持有种猪生产经营许可证，繁殖群体规模大，技术力量强，管理严格，基础设施完备，信誉度好，没有疫情发生的种猪扩繁场引猪。

（2）最佳月龄和体重　选择后备母猪在 4~5 月龄、体重在 60~70 千克时进行。此阶段猪生长发育、体型外貌、生殖器官等基本定型，易于外观选择，距离配种月龄还有 2~3 个月，有充足时间隔离观察，接种免疫加强培育。

（3）体质、体况的选择　选择身体发育匀称，躯体前、中、后 3 部分过渡连接自然，四肢健壮，中上等膘情；毛色光泽，柔软，有韧性；对外界反应刺激灵敏；天然孔无异常排泄物和粘连；无瞎眼、跛行、外伤；无脓肿、疤痕、疝气等。

（4）与繁殖力有关表现形状的选择　应选择乳房发育良好，排列整齐匀称、左右间隔适当宽，有效乳头 7~8 对，无假乳头、瘪乳头；脊背平直且宽、肌肉充实，四肢坚实直立，无卧；臀部宽、平、长，微倾斜；腹成平，略呈弧形，不要太下垂，有弹性而不松弛，阴户大而不上撅，不具以上特征不选。

（5）种猪系谱卡片　查对填写项目是否完整，详细了解饲料品种、饲喂方法、接种免疫及驱虫情况，以备制订免疫计划和日粮组成。

（6）运输　要做好人员、运输车辆安排，运输车辆严格消毒，预防病原传播，注意避开风、雨、雪等恶劣天气，冬季、早春选择气温较高的白天运输，同时注意防风；夏季选择早晚运输，防日射病和热射病，同时注意密度和防滑。猪不宜吃得太饱，也不宜空腹，卸车时让猪自然下车，不宜大声强制驱赶。

12. 外购后备母猪进场及并群应注意什么？

（1）注意先隔离　新引进的种猪，应先饲养在隔离舍，而不能直接转进猪场生产区，避免带来新的疫病或者由不同菌（毒）株引发相同的疾病。

（2）注意消毒和分群　种猪到达目的地后，立即对卸猪台、车辆、猪体及卸车周围地面进行消毒，然后将种猪卸下，按大小、公母进行分群饲养，有损伤、脱肛等情况的种猪应立即隔开单栏饲养，并及时治疗处理。

（3）注意加强管理　先给种猪提供饮水，休息 6~12 小时后方可少量喂料，第 2 天开始可逐渐增加饲喂量，5 天后才恢复到正常饲喂量。种猪到场后的前 2 周，由于疲劳加上环境的变化，抵抗力降低，饲养管理上应尽量减少应激，可在饲料中添加抗生素和电解质多维，使其尽快恢复到正常状态。

（4）注意隔离与观察　种猪到场后必须在隔离舍隔离饲养 30~45 天，严格检疫。对布鲁氏杆菌、伪狂犬病等疫病要特别重视，须采血经有关兽医检疫部门检测，确认没有细菌和病毒野毒感染，并监测猪瘟等抗体情况。隔离期结束后，对该批种猪进行体表消毒，再转入生产区投入正常生产。

（5）注意运动锻炼　种猪体重达 90 千克以后，要保证每头种猪每天 2 小时的自由运动（赶到运动场），提高其体质，促进发情。

13. 引种外购后备母猪疾病风险如何控制?

每个猪群都可能是一个相对独立的致病性微生物的复合体，每个猪群的机体免疫水平或保护性抗体的滴度也各不相同，每当我们引进新的种群时，就有可能引进一个新的病原复合体，一旦猪群处于应激状态时，就可能发生疾病。所以，猪场在引进一个新的种群时，很有必要对其进行隔离。

（1）隔离　隔离是将新引进的种猪饲养在远离自有猪群区域的措施。

之所以强调隔离是因为隔离措施可以降低新引进种猪引进新的经济影响性病原的可能性（保护自有猪群，表现出经济影响性的病原微生物不是外来的，是原有平衡状态被破坏后所呈现出来的），保护本场内猪群的健康，免受外来猪群携带病原微生物的侵入，降低疾病和经济损失风险。

（2）措施　① 尽可能让新引进种猪和自有猪群之间没有接触，包括：隔离舍经过清洗消毒后，至少应有 2 周的空置期（室内温度低于 5℃时，空置期应不少于 4 周）；理想状态下，新引进种猪饲养在距离自有猪群直线距离 100 米以外的区域。饲养密度以 2 米^2/头为宜。引种后至少应有 2 周的隔离时间（一般 4 周比较理想）；最低要求新引进种猪饲养区域和自有猪群之间至少有一道完全阻隔的实心墙，在此状况下，新引进种猪的邻居最好是即将出售的育肥猪（若有问题时，可及时处理新引进的种猪和疑似被感染的育肥猪）；专用的隔离舍、专用生产工具、专用饲养人员（此饲养人员最好具备兽医临床经验），避免隔离期间物资、人员的交叉；隔离舍的排泄物不允许流向自有猪群的猪舍。或者，采用集中处理隔离舍内的粪污并对这些粪污进行烧碱消毒的方式。

② 在饲料中或者饮水中添加常规预防量抗生素、功能性添加剂等以增强机体抵抗力。

③ 每日对新引进的种猪进行临床观察并记录异常状况。

④ 采样并对关注的经济影响性病原进行监测。隔离期内，依据临床观察或者检测结果，迅速决定如何处理这些新引进的种猪，避免外源性病原对自有猪群造成严重的健康冲击。

（4）隔离期　建议使用2周观察期，一般4周比较理想。

（5）注意事项　隔离期内一般不接种疫苗；对每一批到达的种猪均需要进行隔离，即使是来自同一供种场；最大限度地避免不同生产区饲养员的接触，杜绝不同饲养区的饲养员交叉接触不同区域的种猪，种猪引进后的最初2周，禁止与其他猪接触；饲养员进舍前，要更衣换鞋，并严格消毒，隔离舍内的器械要专用；及时填写饲养记录，包括猪号、饲料用量、饮水量、猪群健康状况、保健或治疗所用药物及效果、免疫情况等。若发病治疗效果不佳或无效，请与供种猪场及时联系。

14．如何预防后备母猪不发情？

（1）适当运用公猪接触的方法来诱导发情　应在160天以后就要有计划地让母猪跟公猪接触来诱导其发情，每天接触1~2小时，用不同公猪多次刺激比同一头公猪效果更好。

（2）建立并完善发情档案　后备母猪在160日龄以后，需要每天到栏内用压背结合外阴检查法来检查其发情情况。对发情母猪要建立发情记录，为将来的配种做准备，还可对不发情的后备母猪做到早发现、早处理。

（3）加强运动　利用专门的运动场，每周至少在运动场自由活动1天，6月龄以上母猪每次运动应放1头公猪，同时防止偷配。

（4）采取适当的应激措施　适度的应激可以提高机体的兴奋，具体措施有：将没发过情的后备母猪每星期调 1 次栏，让其跟不同的公猪接触，使母猪经常处于一种应激状态，以促进发情的启动与排卵，有必要时可赶公猪进栏追逐 10~20 分钟。

（5）完善催情补饲工作　从 7 月开始根据母猪发情情况认真划分发情区和非发情区，将 1 周内发情的后备母猪归于一栏或几栏，限饲7~10 天，日喂 2 千克 / 头；优饲 10~14 天，日喂 3.0 千克 / 头以上，直至发情、配种，配种后日料量立即降到 1.8~2.2 千克 / 头。这样做有利于提高初产母猪的排卵数。

（6）做好疾病防治工作　作为猪场确实应该认认真真地做好各类疾病的预防工作，做到"预防为主，防治结合，防重于治"，平时抓好消毒，搞好卫生，尤其是后备母猪发情期的卫生，减少子宫内膜炎的发生率；按照科学的免疫程序进行免疫，定期地针对种猪群的具体情况拟订详细的保健方案，对于兽医的治疗方案应该不折不扣地执行。

（7）抓好防暑降温工作　常用的防暑降温措施有：遮阳隔热，搭建凉棚或搭遮阳网，有效地遮挡阳光照射；通风，加强通风换气，排除有害气体。如果单靠开门窗通风效果不好，可采取机械通风，安装风扇或送风机；喷（洒）水，蒸发降温是最有效的方法，舍温过高时可用胶管或喷雾器定时向猪体和屋顶喷水降温或人工洒水降温。气温在 30℃以上时，应经常给母猪多冲水；温帘风机降温，空气越干燥，温度越高经过湿帘的空气降温幅度越大，效果越显著。

15. 后备母猪不发情应如何处理？

采取三阶段处理法。

（1）第一阶段（6.5~7.5 月龄）

① 公猪的刺激。性欲好的成年公猪作用更大。具体做法如下：让待配的后备母猪养在邻近公猪的栏中；让成年公猪在后备母猪栏中追逐 10~20 分钟，让公母猪有直接的身体接触。追逐的时间要适宜，时间过长，既会对母猪造成太大的伤害，同时也使得公猪对以后的配种没有兴趣。

② 发情母猪的刺激。调一些刚断奶的母猪与久不发情的母猪关

于一栏，几天后发情母猪将不断追逐爬跨不发情的母猪。

③适当的应激措施。混栏，每栏放5头左右，要求体况及体重相近，打斗时才会势均力敌；运动，一般放到专用的运动场，有时间可作适当的驱赶；饥饿催情，对于偏肥的母猪可以限料3~7天，日喂1千克/头左右，充足饮水，然后自由采食；场内车辆运输也有效，但应注意时间的长短，防止肢蹄的损伤。

（2）第二阶段（7.5~8月龄）

①采用输死精综合的处理方案。

死精制作：普通精液或活力不好的精液经专用稀释液稀释后（按每头份40亿精子、100毫升/瓶来包装，抗生素适当加大剂量）加入2滴非氧化性的消毒水将精子全部杀死（也可用冰冻再解冻的方法）。

输死精操作：输精前在精液中加入20单位的缩宫素；输完死精后前3天放定位栏饲养，限制采食，2千克/天，3天后放入运动场充分运动（天气热时，早晚各1次，0.5小时/头），同时放入1头公猪追赶；运动后赶进配种舍大栏，进行催情补饲（自由采食），同时在饲料中添加营养剂（如维生素E粉）及抗菌消炎药（如利高霉素）；输完死精后一般为5~15天开始发情。

②注意事项。在发情过程中有部分母猪由于种种原因而导致发情状态差或没什么"静立"状态，这些母猪只有根据其外阴的肿胀程度、颜色、黏液黏稠情况进行适时输精，同时在输精前1小时注射氯前列烯醇2毫升（或促排3号），输精前5分钟注射催产素2毫升；如果输完死精后发情配种的后备母猪在配种后出现流脓较多的炎症状态时，应在配种后3天内注射抗生素治疗，并加注氯前列烯醇2毫升，可提高母猪的受胎率和分娩率。

（3）第三阶段（8~9月龄）

激素催情。生殖激素贫乏是导致母猪不能正常发情的一个重要原因，给不发情的后备母猪注射外源性激素可起到明显的催情效果。

采用上述方法后，仍然不发情的少量母猪最后可使用该方法处理1~2次，还不发情的作淘汰处理。常用的处理方法有以下这些：氯前列烯醇2毫升；律胎素2毫升；孕马血清促性腺激素（PMSG）1 000单位、人绒毛膜促性腺激素（HCG）500单位；前列腺素（PG600）

处理 1 次，1 头份。

16. 空怀母猪有哪些饲养管理要点？

良好的饲养管理，可促进空怀母猪如期发情排卵，提高受胎率。

空怀母猪的管理目标是：后备母猪达到两性成熟，及时配种，配种率 80% 以上。经产母猪适时发情、不返情、多产仔（年产仔猪 24 头以上）。断奶后 3~7 天内配种，配种率达到 85% 以上。

（1）短期优饲　根据同期胎次、膘情、体型大小，每 4~5 头放置一栏。在配种前内对空怀母猪进行短期优饲，不能减少断奶母猪的采食量，以提高母猪排卵。

（2）饲喂　如果哺乳期母猪饲养管理得当、无疾病，膘情也适中，大多数在断奶后 3~7 天内就可正常发情配种，但在实际生产中常会有多种因素造成断奶母猪不能及时发情。

如有的母猪是因哺乳期奶少、带仔少、食欲好，贪睡，断奶时膘情过好，断奶前几天仍分泌相当多乳汁的母猪，为防止断奶后母猪患乳房炎，促使断奶母猪干奶，则在母猪断奶前 3 天和断奶后 3 天减少饲喂量，可多补给一些青粗饲料。3 天后膘情仍较好的母猪，应继续减料，可日喂 1.8~2.0 千克，控制膘情，催其发情。

有的猪却因带仔多、哺乳期长、采食少、营养不良等，造成母猪断奶时失重过大，膘情过差。为促进断奶母猪尽快发情排卵，缩短断奶至发情时间间隔，则需生产中给予短期的饲喂调整。膘情差的母猪，通常不会因饲喂问题发生乳房炎，所以在断奶前和断奶后几天中就不必减料饲喂（可使用哺乳母猪料），断奶后就可以开始适当加料催情，避免母猪因过瘦而推迟发情。给断奶空怀母猪的短期优饲催情，要增加母猪的采食量，每日饲喂配合饲料 2.2~3.5 千克，日喂 2~3 次，湿喂。

（3）诱情　促进断奶空怀母猪的运动。将断奶空怀母猪小群圈养，4~5 头可为一圈，每圈面积不能过小，最好带有室外运动场地。

保持与公猪的接触。若圈舍为栏杆式，可在相邻舍饲养公猪，让母猪接受公猪性味刺激，隔栏的公猪可以每周调换一次。若圈舍为实体墙壁式，则每日将公猪赶到母猪圈内，接触爬跨刺激数分钟。

换圈。即将整圈的断奶空怀母猪过1周左右换一次圈，给以环境刺激。并按断奶时母猪膘情，将膘情好的和膘情差的分开饲养，一个圈内的母猪不宜过多，一般为3~5头，这样便于饲喂控制和发情观察。

按摩乳房。对不发情母猪，每天早晨按摩乳房10分钟，可促进其发情排卵。

药物治疗。对不发情母猪，可利用孕马血清、绒毛膜促性腺激素、PG600、氯前列稀醇等治疗（按说明书使用），如以上方式都无效此母猪坚决淘汰。

（4）发情及配种时机　母猪达到性成熟后，即会出现固有的性活动周期，亦称发情周期。通常把上次发情到下一次发情的间隔时间称为发情周期。母猪的发情周期平均为21天，范围为19~24天。在这个周期中有发情期和休情期。从发情前期到发情后期，总称为发情期。母猪的发情期，因个体的不同而异，最短的只有1天，最长的6~7天，一般为3~4天。青年母猪的发情期较经产母猪的短。

发情征状：根据母猪的表现和生殖器官变化，母猪的发情征状可分为3个阶段。

发情前期，母猪表现不安，食欲减退，鸣叫，爬跨其他母猪，外阴部膨大，阴道黏膜呈淡红色，但不接受公猪爬跨，此期持续12~36小时。

发情中期，母猪继续表现不安，食欲严重减退或废绝，时而呆立，两耳颤动，时而追随爬跨其他母猪，外阴部肿大，阴道黏膜呈深红色，黏液稀薄透明，愿意接受公猪爬跨和交配。此期持续6~36小时，为输精的最佳时期。

发情后期，母猪趋于稳定，外阴部开始收缩，阴道黏膜呈淡紫色，黏液浓稠，不愿接受公猪爬跨，此期持续12~24小时。

配种时机：一般母猪发情后24~36小时开始排卵，排卵持续时间为10~15小时，排出的卵保持受精能力的时间为8~12小时。精子在母猪生殖器官内保持有受精能力的时间为10~20小时，配种后精子到达受精部位（输卵管壶腹部）所需的时间为2~3小时。据此计算，适宜的交配或输精时间是在母猪发情后20~30小时。交配过早，当卵子排出时，精子已丧失受精能力；交配过晚，当精子进入母猪生殖道内，卵子已失去受精能力，两者都会影响受胎率，即使受精也可能因结合子活力不强而中途死亡。但在生产实践中一般无法掌握发情和能够接受公猪爬跨的确切时间。

所以生产实践中，只要母猪可以接受公猪爬跨（可用压背反射或公猪试情），即可配第一次。第一次配种后经 12~20 小时，再配第二次。一般一个发情期内配种两次即可，更多交配并不能增加产仔数，甚至有副作用，关键要掌握好配种的适宜时间。为准确判断适宜配种时间，应每天早、晚两次利用试情公猪对待配母猪进行试情（或压背反射）。就品种而言，本地猪发情后宜晚配（发情持续期长），引进品种发情后宜早配（发情持续期短），杂种猪居中间。就母猪年龄而言，老配早，小配晚，不老不小配中间。

在生产实际中，往往很难确定母猪发情开始的时间，只有根据母猪的发情表现来判断。母猪的排卵时间有早有迟，持续时间有长有短，为了确保卵子排出时有足够数量活力的精子受精，母猪在 1 个发情期内，最好用公猪配种 2 次。经产母猪每次配种的时间间隔，为 24 小时，而青年母猪，因为发情较经产母猪短，因此，青年母猪每次配种的时间间隔，可缩短为 12 小时。

配种方式：要按计划配种，做好适时配种工作。把握配种时间，一般交配时间以早晨 6 点和下午 6 点为宜。配种开始前要用消毒液洗母猪外阴和公猪包皮，再用水冲洗干净后进行交配。重复配种方式最佳：母猪在 1 个发情期内，用 1 头或 2 头公猪，或 1 头公猪加人工授精 1 次，相隔 12 小时或 24 小时先后配种 2 次。

（5）配种记录　做好返情母猪再发情配种工作，并要做好详细的配种记录。及时淘汰失去种用价值的母猪。

（6）保健　此阶段可做猪瘟疫苗的防疫；阿苯达唑、伊维菌素驱虫；盐酸林可霉素可溶性粉净化母体，为怀孕做准备。

17. 如何进行母猪的淘汰与更新？

保持母猪合理的胎次结构，有利于保持产仔均衡，使设备最大化地发挥作用，不因产仔忽多忽少，造成设备空闲或者不够用。

（1）胎次结构 一般情况下，胎次一般是2、3、4、5的母猪占大多数，可达到50%~60%，甚至更高，这样可以保持较高的产仔率。正常情况下，猪场母猪的平均胎次是4胎，如果平均胎次较低，说明低胎次的母猪较多，不利于生产达到最佳状态；如果平均胎次较高，说明高胎次的母猪较多，生产的后劲不足，影响以后生产的正常进行。

（2）淘汰率 母猪一般是3年更新一遍，也就是说每年的更新率在30%左右，太高会影响整个猪场的经济效益，毕竟淘汰母猪会增加成本；太低会使猪场的繁殖后劲不足，设备利用率不高，同样也会影响猪场的经济效益。

更新母猪也要考虑市场情况，如果市场形势不好，肉猪的卖价较低，此时种猪的卖价可能不会太高，可以适当地多淘汰一些生产性能不太好的母猪，淘汰1头经产母猪，可以补充1头后备母猪，从长远利益考虑是划算的。

（3）淘汰母猪的原则 首先要淘汰连续2个胎次产仔少的母猪，但初次配种体重太轻，妊娠期过度喂饲，哺乳期失重过多，导致断奶、体况差等母猪不应包括在内。

其次应淘汰那些用激素处理都不发情的母猪。母猪在断奶后最多观察18天，激素处理后应观察7天。如果这些母猪到下个发情期仍配不上种，则应淘汰。

再次要淘汰已产6~7窝仔的母猪，因为它们通常已开始出现窝产活仔数少（主要是因为死胎数增加），仔猪大小不均，且乳房疾病较多，泌乳功能减退，哺乳成绩较差。还由于身体笨拙，容易压死仔猪等现象。

18. 母猪的性成熟与体成熟都在什么时候？

（1）性成熟 母猪生长发育到一定时期开始产生成熟的卵子，这一时期称为性成熟。地方品种一般在3月龄出现第一次发情，培育品种及杂种猪多在5月龄时出现第一次发情，但发情表现没有地方品种明显。在正常的饲养管理条件下，我国地方猪种性成熟早，一般在3~4月龄、体重25~30千克时性成熟，培育品种和国外引进猪种一般在 6~7 月龄，体重在 65~70 千克时性成熟。

（2）体成熟　猪的身体各器官系统基本发育成熟，体重达到成年体重的 70% 左右，这时称为体成熟。体成熟一般要比性成熟晚 1~2 个月。

19. 母猪的初情期和适配年龄是什么时候？

（1）初情期　是指正常的青年母猪达到第一次发情排卵时的月龄。

母猪的初情期一般为 5~8 月龄，平均为 7 月龄，但我国的一些地方品种可以早到 3 月龄。母猪达初情期已经初步具备了繁殖力，但由于下丘脑 – 垂体 – 性腺轴的反馈系统不够稳定，表现为初情期后的几个发情周期往往时间变化较大，同时母猪身体发育还未成熟，体重约为成熟体重的 60%~70%，如果此时配种，可能会导致母体负担加重，不仅窝产仔少，初生重低，同时还可能影响母猪今后的繁殖。因此，不应在此时配种。

影响母猪初情期到来的因素有很多，但最主要的有两个：一个是遗传因素，主要表现在品种上，一般体形较小的品种较体形大的品种到达初情期的年龄早；近交推迟初情期，而杂交则提早初情期。二是管理方式，如果一群母猪在接近初情期与一头性成熟的公猪接触，则可以使初情期提早。此外，营养状况、舍饲、畜群大小和季节对初情期有影响，例如：一般春季和夏季比秋季或冬季母猪初情期来得早。我国的地方品种初情期普遍早于引进品种，因此，在管理上要有所区别。

（2）适龄配种　在生产中，达到性成熟的母猪并不马上配种，这是为了使其生殖器官和生理机能得到更充分的发育，获得数量多、质量好的后代。通常性成熟后经过 2~3 次规律性发情、体重达到成年体重的 40%~50% 予以配种。母猪的排卵数：青年母猪少于成年母猪，其排卵数随发情的次数增多而增多。

我国地方猪性成熟早，可在 7~8 月龄、体重 50~60 千克配种；国内培育品种及杂交种可在 8~9 月龄、体重 90~100 千克配种；外来猪种于 8~9 月龄、体重 100~120 千克。

注意：月龄比体重、发情周期（性成熟）比月龄相对重要些。

20. 什么是猪的发情周期、发情行为？

青年母猪初情期后未配种则会表现出特有的性周期活动，这种特有的性周期活动称为发情周期。一般把第一次排卵至下一个排卵的间隔时间称为一个发情周期。母猪的一个正常发情周期为 20~22 天，平均为 21 天，但有些特殊品种又有差异，如我国的小香猪一个发情周期仅为 19 天。猪是一年内多周期发情的动物，全年均可发情配种，这是家猪长期人工选择的结果，而野猪则仍然保持着明显的季节性繁殖的特征。

母猪体内的各种生殖激素相互协调着母猪卵巢、生殖道及外部表现的变化。当母猪排卵后，卵子通过输卵管伞部进入输卵管中，而排卵后残存在排卵卵泡内的血液及颗粒细胞在促黄体素的作用下内缩并且黄体化。首先形成红色的肉质状的实质性组织称为红体，然后逐渐变化，突出于卵巢表面形成黄体，如果排出的卵子可以受精，则黄体分泌的孕酮可以始终保持在一个较高的水平，抑制雌激素的上升，控制发情的再次出现，同时与少量雌激素共同 作用于生殖道为胚胎的发育准备好营养及提供良好的生存环境，如子宫腺体的增长、上皮加厚。但如果母猪发情排卵后没有交配或没有妊娠，那么黄体保持至周期的后期，由于卵巢上卵泡的不断发育增大及雌激分泌的增多，使子宫分泌的前列腺素 F2a（PGF2a）引起黄体的迅速退化。黄体溶解，孕酮分泌量急剧减少，这时多个卵泡在垂体促性腺激素的作用下逐渐成熟，并分泌大量雌激素。当其达到一定高水平时，母猪重新出现发情行为，并诱发下丘脑产生正反馈，引起 GnRH 和 LH 的升高，最终导致排卵。由此可以看出，在一个正常的母猪发情周期中，有相当长的一个时期，黄体分泌的孕酮处于优势的主导地位，15~16 天称为黄体期，而雌激素由卵泡分泌占优势地位时 5~6 天，这一时期称为卵泡期。

发情持续期是指母猪出现发情征状到发情结束所持续的时间。猪的发情持续期为 2~3 天。在发情持续期内，母猪表现出各种发情征状，其精神、食欲、行为和外生殖器官均出现变化，这些变化表现出由浅到深再到浅直至消退的过程。在实践中可以根据这些变化判断母猪的发情及发情的阶段和配种适期。

休情期是指本次发情结束至下次发情开始之间的一段时间。在休情期间，母猪发情征状完全消失，恢复到正常状态。

母猪发情行为主要是由于雌激素与少量孕酮共同作用大脑中枢系统与下丘脑，从而引起性中枢兴奋的结果。在家畜中，母猪发情表现最为明显，在发情的最初阶段，母猪可能吸引公猪，并对公猪产生兴趣，但拒绝与公猪交配。阴门肿胀，变为粉红色，并排出有云雾状的少量黏液，随着发情的持续母猪主动寻找公猪，表现出兴奋，对外界的刺激十分敏感。当母猪进入发情盛期时，除阴门红肿外，背部僵硬，并发出特征性的鸣叫。在没有公猪时，母猪也接受其他母猪的爬跨；当有公猪时立刻站立不动，两耳竖立细听，若有所思呆立。若有人用双手扶住发情母猪腰部用力下按时，则母猪站立不动，这种发情时对压背产生的特征性反应称为"静立反射"或"压背反射"，这是准确确定母猪发情的一种方法。

21. 母猪发情异常的原因是什么？应该怎样应对？

母猪可因内分泌、气候、疾病、饲料毒素等因素，而表现出异常发情。

（1）发情异常的表现

① 隐性发情。隐性发情的母猪一般有生殖能力，即有正常的卵泡发育和排卵，如果在配种时机配种，也能够正常受孕。外观无发情表现或外观表现不很明显，发情症状微弱，母猪的外阴部变红，但肿胀不明显，食欲略有下降，或不下降，无鸣叫不安征状。这种情况如不细心观察，往往容易被忽视。

一方面母猪在前情期和发情期，由于垂体前叶分泌的促卵泡素量不足，卵泡壁分泌的雌激素量过少，致使这两种激素在血液中含量过少。另一方面母猪年龄过大，或膘情过差，各种环境应激，如炎热、环境噪音、惊吓等也会出现隐性发情的现象。

母猪隐性发情多发生在后备母猪中，尤其是引进品种，如果不仔细观察，某些后备母猪初次发情往往不被发现，因此，有时，当我们发现后备母猪"初次发情"时，可能已经是母猪的第二或第三次发情了。

② 假性发情。假性发情是指母畜在妊娠期的发情和母畜虽有发情表现，实际上是卵巢根本无卵泡发育的一种假性发情。

母猪在妊娠期间的假性发情，主要是母猪体内分泌的生殖激素失调所造成的，当母猪发情配种受孕后，当妊娠黄体分泌的孕激素有所减少，而胎盘分泌的雌激素水平较高时，母猪应可能表现出发情。另外，在饲料中含有类雌激素毒素时，也会表现出发情征状。

母猪妊娠发情的情况较少，而且一般征状不明显，最重要一点就是妊娠发情的母猪一般没有在公猪面前压背时的静立反应，也不会接受公猪的交配。因此，应注意区分，避免强行配种造成妊娠母猪流产。

母猪无卵泡发育的假性发情，发生率很低，但对卵巢静止引起的乏情的母猪，用雌激素类药物进行催情时，往往会出现这类假发情。有些子宫蓄脓的母猪也可能在脓液的刺激下，表现出类似的发情征状，如外阴部红肿，排出分泌物等。

③ 持续发情。持续发情是母猪发情时间延长，并大大超过正常的发情期限，有时发情时间长达 10 多天。

卵泡囊肿是母猪持续表现发情的原因之一。发情母猪的卵巢有发育成熟的卵泡，这些卵泡往往比正常卵泡大，而且卵泡壁较厚，长时间不破裂，卵泡壁持续分泌雌性激素。在雌激素的作用下，母畜的发情时间就会延长。此时假如发情母猪体内黄体分泌孕激素较少，母猪发情表现则非常强烈；相反体内黄体分泌过多，则母猪发情表现沉郁。

推测，如果母猪两侧卵泡不能同时发育，也可能会造成母猪发情增长。发情的母猪如果 LH 分泌不足，会使母猪排卵时间推迟，造成发情期增长。

④ 断续发情。后备母猪和经产母猪都可能发生断续发情，其表现为发情期较短，间隔数天后，又重新表现发情。

这种异常发情，多因为卵泡成批发育，但最终未排卵，因而形不成黄体，卵巢对卵泡没有抑制作用，因此，很快第二批卵泡发育，这样，母猪两次发情的间隔很短。推测，这是由于垂体分泌的 LH 较低，导致卵泡不能发育到成熟和排卵所致。

⑤ 发情周期超过 25 天或断奶至发情超过 14 天。繁殖母猪的发情周期一般在 18~25 天，但是也有少数母猪超过天数仍未表现发情。或断奶后 14 天甚至数月不能表现发情。母猪长期乏情后，重新发情，从其发情期的生理变化上讲，与正常的发情期没有太大的区别，但由于不像其他母猪有正常的发情规律，故而将其列出，加以说明。

这种情况多数因为母猪营养不良，或哺乳期过长，或年龄偏大，或患有子宫膜炎和卵巢有持久黄体等原因所造成。但随着母猪膘情的恢复或某些卵巢疾病的自然恢复，黄体的退化，母猪会恢复自然发情。

⑥ 发情期过短。发情期过短严格地说，并不一定是一种异常发情。多见于后备母猪和断奶后超过 14 天发情的母猪。其发情很短，甚至只有十几个小时，主要原因是，母猪从接受爬跨到排卵的时间很短。

（2）发情异常的常见原因

① 饲喂方式不当，使母猪过肥或偏瘦。母猪分娩后，体能消耗大，其产后采食量大，若加料过急过多会引起母猪消化不良，造成以后几天采食不佳，甚至影响整个哺乳期的采食量，还会增加发生乳房炎的概率；按顿饲喂哺乳母猪，经常会出现采食量不足的现象，造成母猪断奶时体重损失过多，使卵泡停止发育或发育缓慢，进而出现母猪乏情、发情推迟或发情不明显，甚者形成囊肿而不发情；若母猪过肥，则会使卵巢及其他生殖器官被脂肪包埋，造成母猪排卵减少或不排卵，出现母猪屡配不孕，甚至不发情。

② 初配标准不达标。初配母猪年龄偏小或体重偏低，生殖系统尚未发育成熟，没有兼顾初产母猪的体成熟和性成熟；另外，要求初配母猪体重在 125 千克以上，230 日龄以上，背膘厚 13~14 毫米；有 2 次以上的发情记录。初产母猪配种过早，往往会导致第 2 胎发情异常。

③ 诱情方式不当。母猪与公猪接触过少，或者诱情公猪年龄过小、性欲差，使母猪得不到应有的性刺激，诱情不足导致不发情。

④ 生殖器官疾病。一是卵巢机能不全，卵巢静止或卵巢萎缩，使卵泡不能正常生长、发育、成熟和排卵，导致发情和发情周期紊乱；二是卵泡囊肿，造成卵泡壁变性，不再产生雌激素，即母畜不表现发情症状；三是黄体囊肿，抑制性腺激素的分泌，卵巢中无卵泡发育，母畜不发情；四是持久黄体，由于持久黄体分泌孕酮，抑制了促性腺激素的分泌，使卵泡发育受到抑制，致使母猪乏情、发情周期停止循环；五是母猪感染猪瘟、蓝耳病、伪狂犬病、细小病毒、乙脑和附红细胞体等繁殖障碍性疾病，均会使引起母猪乏情及其他繁殖障碍症；六是母猪患乳房炎、子宫内膜炎和无乳症也会增加母猪断奶后不发情的比例。

⑤ 营养不均衡或缺乏。母猪饲料营养直接影响着母猪生产性能和生产成绩。饲料中的维生素（尤其是维生素 A、维生素 E、维生素 B_1、叶酸和生物素含量较低）和能量不足时，会引起母猪断奶后发情不正常。初产母猪产后的营养性乏情在瘦肉型品种中较为突出。据统计，初产母猪在仔猪断乳后 1 周内不发情比例是经产母猪的 2 倍。

⑥ 饲料原料霉变。若饲料原料（玉米、豆粕等）有发霉现象，其中的霉菌毒素，尤其是玉米赤霉烯酮，被母猪摄入后，其正常的内分泌功能将被打乱，导致发情不正常或排卵抑制。

⑦ 饲养环境、空间的问题。种猪舍光照不足或光照过长（每日光照＞12 小时）会对卵巢发育和发情产生抑制作用；炎热季节母猪采食量减少，摄入的有效能量降低，导致生殖激素的分泌发生障碍，一般 6—9 月母猪发情率会下降 20% 或发情推迟现象增多。受限位栏的限制，母猪运动量不足，也会使生殖激素分泌失调造成母猪发情异常。

（3）母猪发情异常的应对措施

① 改善饲喂方式，做好母猪体况调控。母猪产后第 1 天喂 1.5 千克，第 2 天 2.5 千克，以后每天逐渐增加 0.5 千克左右，直到 6~8 千克 / 天，每天饲喂 2~4 次，采用自由采食原则，尽可能使母猪采食量最大化（哺乳母猪采食量＝2.5 千克＋0.5 千克 × 所带仔猪头数）并保持好其体型，减少断奶失重。断奶前 3 天逐渐减料，断奶当天不喂料，既促使仔猪多采食饲料，又可防止母猪断奶后发生乳房炎。断奶至配种根据膘情饲喂哺乳料 3.0~3.6 千克 / 天或者自由采食，以

促使母猪多排卵。断奶 2 周不发情者要降到 2~2.2 千克 / 天或禁食1 天。

② 严格把控后备母猪初配基准。母猪第一次配种体重在 130 千克以上，230 日龄以上，背膘厚 13~14 毫米，有 2 次以上的发情记录；产后最小体重在 175~180 千克，防止过多蛋白质在第 1 次泌乳期流失。后备母猪配种前的一个情期里，可用人工精浆"敏化"处理。

③ 采用正确的诱情方式。后备母猪常在 5~6 月龄时有初次发情现象，160 天开始用试情公猪（必须 10 月龄以上（产生外激素），性欲良好的公猪（10% 公猪缺乏性欲））诱情，公猪每天直接接触母猪15~20 分钟，定期轮换公猪。断奶母猪还可以采用换栏、合并或重新分群，扩大或减少栏位使用面积，把公猪放到母猪旁边的猪舍里，饥饿处理，激素处理等办法。

④ 选用良好的母猪专用料。选用优质饲料原料，根据母猪不同的生理阶段科学配制母猪专用料，保证母猪生长发育、妊娠和哺乳的需要；同时可采用饲料中添加脱霉剂的方式，尽可能降低或避免霉菌毒素的危害；也可在饲料中额外添加维生素 E、维生素 A、维生素 C，微量元素硒等以满足母猪的营养需求。也可用红糖熬小米粥喂断奶母猪促进发情。

⑤ 加强饲养管理，改善饲养环境。改善猪舍采光条件，满足母猪对光照的需求；夏季做好母猪的防暑降温工作，结合通风、喷雾和屋顶喷淋等措施降温；定时将母猪赶出圈外运动 0.5~1 小时，加速血液循环，促进发情；发现流产及子宫炎母猪，及时进行子宫冲洗（宫炎清、宫炎净或自制碘液）和抗生素的抗菌消炎工作。

⑥ 中药催情。用淫羊藿、对叶草各 80 克，煎水内服；淫羊藿100 克，丹参 80 克，红花和当归各 50 克，碾末拌入饲料；也可以用阳起石、淫羊藿各 40 克，当归、黄芪、肉桂、山药、熟地各 30 克，碾末拌入饲料中 1 次饲喂，1 剂 / 天，连服 3 天即可发情配种。

⑦ 激素处理。发情迟缓的母猪进行催情处理：并圈处理法（不发情母猪 3~5 头集中一栏混养，处理后表现发情征状，立即配种）、饥饿处理法（对不发情的猪只停食 2 天，饱食 2 天进行催情，处理后

表现发情征状，立即配种）、激素处理法（断奶后 2 周不发情的猪只，注射激素 PG600 或 PMS 进行催情，处理后 4~5 天观察到发情征状后立即配种，若不发情者间隔 10 天用上述方法再处理 1 次，再不发情者淘汰）。

22. 后备母猪不发情的原因有哪些？怎样处理？

（1）后备母猪不发情的原因

① 疾病因素。可能导致母猪不发情的疾病有：猪繁殖与呼吸综合征、子宫内膜炎、圆环病毒病等。如由圆环病毒病导致消瘦的后备母猪多数不能正常发情。另外，母猪患慢性消化系统疾病（如慢性血痢）、慢性呼吸系统疾病（如慢性胸膜炎）及寄生虫病，剖检时多发现卵巢小而没有弹性，表面光滑，或卵泡明显偏小（只有米粒大小）。还有的是卵巢囊肿，严重者卵巢如鸡蛋大小，囊肿卵泡直径可达 1 厘米以上，不排卵，可用促排 3 号（30 微克）或绒毛膜促性腺激素（HCG）1 000~1 500 单位，1 次 / 天，连续 3~4 天。

② 营养因素。最常见的是能量摄入不足，脂肪贮备少，后备母猪在配种前的 P2 点膘厚应在 18~20 毫米；过肥会影响性成熟的正常到来；有些虽然体况正常，但由于饲料中长期缺乏维生素 E、生物素等，致使性腺的发育受到抑制；任何一种营养元素的缺乏或失调都会导致发情推迟或不发情，如饲料中钙含量偏高阻碍锌的吸收，易造成母猪不孕。

③ 饲养管理因素。

饲养方式：对后备母猪而言，大栏成群饲养（每栏 4~6 头）比定位栏饲养好，母猪间适当的爬跨能促进发情。但若每栏多于 6 头，则较为拥挤且打斗频繁，不利于发情。若用定位栏饲养，应加强运动。

诱情：很多猪场不注重母猪的诱情，没有采取与公猪接触或其他措施来诱导母猪发情，母猪发情不发情听之任之。

发情档案：有些猪场不建立发情档案，有的在 7 月龄以后才开始建立发情档案，超过 8 月龄不发情才开始处理，处理越迟效果越差，这样母猪在淘汰时大多已达 10 月龄。正常的做法是在 160 日龄后就要跟踪观察发情，6.5 月龄仍不发情就要着手处理，综合处理后达 270 日龄仍不发情的母猪即可淘汰，时间太久则造成饲料浪费。

（2）后备母猪不发情的预防

① 合理饲养。体重 90 千克以前的后备母猪可以不限量饲喂，保证其身体各器官的正常发育，尤其是生殖器官的发育。6~7 月龄要适当限饲（日喂 2.5 千克 / 头），防止过肥。后备母猪配种前的理想膘情为 3~3.5 分，过肥过瘦均有可能出现繁殖障碍。有条件的场，6 月龄以后每天宜投喂一定量的青绿饲料。

② 利用公猪诱情。后备母猪 160 日龄以后应有计划地让其与结扎的试情公猪接触来诱导发情，每天接触 2 次，每次 15~20 分钟。用不同公猪刺激比用同一头公猪效果好。

③ 建立完善的发情档案。后备母猪在 160 日龄以后，需要每天到栏内用压背法结合外阴检查法来检查其发情情况。对发情母猪要建立发情记录，为配种做准备。对不发情的后备母猪做到早发现、早处理。

④ 加强运动。后备母猪每周至少在运动场自由活动 1 天。6 月龄以上母猪群运动时应放入 1 头结扎公猪。

⑤ 给予适度的刺激。适度的刺激可提高机体的性兴奋。可将没发过情的后备母猪每星期调栏 1 次，让其与不同的公猪接触，使母猪经常处于一种刺激状态，以促进发情与排卵，必要时可赶公猪进栏追逐 10~20 分钟。

⑥ 完善催情补饲工作。从 7 月龄开始，根据母猪发情情况认真划分发情区和非发情区。将 1 周内发情的后备母猪归于一栏或几栏，限饲 7~10 天，日喂 1.8~2.2 千克 / 头；优饲 10~14 天，日喂 3.5 千克 / 头，直至发情、配种；配种后日喂料量立即降到 1.8~2.2 千克 / 头。这样做有利于提高初产母猪的排卵数。

⑦ 做好疾病防治工作。做到"预防为主，防治结合，防重于治"。平时抓好消毒，搞好卫生，尤其是后备母猪发情期的卫生，减少子宫内膜炎的发生；按照科学的免疫程序进行免疫，针对种猪群的具体情况定期拟定详细的保健方案，严格执行兽医的治疗方案。

（3）后备母猪不发情的处理

① 公猪刺激。用性欲好的成年公猪效果较好，具体做法是：让待配的后备母猪养在邻近公猪的栏中；让成年公猪在后备母猪栏中追逐10~20分钟，让公、母猪有直接的接触。追逐的时间要适宜，时间过长，既会对母猪造成伤害，同时也使公猪对以后的配种缺乏兴趣。

② 发情母猪刺激。选一些刚断奶的母猪与久不发情的母猪关于一栏，几天后发情母猪将不断追逐爬跨不发情的母猪，刺激其性中枢活动增强。

③ 适当的刺激措施。

混栏：每栏放5头左右，要求体况及体重相近。

运动：一般放到专用的运动场，有时间可适当驱赶。

饥饿催情：对过肥母猪可限饲3~7天，日喂1千克左右，供给充足饮水，然后自由采食。

④ 对发情不明显母猪的处理。在发情过程中有部分母猪由于某种原因而发情征状不明显或没什么"静立"状态，这些母猪只能根据外阴的肿胀程度、颜色、黏液浓稠度进行适时输精，同时在输精前1小时注射氯前列烯醇2毫升（或促排3号），输精前5分钟注射催产素2毫升。

⑤ 激素催情。生殖激素紊乱是导致母猪不能正常发情的一个重要原因，给不发情后备母猪注射外源性激素可起到明显的催情效果，但有试验表明，采用激素催情的母猪，与自然发情的母猪相比，产活仔数平均要少1头。在以上的方法都采用了之后，仍然不发情的少量母猪最后可使用激素处理1~2次，还不发情的做淘汰处理，但在祖代、种猪场笔者不主张使用该方法来治疗。常用的处理方法有：氯前列烯醇200微克；律胎素2毫升；孕马血清促性腺激素1 000单位＋绒毛膜促性腺激素500单位；PG600处理1次（1头份）。

23. 经产母猪断奶后不发情的原因有哪些？如何处理？

经产母猪一般断奶后3~7天便可自然发情配种，但由于各种各样的原因，规模化猪场经常出现部分母猪断奶后不发情或发情不正常，严重影响了养猪的经济效益。

（1）经产母猪断奶后不发情的常见原因

① 营养水平。特别是饲料中维生素营养和能量不足。特别是有些猪场的母猪使用的饲料维生素 A、维生素 E、维生素 B$_1$、叶酸和生物素含量较低，经常引起母猪断奶后发情不正常。初产母猪产后的营养性乏情在瘦肉率较高的品种中较为突出。据统计，有 50% 以上的初产母猪在仔猪断乳后 1 周内不发情，而经产母猪仅为 20%。哺乳期母猪体重损失过多将导致母猪发情延迟或乏情，而初产母猪尤其如此。在分娩 1 周后，哺乳母猪应自由采食。哺乳期掉膘严重，断奶后又不注意催情补饲。在分娩 1 周后，哺乳母猪应自由采食。

② 初产母猪配种过早，往往会导致第 2 胎发情异常。

③ 公猪刺激不足。母猪舍离公猪太远，断奶母猪得不到应有的性刺激，诱情不足导致不发情。

④ 气温与光照及运动不足。炎热的夏季，环境温度达到 30℃以上时，母猪卵巢和发情活动受到抑制。

⑤ 饲料原料霉变。对母猪正常发情影响最大的是玉米的霉菌毒素，尤其是玉米赤霉烯酮，此种毒素分子结构与雌激素相似。母猪摄入含有这种毒素的饲料后，其正常的内分泌功能将被打乱，导致发情不正常或排卵抑制。

⑥ 卵巢发育不良。长期患慢性呼吸系统病、慢性消化系统病或寄生虫病的小母猪，其卵巢发育不全，卵泡发育不良使激素分泌不足，影响发情。

⑦ 母猪存在繁殖障碍性疾病。猪瘟、蓝耳病、伪狂犬病、细小病毒病、乙型脑炎和附红细胞体等均会使引起母猪乏情及其他繁殖障碍症。另外，患乳房炎、子宫内膜炎和无乳症的母猪断奶后不发情的比例也较高。

（2）母猪断奶后不发情的处理

① 正确把握青年母猪的初配年龄。实践证明，瘦肉型商品猪初配年龄不早于 8 个月龄，体重不低于 100~110 千克。

② 采用科学的饲养方式。根据泌乳期的母猪体况，保证泌乳母猪体况储备，减少失重，适量增加能量与蛋白，蛋白应维持在

17%~18%，在夏季、冬季可在饲料中加入2%~3%植物油提高能量。体重过肥的母猪，每日给予2~4个小时的运动，并多增加青绿饲料。严格把关，不饲喂发霉及重金属盐含量过高的饲料。

③防暑降温。当舍温升高至35℃以上时，泌乳猪内分泌机能容易发生紊乱，有条件的地方采用湿帘降温或使用空调；对条件差的猪场，可以通过遮阳网、滴水喷头或在猪舍顶加盖秸秆等措施，或在日粮中加入碳酸氢钠3 000毫克/千克、碳酸氢钙3 000毫克/千克、维生素C 200毫克/千克\维生素E 100毫克/千克。产房比较理想的降温方法有瓦水帘降温、局部冷风降温、滴水降温，最好配合屋顶和墙壁隔热，效果会更好。

④防治原发病。按照科学防疫程序严格防疫，加强繁殖障碍疾病的预防，减少原发病，对有子宫炎的母猪，可采用6 000毫升生理盐水反复冲洗，然后子宫内放入青霉素640万单位、链霉素300万单位，或采用0.1%高锰酸钾20毫升注入子宫。

⑤激素治疗。肌内注射三合激素4毫升，对无发情的母猪，5日后再进行1次，经处理后发情的母猪，在配种前8~12个小时肌内注射排卵3号1~3支。也可肌内注射前列腺素PG600，注射后3~5天发情配种。对长期不发情的母猪可肌内注射氯前列烯醇0.4毫克，如表现发情可肌内注射绒毛膜促性腺激素1 000单位。肌内注射绒毛膜促性腺激素1 000单位×2支，皮下注射新斯的明2毫升/次，1次/天，连用3天，发情时即可配种。

24. 初产母猪断奶后不发情的原因有哪些？如何处理？

（1）初产母猪断奶后不发情的原因　初产母猪断奶后不发情、再次配种困难、二胎产仔数降低，都是现代母猪饲养中最常出现的问题。造成这一问题的根源是进入第二繁殖周期时，母猪体内营养储备严重不足，又因为生殖系统在营养分配时的优先权弱于其他器官和系统，故缺乏营养对生殖系统的影响最大。当然，初产母猪断奶不发情也与母猪健康状况尤其是生殖道健康及诱情环境有关。

发情所需要的营养储备，不仅需要大营养储备，而且也需要生殖营养储备。大营养储备主要指淀粉、蛋白质、脂肪、常量矿物质等营养物质的储备，体现在体重和膘情上面；生殖营养储备主要指与生殖结构和生殖功能相关的关键营养如特殊的维生素、特殊的微量元素等营养的储备。这两类营养物资的足够储备都是完成繁殖过程不可或缺的。

大营养储备不够的主要成因有：初产母猪自身增重（初产母猪自身增重约为 50 千克）、初配不达标、妊娠早中期限饲不够或不当、日进食营养总量不够、哺乳期采食量不够、攻胎不够。大营养储备主要目标是：断奶时，母猪失重不超过 10 千克，膘情达到体况评分 2.5~3 分。要实现这一体储目标，光增加哺乳期采食量是不够的，需要从初产母猪培育全过程着手。

生殖营养储备方面，一要注意限饲期因为精料采食量减少而导致生殖营养摄入不足；二要注意哺乳期的哺乳营养需要与生殖的营养需要是有差异的，在配种准备期，即使饲喂营养相对丰富的哺乳料，也满足不了发情所需的生殖营养需求；三要考虑高温季节对生殖营养需求的增加；四要考虑环境因素对饲料中生殖营养的破坏；五要考虑商品饲料添加量可能不足。

（2）初产母猪断奶后不发情的处理　对初产母猪断奶后不发情，可参考经产母猪的处理方法。但基于以上营养原理和理念，营养学方法解决初产母猪断奶不发情问题的具体措施如下。

① 初配要达标。初次配种标准要达到：体重 140 千克以上，背膘 18~22 毫米，日龄 230 天以上。只要达到这个标准，第 1 次发情也可配种（国外有资料认为第 1 次发情即可配种，是基于体重、背膘、日龄达标的背景而言的）。如果体重轻、背膘薄、年龄未到的母猪过早配种会导致：初产母猪断奶后发情延迟、再次配种返情率高；二胎窝产仔数少；寒冷季节流产机会增加；泌乳量低，利用年限缩短。

② 合理的饲料营养水平。初次怀孕母猪，怀孕期的某些营养水平相对于经产母猪而言，可以适当提高 10% 左右，如粗蛋白 14%、赖氨酸 0.7%、钙 0.9%、总磷 0.8%、有效磷 0.45%。有些猪场初次配种母猪继续饲喂后备母猪料是有科学道理的。因为后备母猪饲料的

蛋白质和生殖营养水平比怀孕母猪料要高。

③ 初产母猪怀孕后期，仍然需要适度增料攻胎。对初生重过大引起难产问题一定要辩证地来看。首先，胎儿的 2/3 体重是在母猪妊娠期最后 1/3 的时间增加的，如果不攻胎，根据后代优先的营养分配原理，母猪的营养优先供应胎儿，在摄入不足的情况下，可能动用母猪体脂肪甚至体蛋白来供应胎儿的生长，意味着初产母猪在怀孕后期就在失重和掉膘。其次，如果不攻胎，会导致母猪体质下降反而影响分娩；再则，胎儿初生重不足会影响哺乳期仔猪成活率。

④ 锻炼母猪肠道功能，"撑大"母猪的肚子。胃好，胃口才好。这里的"胃好"，指的是胃肠功能好和胃肠道容积大。专家认为：一是动物的肠道除了消化功能外，还有化学感应和接收机体信号的功能，小肠不是被动吸收通道，实际上在吸收之前还有调节控制功能。因此，饲养动物必须先养好小肠；二是对仔猪腹泻的控制手段，不能仅仅考虑病原的因素，也不要滥用抗生素，而是从改善环境、调整水质和强化营养上下功夫；三是通过母猪的饲喂调控仔猪肠道健康，猪场要把母猪作为核心要素从强化营养和加强管理上下力气，把母猪奶水搞好，仔猪从出生开始抓起。不使用抗生素一样可以成功断奶，而不必担心腹泻问题；四是在炎热环境下饲喂母猪需要特别注意饲养管理的改善，如增加净能的摄入量，饮水温度调节到 17℃ 左右等。

⑤ 集中猪场优势资源，增加初产母猪哺乳期采食量。泌乳期体重损失越多，断奶至发情的时间间隔越长，但这一特征主要在头胎表现得更明显。所以，增加哺乳期采食量是减少初产母猪断奶掉膘的最有效措施，务必全力以赴达到理想的采食量目标（千克）：1.8+0.5 × X（母猪哺乳仔猪数）。

（3）增加初产母猪采食量的技术措施

① 温度。母猪最适宜的温度是 18~22℃，超过 24℃ 每增加 2℃ 就会减少 0.5 千克的采食量。产房比较理想的降温方法有瓦水帘降温、局部冷风降温、滴水降温，最好配合屋顶和墙壁隔热，效果会更好。

② 清洁充足饮水。饮水器供水量 1.5~2 升 / 分钟，水温为 17℃ 左右，最好有料槽饮水，水质达到人的饮用水标准。

③ 补充抗病营养。研究发现，只有当动物每天吃进去的物质当天被充分代谢后，动物才有很好的食欲，如果代谢不畅，会起堵塞作用，许多物质堵塞代谢途径，导致动物就没有食欲。

④ 干净的料槽。夏天每次喂料前清洗料槽十分必要，可以去除馊味、减少腐败物质中毒。

⑤ 怀孕早中期限饲。怀孕期严格按照饲喂标准摄入基础营养，不能过多摄入，因为怀孕早中期的采食量与哺乳期采食量成负相关，而攻胎期采食量与哺乳期采食量关联度不大。

⑥ 饲料与饲喂。饲料原料干净新鲜；饲喂水料，水与饲料的比例为 4:1；增加饲喂次数为 3~4 次，在低温时段饲喂。

⑦ 初产母猪哺乳料适当增加营养浓度。比如蛋白质可以达到20%，补充赖氨酸至 1.2% 并同时补充脂肪，注意氨基酸之间的平衡。

⑧ 预防母猪产后感染。生产发现，产后感染的母猪，不仅采食量会降低，而且会直接影响到断奶发情及受孕，所以要通过产前清除病原、产中输液和产后打针抗感染以及灌注宫炎净排除恶露等措施来积极预防。一旦发生乳房产道感染，要积极治疗。

⑨ 分两批断奶以及适当提早断奶。体重较重的半窝仔猪比体重较轻的半窝仔猪提早 2~5 天断奶。母猪发情早；仔猪均匀度好；特别适合一胎母猪。初产母猪在条件允许的情况下提早 3 天左右断奶，可以减轻母猪哺乳负担，尽早恢复体况。

⑩ 补充生殖营养。前面已经提到，在配种准备期，即使饲喂营养相对丰富的哺乳料，也满足不了发情所需的生殖营养需求。所以，为了满足发情对生殖营养的需求，很有必要从哺乳期开始就补充生殖营养，直至怀孕期。

25. 促进母猪发情排卵的措施有哪些?

（1）改善饲养管理，满足营养供应　对迟迟不发情的母猪，应首先从饲养管理上查找原因。例如，饲粮过于单纯；蛋白质含量不足或品质低劣；维生素、矿物质缺乏；母猪过肥或过瘦；长期缺乏运动等。应进行较全面的分析，采取相应的改善措施。

① 短期优饲和调整膘情。对空怀母猪配种前的短期优饲，有促进母猪发情排卵和容易受胎的良好作用。方法为，配种前的 1 周或半个月左右适当调整膘情，保持合理的种用体况，常言道"空怀母猪七八成膘，容易怀胎产仔高"，即保持母猪七八成膘情为好。对于正常体况的母猪每天饲喂 2.0~2.2 千克全价配合饲料；对体况较差的母猪提供充足的哺乳母猪料；对于过于肥胖的母猪，在断奶前后少量饲喂配合饲料，多喂青粗饲料，让其尽快恢复到适度膘情，达到较早发情排卵和接受交配的目的。

② 多喂青绿饲料，满足钙、磷的需要，维生素、矿物质、微量元素对母猪的繁殖机能有重要影响。例如饲粮中缺乏胡萝卜素时，母猪性周期失常，不发情或流产多；长期缺乏钙、磷时，母猪不易受胎，产仔数减少；缺锰时，母猪不发情或发情微弱等。因此，配种准备期的母猪，多喂青绿饲料、补足骨粉、添加剂，充分满足维生素、矿物质、微量元素的需要。对其发情排卵有良好的促进作用。一般情况下，每天每头饲喂 5~7 千克的青饲料或补加 25 克的骨粉为好。

③ 正确的管理，新鲜的空气，良好的运动和光照对促进母猪的发情排卵有很大好处。配种准备期的母猪要求适当增加舍外的运动和光照时间，舍内保持清洁，经常更换垫草，冬春季节注意保温。例如把母猪赶出圈外，在一些草地或猪舍周围转游 1 小时，再喂些胡萝卜或菜叶，连续 3 天，很容易引起母猪发情。

（2）控制哺乳时间，早期断奶或仔猪并窝

① 控制哺乳时间。待训练好仔猪的开食，并能采食一定量的饲料（25~30 日龄）时，控制哺乳次数，每隔 6~8 小时 1 次，这样处理 6~9 天，母猪就可以提前发情。

② 仔猪早期断奶。通常母猪断奶后 5~7 天发情，在一个适当的时间提前断奶，母猪可提前发情进行配种。我国广大家庭养猪户多沿袭 45~60 天断奶，目前，各地出现许多先进技术，仔猪最早 21 日龄断奶。但大部分都是 28~35 日龄断奶。

③ 仔猪并窝。养猪场或专业户在集中时间产仔时，可把部分产仔少的母猪所产的仔猪，全部寄养给其他母猪哺育，即能很快发情配种。

（3）异性诱导，按摩乳房或检查母猪是否患有生殖道疾病　养殖者可用试情公猪（不作种用的公猪）追赶不发情的母猪，或者每天把公猪关在母猪圈内 2、3 小时，通过爬跨等刺激，促进发情排卵。另外按摩乳房也能够刺激母猪发情排卵，要求每天早晨饲喂以后，待母猪侧卧，用整个手掌由前往后反复按摩乳房 10 分钟。当母猪有发情征象时，在乳头周围做圆周运动的深层按摩 5 分钟，即可刺激母猪尽早发情。遇到母猪患有生殖道疾病，应及时诊断治疗。

（4）药物催情　注射孕马血清促性腺激素和绒毛膜促性腺激素。前者在母猪颈部皮下注射 2~3 次，1 次／天，每次 4~5 毫升，注射后 4~5 天就可以发情配种。后者一般对体况良好的母猪（体重 75~100 千克），肌内注射 1 000 单位，对母猪催情和促其排卵有良好效果。必要时可中草药催情。处方 1：阳起石、淫羊藿各 40 克，当归、黄芪、肉桂、山药、熟地各 30 克，研末混匀，拌入精料中一次喂服，切不可分次喂服。处方 2：当归、香附、陈皮各 15 克，川芎、白芍、熟地、小茴香、乌药各 12 克。水煎后每日内服 2 次，每次外加白酒 25 毫升。

26. 养好种公猪要把握好哪几个要点？

（1）加强对种公猪的调教　种公猪调教工作是一项艰苦细致的工作，近几年来，种公猪质量越来越好，瘦肉率越来越高。但是，种公猪的调教难度也越来越大，调教不成功的原因有多方面：种公猪的饲养管理不当，种公猪的饲料必须不仅要满足公猪的营养需要，而且要慎用一切添加剂，因为添加剂中可能含有一些激素以及刺激种猪生长的重金属元素，对种公猪的生殖系统发育和精子的生成有较大的危害。种公猪的最佳调教时机是 8~9 月龄，必须及时加以调教。瘦肉率特别高的，体型过于优秀的种公猪往往性欲较差，调教相对困难，对这些种公猪的调教必须有足够的细心加耐心，不能急于求成。

（2）加强对种猪的饲养管理　体型过差的原因是种猪本身的遗传原因和饲养管理的方面存在问题。应加强对种猪的选择和饲养管理，当然培育过程中有部分淘汰也属正常。

① 隔离消毒。从场外引进猪种时，进场前必须在隔离舍饲养 1

周，进场时仍需用对人畜无害消毒药，如"百毒杀"（癸甲溴铵溶液）或0.1%~0.2%过氧乙酸溶液带猪消毒。种猪场除特别情况外，一般谢绝客人参观。凡遇来人参观，进场前必须按规定消毒，如更换专用衣服、鞋帽，用消毒液洗手，并用紫外线消毒15分钟。出场后，需对参观路径或全场进行喷雾消毒或洒水消毒，避免细菌滋生。

②营养水平。满足种公猪各种正常生理需求，是养好种公猪的物质基础。营养水平过高或过低均可使种公猪变得肥胖和消瘦而影响配种。饲养种公猪的日粮不仅要注意蛋白质的数量，更要注意蛋白质的质量，如日粮中缺乏蛋白质，氨基酸不平衡，对精液品质有不良影响。长期饲喂含蛋白质过多的日粮，同样会使精子活力降低、密度小、畸形精子多。种公猪日粮中钙、磷不足或比例失调，会使精液品质显著降低，出现死精、发育不全或活力不强的精子。维生素A、维生素D、维生素E对精液品质也有很大影响，缺乏时，种公猪的性反射降低，精液品质下降，如长期严重缺乏，会使睾丸发生肿胀或干枯萎缩，丧失繁殖能力。

③饲养方式。"一贯加强"的饲养方式。在常年均衡产仔的猪场，种公猪长年担负配种任务。因此，全年都要均衡地保持种公猪配种所需的高营养水平。"季节加强"的饲养方式。实行季节性产仔的猪场，在配种季节开始前1个月，对种公猪逐渐增加营养，以保证其在配种季节保持较高的营养水平。配种季节过后，逐步降低营养水平，但需供给种公猪维持种用体况的营养需要。

种公猪日粮应以精料型为主，体积不易过大，以免把种公猪喂成草腹影响配种。饲喂种公猪应定时定量，每天2.5千克，每天喂2次，自由饮水，并根据品种、体重、配种（采精）次数增减料量。

④单栏饲养。种公猪一般实行单栏饲养。单栏饲养种公猪安静，减少外界的干扰，食欲正常，杜绝了爬跨其他公猪和养成自淫的恶习，利于生长发育。

⑤适当运动。合理运动可促进食欲、帮助消化、增强体质、提高生殖机能。种公猪每天运动不少于1 000米，一般在早晚进行为宜，冬天在中午进行，运动不足会严重影响配种能力。

⑥刷拭、修蹄。经常刷拭猪体可保持皮肤清洁，促进血液循环，

减少皮肤病和寄生虫病，并且还可使种公猪温驯听从管教。同时，要经常修整种公猪蹄，以免在交配时擦伤母猪，以及肢蹄病的发生。

⑦防寒防暑。冬季要防寒保温，可减少饲料的消耗和疾病的发生。夏季要防暑降温，高温影响尤为严重，轻者食欲下降，性欲降低，重者精液品质下降，甚至会中暑死亡。防暑的措施有很多，如通风、洒水、洗澡、遮阳等方法，可因地制宜进行。

⑧精液检查。实行人工授精的种公猪每次采精都要检查精液品质，对于本交的种公猪每月也要检查1~2次精液品质。根据精液品质的好坏，调整营养、运动和配种次数，这是保证种公猪健壮和提高受胎率的重要措施之一。

种公猪配种能力及精液品质优劣和使用年限的长短，不仅与饲养管理有关，而且取决于初配年龄和利用强度。利用强度要根据年龄和体质强弱合理安排，如果利用过度就会出现体质虚弱，降低配种能力和缩短利用年限。相反如果利用过少，会导致肥胖而影响配种。本交时，青年种公猪适宜利用强度为每两天配种1次，成年公猪每天配种1次，连配2天，休息1天。人工授精时，青年种公猪每周采精1~2次，成年种公猪每周采精2~3次。

（3）防控重要疾病　种公猪大都为纯种，纯种公猪与杂交猪相比，抗病力稍差，在生产实际中，优秀种公猪的疾病抵抗力往往更差，与此相反，那些体型外貌较差的公猪则有较强的抵抗力，防病的重点在饲养管理，只有采取良好的饲养管理才能培育健康的种公猪，因此，既要为种公猪提供安全营养的饲料、充足清洁的饮水、清洁舒适的环境，更要注意加强种公猪运动，提高种公猪的体质，提高其抗病力。此外，对种公猪要进行规定的防疫注射、猪舍消毒等工作，采取综合技术措施强化疾病预防工作。

腿部疾患在种公猪饲养工作中是一个特别需要注意的问题。种公猪特别容易发生腿部疾患而造成非正常淘汰，尤其是长白公猪，由于其腿部较细，不及其他品种猪粗壮，蹄病的发生率更高，种公猪腿部疾病发生率较高的主要原因是种公猪饲养时间较长，体重较大，种公猪舍现在又都是混凝土地面，对猪蹄的磨损严重，地面湿滑，猪容易滑倒又易损伤猪腿，减少种公猪腿部疾患的主要技术措施是：猪每天都必须在泥土地面的运动场运动，在泥地运动场运动对提高种公猪的体质及公猪蹄部健康十分有益。

混凝土地面以及种公猪经过的道路以及采精室必须清洁，防止有小沙粒、小铁钉、碎玻璃存在，因为小沙粒、小铁钉、碎玻璃能严重损伤猪蹄，发现了猪蹄损伤，要仔细检查损伤部位和损伤原因，有针对性地进行治疗。另外，猪舍地面长期潮湿会导致种公猪蹄底部因长期潮湿而发炎，甚至会发生蹄底脱落。出现这种问题的解决办法是保持猪舍卫生干燥，外用一定的药物，经过休息也可以自然痊愈，无须急于淘汰。

27. 如何对配种前公猪精液品质进行检查和鉴定？

精液品质检查的目的在于鉴定精液品质的优劣，以便确定种公猪的配种负担能力，同时也检查对种公猪饲养水平和生殖器官机能状态，反映技术操作质量，检验精液稀释，保存和运输效果依据。检查精液的主要指标有：精液量、颜色、气味、精子密度、精子活力、酸碱度、畸形精子率等。

检查前，将精液转移到在37℃水浴锅内预热的烧杯中，或直接将精液袋放入37℃水浴锅内保温，以免因温度降低而影响精子活力。整个检查活动要迅速、准确，一般在5~10分钟内完成。

（1）精液量 后备公猪的射精量一般为150~200毫升，成年公猪的为200~300毫升，有的高达700~800毫升。精液量的多少因猪的品种、品系、年龄和采精间隔、气候以及饲养管理水平等不同而不同。精液量的评定以电子天平（精确至1~2克，最大称量3~5千克）称量，按每克1毫升计。原精不可转换盛放容器，否则将导致较多的精子死亡，因此，勿将精液倒入量筒内评定其体积。

（2）色泽 正常精液的颜色为乳白色或灰白色，精子的密度越大，颜色越白；密度越小，则越淡。如果精液颜色有异常，则说明精液不纯或公猪有生殖道病变，如呈绿色或黄绿色时则可能混有化脓性的物质；呈淡红色时则混有血液；呈淡黄色时则可能混有尿液等。凡发现颜色有异常的精液，均应弃去不用，同时，对公猪进行对症处理、治疗。

（3）气味　正常的公精液含有公猪精液特有的微腥味。有特殊臭味的精液一般混有尿液或其他异物，一旦发现，不应留用，并检查采精时操作是否正确，找出问题的原因。

（4）酸碱度（pH）　可用 pH 试纸进行测定。一般来说，精液的 pH 值偏低，则精子活力较好。生产上通常不检查精液的 pH 值，因为精液的酸碱度不可能远离中性。

（5）精子密度　指每毫升精液中含有的精子数量，是用来确定精液稀释倍数的重要依据。正常公猪的精子密度每毫升为 2.0 亿~3.0 亿个精子，有的高达每毫升 5.0 亿个精子。精子密度的检查方法有以下几种。

① 估测法。这种方法不用计数，用眼观察显微镜下精子的分布，精子与精子之间的距离少于一个精子的长度为"密"；精子与精子之间的距离相当于一个精子的长度为"中"；精子与精子之间的距离大于一个精子的长度为"稀"。这种方法简单，但对于不同检查人员而言，主观性强，误差较大，只能对公猪进行粗略的评价，因此，通常不采用这种评定的方法。

② 精子密度仪。现代化养猪企业多数采用这种方法。该法极为方便，检查所需时间短，重复性好，仪器使用寿命长。其基本原理是精子透光性差，精清透光性好。选定 550 纳米一束光透过 10 倍稀释的精液，光吸收度将于精子的密度呈正比的关系，根据所测数据，查对照表可得出精子的密度。该法测定密度的误差约为 10%，但这个是生产上可以接受的。当然，如果精液有异物，该仪器也将它作为精子来计算，应适当考虑减少这方面的误差。总之，该设备是目前猪人工授精中测定精子密度最适用的仪器。

③ 红细胞计数法。该法最准确，速度慢，其具体步骤为：以微量取样器取具有代表性的原精 100 毫升 3% 的氯化钾溶液 900 毫升混匀后，取少量放入计数板的槽中，在高倍镜下计数 5 个中方格内精子总数，将该数乘以 50 万即得原精液的精子密度，该方法可用来校正精子密度。

（6）精子活力　精子活力有叫精子活率，是指直线前进运动的精子占总精子的百分率。精子活力的高低关系到配种母猪受胎率和产仔数的高低，因此，每次采精后及使用精液前，都要进行活力的检查，以便确定精液能否使用及如何正确使用。在我国精子活力一般采用 10 级制，即在显微镜下观察一个视野内的精子运动，若全部直线运动，则为 1.0 级；有 90% 的精子呈直线运动则活力为 0.9；有 80% 的呈直线运动，则活力为 0.8，依次类推。鲜精液的精子活率以大于或等于 0.7 才可使用，当活力低于 0.6 时，则应弃去不用。评定精子活力应注意以下几个方面。

① 取样要有代表性。

② 观察活力用的载玻片和盖玻片应事先放在 37℃恒温板上预热，由于温度对精子影响较大，温度越高精子运动速度越快，温度越低精子运动速度越慢，因此观察活率时一定要预热载、盖玻片，尤其是 17℃精液保存箱的精子，应在恒温板上预热 30~60 秒后观察。

③ 观察活力时，应用盖玻片。否则，一是易污染显微镜的镜头，使之发霉；二是评定不客观，因为每取样的量不同将影响活率的评定。

④ 评定活力时，显微镜的放大倍数要求 100 倍或 150 倍，而不是 400 倍或 600 倍。因为如果放大得过大，使视野中看到的精子数量少，评定不准确。若有条件，可在显微镜上配置一套摄像显示仪，将精子放大到电脑屏幕上进行观察。

（7）精子畸形率　畸形精子指巨形精子、短小精子、断尾、断头、顶体脱落、原生质、头大、双头、双尾、折尾等精子，一般不能直线运动，虽受精能力较差，但不影响精子的密度。精子畸形率是指畸形精子占总精子百分率。若用普通显微镜观察畸形率，则需染色；若用相差显微镜，则不需染色可直接观察。公猪的畸形精子率一般不能超过 20%，否则应弃去。采精公猪要求每 2 周检查一次畸形率。

畸形精子的检查过程：① 取原精液少量，以 3% 氯化钠溶液进行 10 倍稀释。② 以伊红或姬姆莎为染液，对精子进行染色。③ 在 400~600 倍显微镜下观察精子形态，计算 200 个精子中畸形精子占的百分率。

所有项目检查完毕，由检验员填写种公猪精液品质检查登记表（表 3-2）。

表 3-2　种公猪精液品质检查登记表

采精日期	公猪号	采精员	采精量（毫升）	色泽	气味	pH 值	精子密度（亿/毫升）	活力	畸形率（%）	总精子数（亿）	稀释后总量（毫升）	稀释液量（毫升）	头份数	检验员	备注

28. 什么叫发情周期?

正常母猪从一次发情开始到下一次发情开始的间隔时间为 18~22 天,平均 21 天,这一时期称为发情周期。发情周期分为发情前期、发情期、发情后期和休情期 4 个阶段。发情持续时间:一般瘦肉型母猪 2~3 天,地方母猪 3~5 天。

母猪发情持续时间为 40~70 小时,排卵时间在后 1/3,而初配母猪要晚 4 小时左右。其排卵的数量因品种、年龄、胎次、营养水平不同而异。一般初次发情母猪排卵数较少,以后逐渐增多。营养水平高可使排卵数增加。现代国外种母猪在每个发情期内的排卵数一般为 20 枚左右,排卵持续时间为 6 小时;地方种猪每次发情排卵为 25 枚左右,排卵持续时间 10~15 小时。

29. 母猪发情期都有哪些发情征状?

母猪的发情期可分为发情前期、发情期和发情后期。各个阶段表现出如下征状。

(1)发情前期　母猪兴奋性逐渐增加,采食量下降,烦躁不安,频频排尿;阴门红肿呈粉红色,分泌少量清亮透明液体。

(2)发情期　阴门红肿,由粉红逐渐到亮红,肿圆,阴门裂开,无皱襞,有光泽,流出白色浓稠带丝状黏液,尾向上翘;性欲旺盛,爬栏、爬跨其他母猪或接受其他母猪爬跨,自动接近公猪,按压背部时,安静呆立、耳朵直竖。

(3)发情后期　阴门皱缩,呈苍白色或灰红色,无分泌物或有少量黏稠液体。

(4)休情期　母猪本次发情结束到下次发情开始这段时间。

母猪发情期各阶段的不同表现见表 3-3、表 3-4、表 3-5。

表 3-3　阴户表现

项目	发情初期	发情期	发情后期
颜色	浅红 - 粉红	亮红 - 暗红	灰红 - 淡化
肿胀程度	轻微肿胀	肿圆,阴门裂开	逐渐萎缩

（续表）

项目	发情初期	发情期	发情后期
表皮皱襞	皱襞变浅	无皱襞，有光泽	皱襞细密，逐渐变深
黏液	无 – 湿润	潮湿 – 黏液流出	黏稠 – 消失

表3-4 触摸阴户手感

项目	发情初期	发情期	发情后期
温度	温暖	温热	根部 – 尖端转凉
弹性	稍有弹性	外弹内硬	逐渐松软

表3-5 判断母猪表现

项目	发情初期	发情期	发情后期
行为	不安、频尿	拱爬、呆立	无所适从
食欲	稍减	不定时定量	逐渐恢复
精神	兴奋	亢奋 – 呆滞	逐渐恢复
眼睛	清亮	黯淡，流泪	逐渐恢复
压背反射	躲避、反抗	接受	不情愿

30. 母猪发情鉴定有哪些方法？

（1）外部观察法 母猪在发情前会出现食欲减退甚至废绝，鸣叫，外阴部肿胀，精神兴奋。母猪会出现爬跨同圈的其他母猪的行为。同时对周围环境的变化及声音十分敏感，一有动静马上抬头，竖耳静听，并向有声音的方向张望。进入发情期前1~2天或更早，母猪阴门开始微红，以后肿胀增强，外阴呈鲜红色，有时会排出一些黏液。若阴唇松弛，闭合不全，中缝弯曲，甚至外翻，阴唇颜色由鲜红色变为深红或暗红，黏液量变少，且黏稠且能在食指与大拇指间拉成细丝，即可判断为母猪已进入发情盛期。

（2）压背试验查情法 成年健康、经产母猪通常在仔猪断奶后4~7天开始静立发情。发情的母猪，外阴开始轻度充血红肿，若用手打开阴户，则发现阴户内表颜色由红到红紫的变化，部分母猪爬跨其他母猪，也任其他母猪爬跨，接受其他猪只的调情，当饲养员用手压猪背时，母猪会由不稳定到稳定，当赶一头公猪至母猪栏附近时，母猪会表现出强烈的交配欲。当母猪发情允许饲养员坐在其背上，压背稳定时，则说明母猪已进入发情旺期。对于集约化养猪场来说，可采用在母猪栏两边设置挡板，让试情公猪在两挡板之间运动，与受检母猪沟通，检查人员进入母猪栏内，逐头进行压背试验，以检查发情程度。

（3）试情公猪查情法 试情公猪应具备以下条件：最好是年龄较大，行动稳重，气味重；口腔泡沫丰富，善于利用叫声吸引发情母猪，并容易靠气味引起发情母猪反应；性情温和，有忍让性，任何情况下不会攻击配种员；听从指挥，能够配合配种员按次序逐栏进行检查，既能发现发情母猪，又不会不愿离开这头发情母猪。如果每天进行一次试情，应安排在清早，清早试情能及时地发现发情母猪。如果人力许可，可分早晚两次试情。我国大多数猪场采用早晚两次试情。

试情时，让公猪与母猪头对头试情，以使母猪能嗅到公猪的气味，并能看到公猪。因为前情期的母猪也可能会接近公猪，所以在试情中，应由另一查情员对主动接近公猪的母猪进行压背试验。如果在压背时出现静立反射则认为母猪已经进入发情期，应对这头母猪作发情开始时间登记和对母猪进行标记。如果母猪在压背时不安稳为尚未进入发情期或已过了发情期。

31. 怎样计算母猪的适时配种时间？

（1）理论配种时间

① 母猪的排卵时间。母猪的发情期平均为 3 天左右，排卵发生在发情开始后 36~41 小时，从排第一个卵子到最后一个卵子的时间间隔一般为 6 小时左右。

② 卵子与精子存活时间及精子运动的时间。卵子在输卵管中仅在 8~12 小时内具有受精能力，精子从生殖道运动到受精部位（输卵管）需要 2~3 小时，并且精子在生殖道内存活的时间为 12 个小时左右。

③ 适时配种时间。根据以上情况推算，适宜的配种时间为母猪

排卵前的 2~3 小时，母猪接受公猪配种，出现静立反射后 6~8 小时。

（2）实际配种时间　在实际生产当中，要准确地判断母猪的排卵时间是比较困难的，因此，要根据理论配种时间、发情各个时期持续的时间和母猪的外在表现，制定适宜的实际配种时间。配种时，可按以下规律进行。

① 若母猪在断奶 1~3 天就开始发情征状明显，轻轻按压母猪背部即出现静立反应时，则在 10 小时配种，间隔 10 小时第 2 次配种，间隔 10 小时第 3 次配种。

② 若母猪在断奶后 4~6 天发情，须 6 小时配第 1 次，间隔 10 小时进行第 2 次配种，间隔 10 小时进行第 3 次复配。

③ 若母猪在断奶后 7 天发情，须立即第 1 次，间隔 8 小时进行第 2 次配种，间隔 8 小时进行第 3 次复配。

32. 母猪配种的方式有哪些?

配种是提高母猪繁殖力的主要环节，是增加窝产仔数，提高仔猪健壮性，降低生产成本的第一关口。

根据母猪在一个发情期内的配种次数，母猪配种的方式可分为单配、复配和双重配 3 种。

（1）单配　在母猪的一个发情期中，只用公猪配一次。其好处是能减轻公猪的负担，可以少养公猪，提高公猪的利用率，降低生产成本。其缺点是掌握适时配种较难，可能降低受胎率和减少产仔数。

（2）复配　在母猪的一个发情期内，先后用同一头公猪配两次，是生产上常用的配种方式。第 1 次交配后，过 24 小时再配 1 次，是母猪生殖道内经常有活力较强的精子，增加与卵子结合的机会，从而提高受胎率和产仔数。

（3）双重配　在母猪的一个发情期内，用血统较远的同一品种的两头公猪交配，或用两头不同品种的公猪交配叫双重配。第 1 头公猪配种后，隔 10~15 分钟，第 2 头公猪再配。

双重配的好处，首先是由于用两头公猪与一头母猪在短期内交配两次，能引起母猪增加反射型兴奋，促使卵泡加速成熟，缩短排卵时间，增加排卵数，故能使母猪多产仔，而且仔猪大小均匀；其次由于两头公猪的精液一齐进入输卵管，使卵子有较多机会选择活力强的精子受精，从而提高胎儿和仔猪的生活力。缺点是公猪利用率低，增加生产成本。如在一个发情期内仅进行 1 次双重配，则会产生与单配一样的缺点。

种猪场和留纯种后代的母猪绝对不能用双重配的方法，避免造成血统混杂，无法进行选种选配。

33. 母猪配种的方法有哪些？

配种方法分为本交和人工授精两种方法。

（1）本交 交配场所应选择在离公路较远、安静而平坦的地方，并在公母猪饲喂前、后 2 小时进行交配。配种时应先把发情适期的母猪赶入交配场所，用毛巾蘸 0.1% 的高锰酸钾溶液，洗净母猪阴户、肛门和臀部，然后再把所用公猪赶来。当公猪跨上母猪背部后，同样用蘸有 0.1% 的高锰酸钾溶液的毛巾洗净公猪的包皮周围及阴茎，这样可减少或防治阴道、子宫感染疾病。然后把母猪尾巴拉向一侧，使阴茎顺利地插入阴道。必要时可用手握住公猪包皮引导阴茎插入母猪阴道。当公猪射精完毕离开母猪后，要用手轻拍或按压母猪腰部，不让母猪弓腰，以免精液倒流出阴道；更要防止母猪卧下和洗冷水澡。然后把母猪赶回原圈休息。公猪配完种后，要让其休息一会儿，再赶回原圈，同样要防止洗冷水澡。配种后要及时做好记录，以便 21 天左右观察是否又发情，并作为配准后进行正确饲养管理的依据。

（2）人工授精 猪的人工授精，是用人工方法把公猪的精液采出来，经过稀释处理，再输入发情母猪阴道和子宫内，使母猪受胎。这是繁殖上的一项行之有效的技术措施。其好处是大大提高良种公猪的利用率，加速猪种改良；可以少养公猪，节省养公猪的费用，降低生产成本；解决公、母猪体格大小悬殊、配种困难的矛盾；可以远距离给母猪输精，减少母猪的体力消耗；防治公母猪疫病的相互传播。

34. 如何调教采精公猪？

（1）先调 教性欲旺盛的公猪，下一头隔栏观察、学习。

（2）清洗 清洗公猪的腹部及包皮部，挤出包皮积尿，按摩公猪的包皮部。

（3）诱发爬跨　用发情母猪的尿或阴道分泌物涂在假台畜上，同时模仿母猪叫声，也可以用其他公猪的尿或口水涂在假母猪上，目的都是诱发公猪的爬跨欲。

（4）发情母猪刺激　上述方法都不奏效时，可赶来一头发情母猪，让公猪空爬几次，在公猪很兴奋时赶走发情母猪。

（5）采精时间　公猪爬上假台畜后即可进行采精。

（6）采精间隔　调教成功的公猪在1周内每隔1天采1次，巩固其记忆，以形成条件反射。对于难以调教的公猪，可实行多次短暂训练，每周4~5次，每次至多15~20分钟。如果公猪表现厌烦、受挫或失去兴趣，应该立即停止调教训练。后备公猪一般在8月龄开始采精调教。

（7）注意安全　在公猪很兴奋时，要注意公猪和采精员自己的安全，采精栏必须设有安全角。

无论哪种调教方法，公猪爬跨后一定要进行采精，不然，公猪很容易对爬跨母猪台失去兴趣。调教时，不能让两头或以上公猪同时在一起，以免引起公猪打架等，影响调教的进行和造成不必要的经济损失。

35．怎样采精？

（1）采精杯的制备　先在保温杯内衬一只一次性食品袋，再在杯口覆四层脱脂纱布，用橡皮筋固定，要松一些，使其能沉入2厘米左右。制好后放在37℃恒温箱备用。

（2）剪毛　在采精之前先剪去公猪包皮上的被毛，防止干扰采精及细菌污染。

（3）清洗　将待采精公猪赶至采精栏，用0.1%高锰酸钾溶液清洗其腹部及包皮，再用清水洗净，抹干。

（4）射精　挤出包皮积尿，按摩公猪的包皮部，待公猪爬上假台猪后，用温暖清洁的手（有无手套皆可）握紧伸出的龟头，顺公猪前冲时将阴茎的"S"状弯曲拉直，握紧阴茎螺旋部的第一和第二褶，在公猪前冲时允许阴茎自然伸展，不必强拉。充分伸展后，阴茎将停止推进，达到强直、"锁定"状态，开始射精。射精过程中不要松手，否则压力减轻将导致射精中断。

（5）收集精液　收集浓份精液（经验不足时稀稠全收集），直至公猪射精完毕时才放手，注意在收集精液过程中防止包皮部液体等进入采精杯。

（6）不要碰阴茎体　注意在采精过程中不要碰阴茎体，否则阴茎将迅速缩回。

（7）清洗采精栏　下班之前彻底清洗采精栏。

（8）采精频率　成年公猪每周2次，青年公猪每周1次（1岁左右），最好能固定每头公猪的采精频率。

36．怎样确定精液的稀释倍数？

稀释之前需确定稀释的倍数。稀释倍数根据精液内精子的密度和稀释后每毫升精液应含的精子数来确定。猪精液经稀释后，要求每毫升含1亿个精子。如果密度没有测定，稀释倍数国内地方品种一般为0.5~1倍，引入品种为2~4倍。

精液稀释应在精液采出后尽快进行，而且精液与稀释液的温度必须调整到一致，一般是将精液与稀释液置于同一温度（30℃）中进行稀释。

37．怎样保存稀释后的精液？

为了延长精子的存活时间，扩大精液的使用范围，便于长途运输，稀释后的精液需进行保存。

（1）常温保存　在15~20℃室温条件下，利用稀释液的弱酸性环境来抑制精子的活动，减少能耗。而稀释液中的抗生素类药物可以抑制微生物繁衍，减少对精子的危害，使精液得以保存，保存时间为3天左右。

（2）低温保存　在0~5℃条件下，精子的活力被抑制，降低代谢水平，减少能耗，精子的存活时间得以延长。在低温保存下，0~10℃温度范围对精子是一个危险的温度范围区，如果精液从常温状态迅速降至0℃，精子就会发生不可逆的冷休克现象。所以精液在低温保存之前，需经预冷平衡。其具体做法为：每分钟降温 0.2℃，用 1~2 小时完成降温全过程。此外，在稀释液内添加卵黄、奶类等物质也可以提高精子的抗冷能力。

在农村无冰源条件下，可以采用以下方法制造冷源。

① 将食盐 40 克溶于 1 500 毫升冷水中，加入氯化铵 400 克，装入广口保温瓶内，其温度可以降至 2℃左右。如果想长期维持低温，每隔 2 天重新添加 1 次氯化铵。

② 将尿素 60 克溶于 100 毫升冷水中，可以降温至 5℃。如果将其溶于冰水中，可以降温至 -5℃。

③ 将贮精瓶包裹结扎盛于塑料袋内，扎好袋口。将贮精塑料袋放于竹筒或竹篮等容器中，再将容器吊沉于井底保存。

38. 怎样给母猪输精？

刚开始用人工授精的猪场多采用一次本交、两次人工授精的做法，逐渐过渡到全部人工授精。

输精前必须进行精液品质检查，不符合条件的精液坚决倒掉。

输精的具体操作程序如下。

（1）准备器具消毒　准备好输精栏、0.1% 高锰酸钾水、清水、抹布、精液、剪刀、针头、干燥清洁毛巾等。先用高锰酸钾水清洁母猪外阴周围、尾根，再用温和清水洗去消毒水，抹干外阴。

（2）公母猪接触　将试情公猪赶至待配母猪栏前（注：发情鉴定后，公母猪不再见面，直至输精），使母猪在输精时与公猪有口鼻接触，输完几头母猪更换一头公猪以提高公母猪的兴奋度。

（3）准备输精管　从密封袋中取出无污染的一次性输精管（手不准触其前 2/3 部），在前端涂上对精子无毒的润滑油。

（4）将输精管斜向上插入母猪生殖道内　当感觉到有阻力时再稍用力，直到感觉其前端被子宫颈锁定为止（轻轻回拉不动）。

（5）取出精液　从贮存箱中取出精液，确认标签正确。

（6）连接精液瓶和输精管　小心混匀精液，剪去瓶嘴，将精液瓶接上输精管，开始输精。

（7）输精　轻压输精瓶，确认精液能流出，用针头在瓶底扎一小孔，按摩母猪乳房、外阴或压背，使子宫产生负压将精液吸纳，绝不允许将精液挤入母猪的生殖道内。

（8）输精时间 通过调节输精瓶的高低来控制输精时间，一般3~5分钟输完，最快不要低于3分钟，防止吸得快，倒流得也快。

（9）处置输精管 输后在防止空气进入母猪生殖道的情况下，将输精管后端折起塞入输精瓶中，让其留在生殖道内，慢慢滑落。于下班前集好输精管，冲洗输精栏。

（10）登记配种记录 输完一头母猪后，立即登记配种记录，如实评分。

（11）补充说明

① 精液从17℃冰箱取出后不需升温，直接用于输精。

② 输精管的选择：经产母猪用海绵头输精管，后备母猪用尖头输精管，输精前需检查海绵头是否松动。

③ 两次输精之间的时间间隔为8~12小时。

④ 输精过程中出现拉尿情况要及时更换一条输精管，拉粪后不准再向生殖道内推进输精管。

⑤ 3次输精后12小时仍出现稳定发情的个别母猪可多一次人工授精。

⑥ 全人工授精的做法：母猪出现站立反应后8~12小时，用20单位催产素一次肌内注射，在3~5分钟后实施第一次输精，间隔8~12小时进行第2和第3次输精。

39. 怎样进行输精操作的跟踪分析？

输精评分的目的在于如实记录输精时具体情况，便于以后在返情失配或产仔少时查找原因，制定相应的对策，在以后的工作中作出改进的措施，输精评分分为3个方面3个等级。

站立发情：1分（差）、2分（一些移动）、3分（几乎没有移动）。

锁住程度：1分（没有锁住）、2分（松散锁住）、3分（持续牢固紧锁）。

倒流程度：1分（严重倒流）、2分（一些倒流）、3分（几乎没有倒流）。

为了使输精评分可以比较，所有输精员应按照相同的标准进行评分，且单个输精员应做完一头母猪的全部几次输精，实事求是的填报评分。

具体评分方法：比如一头母猪站立反射明显，几乎没有移动，持续牢固紧锁，一些倒流，则此次配种的输精评分为 333，不需求和。

通过报表可以统计分析出：适时配种所占比例，各头公猪的生产成绩如何，各位输精员的技术操作水平如何，返情与输精评分的关系如何。

40. 如何进行母猪的早期妊娠诊断？

（1）超声诊断法　超声诊断法是利用超声波的物理特性，将其和动物组织结构的声学特点密切结合的一种物理学诊断法。其原理是利用孕体对超声波的反射来探知胚胎的存在、胎动、胎儿心音和胎儿脉搏等情况来进行妊娠诊断。目前用于妊娠诊断的超声诊断仪主要有 A型、B 型和 D 型。

①B 型超声诊断仪。B 型超声诊断仪可通过探查胎体、胎水、胎心搏动及胎盘等来判断妊娠阶段、胎儿数、胎儿性别及胎儿状态等。具有时间早、速度快、准确率高等优点，但价格昂贵、体积大，只适用于大型猪场定期检查。

②多普勒超声诊断仪（D 型）。该仪器可通过测定胎儿和母体血流量、胎动等做较早期诊断。有实验证明，利用北京产 SCD-Ⅱ型兽用超声多普勒仪对配种后 15~60 天母猪检测，认为 51~60 天准确率可达 100%。

③A 型超声诊断仪。这种仪器体积较小，如手电筒大，操作简便，几秒钟便可得出结果，适合基层猪场使用。

（2）孕马血清促性腺激素（PMSG）法　母猪妊娠后有许多功能性黄体，抑制卵巢上卵泡发育。功能性黄体分泌孕酮，可抵消外源性 PMSG 和雌激素的生理反应，母猪不表现发情即可判为妊娠。方法是于配种后 14~26 天的不同时期，在被检母猪颈部注射 700 单位的PMSG 制剂，以判定妊娠母猪并检出妊娠母猪。

判断标准：以被检母猪用 PMSG 处理，5 天内不发情或发情微弱及不接受交配者判定为妊娠；5天内出现正常发情，并接受公猪交配者判定为未妊娠。试验结果为，在5天内妊娠与未妊娠母猪的确诊率均为100%。且认为该法不会造成母猪流产，母猪产仔数及仔猪发育均正常，具有早期妊娠诊断和诱导发情的双重效果。

（3）尿液检查法

① 尿中雌酮诊断法。用2厘米×2厘米×3厘米的软泡沫塑料，拴上棉线作阴道塞。检测时从阴道内取出，用一块硫酸纸将泡沫塑料中吸纳的尿液挤出，滴入塑料样品管内，于−20℃贮存待测。尿中雌酮及其结合物经放射免疫测定（RIA），小于20毫克/毫升为非妊娠，大于40毫克/毫升为妊娠，20~40毫克/毫升为不确定。

② 尿液碘化检查法。在母猪配种10天以后，取其清晨第一次排出的尿放于烧杯中，加入5%碘酊1毫升，摇匀，加热、煮开，若尿液变为红色，即为已怀孕；如为浅黄色或褐绿色说明未孕。本法操作简单，准确率高。

（4）血小板计数法　文献报道，血小板显著减少是早孕的一种生理反应，根据血小板是否显著减少就可对配种后数小时至数天内的母畜作出超早期妊娠诊断。该方法具有时间早、操作简单、准确率高等优点。尤其是为胚胎附植前的妊娠诊断开辟了新的途径，易于在生产实践中推广和应用。

在母猪配种当天和配种后第1~11天，从耳缘静脉采血20微升置于盛有0.4毫升血小板稀释液的试管内，轻轻摇匀，待红细胞完全破坏后再用吸管吸取1滴充入血细胞计数室内，静置15分钟后，在高倍镜下进行血小板计数。配种后第7天是进行超早期妊娠诊断的最佳血检时间，此时血小板数降到最低点（250 ± 91.13）×10^3/毫米^3。试验母猪经过2个月后进行实际妊娠诊断，判定与血小板计数法诊断的妊娠符合率为92.59%，未妊娠符合率83.33%，总符合率93.33%。

该方法虽有时间早、准确率高等优点，但应排除某些疾病所导致的血小板减少。例如，肝硬化、贫血、白血病及原发性血小板减少性紫癜等。

（5）其他方法

① 公猪试情法。配种后 18~24 天，用性欲旺盛的成年公猪试情，若母猪拒绝公猪接近，并在公猪 2 次试情后 3~4 天始终不发情，可初步确定为妊娠。

② 阴道检查法。配种 10 天后，如阴道颜色苍白，并附有浓稠黏液，触之涩而不润，说明已经妊娠。也可观看外阴户，母猪配种后如阴户下联合处逐渐收缩紧闭，且明显地向上翘，说明已经妊娠。

③ 直肠检查法。要求为大型的经产母猪。操作者把手伸入直肠，掏出粪便，触摸子宫，妊娠子宫内有羊水，子宫动脉搏动有力，而未妊娠子宫内无羊水，弹性差，子宫动脉搏动很弱，很容易判断是否妊娠。但该法操作者体力消耗大，又必须是大型经产母猪，所以生产中较少采用。

除上述方法外，还有血或乳中孕酮测定法、EPF 检测法、红细胞凝集法、掐压腰背部法和子宫颈黏液涂片检查等。母猪早期妊娠诊断方法有很多，各有利弊，临床应用时应根据实际情况选用。

41. 如何处置配种后返情的母猪？

繁殖母猪发情期进行配种后没有怀孕的现象称为返情。返情率的增加，会导致配种分娩率降低，从而影响养殖户的经济效益。

（1）母猪返情的原因　一是公猪精液质量不合格；二是配种时间不准确；三是母猪病理性及生理性返情。在不同的时间段，母猪返情代表着不同的意义。

① 正常返情。配种后 21 天或 42 天左右返情，说明发情鉴定准确，但出现受孕失败。此现象的原因可能是：输精后 30 天内的管理应激因素（过度驱赶、注射、混群打斗、舍内持续高温等）；输精倒流过多，授精失败；精液质量不合格；输精时间太早或太迟。

② 不正常返情。如果配种后 20 天内返情（通常在 18~19 天），可能的原因是：发情鉴定不准确；发情鉴定准确，但母猪的第 1 次妊娠信号（受精后 9~12 天，受精卵达到子宫）没能建立；发生导致高热的疾病（特别是猪瘟、流感）；也有可能是配种太迟造成的。

如果配种后 24~39 天返情，主要就是指配种后的 3~4 周发生问题造成胚胎损失，是非管理因素，可能的原因为：疾病所致胚胎吸收或妊娠失败；母猪遗传型的个体差异；泌乳期太短，子宫未能完全恢复。

母猪在妊娠中期（45~105 天）的未孕返情，如果未见到确切的流产，则是由于妊娠鉴定的疏漏造成的；如果确切观察到明显的中期流产，则可能是由细小病毒、日本脑炎病毒和流感病毒最为常见的病原体引起的感染，尤其是南方以及北方初夏季节极易出现。

母猪配种后 106 天以上的流产或早产，除了管理因素外，应该留意是否有蓝耳病毒感染。

（2）处置 为减少母猪返情率，常见措施有以下几点。

① 提供合格的精液。精液品质好坏是影响受胎率的主要因素之一。没有品质优良的精液，要想提高母猪的受胎率是不现实的。对精液的品质进行物理性状（精液量、颜色、气味、精子密度、活力、畸形率等）检查，确保精液质量合格。同时，在高温季节到来前调整好防暑降温设备及采取向饮水中添加抗应激药、营养药等措施，以减少热应激对公猪精液品质的影响。

② 提高配种技术。配种技术人员相关经验不丰富，查情查孕不准，最佳输精时机的掌握欠佳，造成受孕失败，母猪返情。经常培训技术人员以提高发情鉴定、输精时机判断、母猪稳定情况评定、输精等技术。

③ 做好猪舍环境卫生。每天清扫猪舍，减少病原微生物的滋生环境，并定期消毒，保证猪舍环境干净卫生。

④ 做好种母猪预防保健管理，减少母畜繁殖障碍疾病。为保证母猪有一个健康的体况，必须做好母猪的预防保健工作。尤其做好猪瘟疫苗（2 次 / 年）、猪繁殖与呼吸综合征、猪伪狂犬病、猪细小病毒等会直接或间接的影响母猪怀胎的疾病的预防接种。减少细菌感染机会，特别是人工助产、人工授精、产后护理过程中，由于消毒不严格或动作粗鲁造成的子宫炎症。由于炎症的存在就容易有返情的情况发生，甚至造成屡配不孕。一旦发现母猪子宫炎症，应及时治疗。

⑤ 提高饲料质量，合理调配母猪配种期营养水平。由于玉米霉菌素容易引起母猪假发情现象，因此必须保证母猪的饲料质量，保证母猪有一个健康适宜的体况，以利发情配种。配种前后一段时间，尤

其是配种后母猪的营养水平的掌握是保证母猪受胎和产仔多少的关键因素。一般配种前 1 天到配种后的 1 个月内是禁止高能饲料饲喂的阶段，因为过高的营养摄入将会导致受精卵的死亡、着床失败。适当补充青绿饲料，加入电解多维，以补充维生素的不足。在怀孕后期 40 天内提高营养水平，保证胎儿健康生长。

42. 妊娠母猪有哪些生理特点？

（1）妊娠母猪的代谢特点与体重变化　胎儿的生长发育、子宫和其他器官的发育，使母猪食欲增高，饲料的消化率和利用率增强，故在饲养上应尽量满足这一要求；但妊娠母猪不是增重越多越好而是要控制到一定程度一般瘦肉型初产母猪体重增加 35~45 千克，经产母猪体重增加 32~40 千克。

（2）妊娠期间胚胎和胎儿的生长发育

① 胎儿的生长曲线。胚胎的生长发育特点是前期形成器官，后期增加体重，器官在 21 天左右形成，初生体重的 1/3 生长在妊娠的前 84 天，而初生体重的 2/3 生长在妊娠最后 30 天。

② 引起胚胎死亡的 3 个关键时期。胚胎的蛋白质，脂肪和水分含量增加，特别是矿物质含量增加较快。母猪妊娠后，有 3 个容易引起胚胎死亡的关键时期，分别是 9~13 天、18~24 天、60~70 天。

第一个关键时期：第一个关键时期出现在 9~13 天，此时，受精卵开始与子宫壁接触，准备着床而尚未植入，如果子宫内环境受到干扰，最容易引起死亡，这一阶段的死亡数占总胚胎数的 20%~25%。

第二个关键时期：第二个关键时期出现在 18~24 天，此时，胚胎器官形成，在争夺胚盘分泌的物质的过程中，弱者死亡，这一阶段死亡数占胚胎总数的 10%~15%。

第三个关键时期：第三个关键时期出现在 60~70 天，此时，胚盘停止发育，而胎儿发育加速，营养供应不足可引起胚胎死亡，这一阶段死亡数占胚胎总数的 5%~10%。

43. 妊娠母猪的营养需要多少比较合适？

为实现妊娠期母猪的饲养目标，应根据胚胎分生长发育规律、母猪乳腺发育和养分储备的需要，进行合理的限制饲养，建议将妊娠期分为妊娠前期、妊娠中期和妊娠后期，精确地控制母猪的体增重并保证胎儿的生长发育，这样既可节约生产成本，又不影响母猪最高繁殖效率的实现。

妊娠的不同阶段母猪的营养需要也不同。

（1）妊娠前期（配种后的 30 天以内） 这个阶段胚胎几乎不需要额外营养，但有两个死亡高峰，饲料饲喂量相对应少，质量要求高，一般喂给 1.5~2.0 千克的妊娠母猪料，饲粮营养水平为：消化能 2 950~3 000 千卡 / 千克、粗蛋白 14%~15%，青粗饲料给量不可过高，不可喂发霉变质和有毒的饲料。

（2）妊娠中期（妊娠的第 31~84 天） 喂给 1.8~2.5 千克妊娠母猪料，具体喂料量以母猪体况决定，可以大量喂食青绿多汁饲料，但一定要给母猪吃饱，防止便秘。严防给料过多，导致母猪肥胖。

（3）妊娠后期（临产前 30 天） 这一阶段胎儿发育迅速，同时又要为哺乳期蓄积养分，母猪营养需要高，可以供给 2.5~3.0 千克的哺乳母猪料。此阶段应相对地减少青绿多汁饲料或青贮料。在产前 5~7 天要逐渐减少饲料喂量，直到产仔当天停喂饲料。哺乳母猪料营养水平：消化能 3 050~3 150 千卡 / 千克、粗蛋白 16%~17%。

44. 妊娠母猪的饲养方式有哪些？

在饲养过程中，因母猪的年龄。发育、体况不同，就有许多不同的饲养方式。但无论采取何种饲养方式都必须看膘投料，妊娠母猪应有中等膘情，经产母猪产前应达到七八成膘情。初产母猪要有八成膘情。根据母猪的膘情和生理特点来确定喂料量。

（1）抓两头带中间饲养法 适用于断奶后膘情较差的经产母猪和哺乳期长的母猪。在农村由于饲料营养水平低，加上地方品种母猪泌乳性能好，带仔多，母猪体况较差故选用此法。在整个妊娠期形成一个"高 - 低 - 高"的营养水平。

（2）步步高饲养法 适用于初配母猪。配种时母猪还在生长发育，营养需要量较大，所以整个妊娠期间的营养水平都要逐渐增加，到产前 1 个月达到高峰。其途径有提高饲料营养浓度和增加饲喂量，主要是以提高蛋白质和矿物质为主。

（3）前粗后精法　即前低后高法；此法适用于配种前膘情较好的经产母猪，通常为营养水平较好的提早断奶母猪。

（4）"一贯式"饲养法　妊娠期合成代谢能力增强，营养利用率提高这些生理特征，在保持饲料营养全面的同时，采取全程饲料供给"一贯式"的饲养方式。值得注意的是在饲料配制时，要调制好饲料营养，不过高，也不能过低。

应当注意的是，妊娠母猪的饲料必须保证质量，凡是发霉，变质冰冻，带有毒性及强烈刺激性的饲料（如酒糟，棉籽饼）均不能用来饲喂妊娠母猪，否则容易引起流产；饲喂的时间，次数要有规律性，即定时定量，每日饲喂 2~3 次为宜；饲料不能频繁不换和突然改变，否则易引起消化机能的不适应；日粮必须要有全面，多样化且适口性好，妊娠 3 个月后应该限制青粗饲料的供给量，否则容易压迫胎儿引起流产。

45. 加强妊娠母猪的管理应着重注意哪几个方面？

妊娠母猪管理的中心任务是做好保胎工作，促进胎儿的正常生长发育，防止流产、化胎和死胎。因此，在生产中应注意以下几个方面的管理工作。

（1）注意环境卫生，预防疾病　母猪子宫炎、乳房炎、乙型脑炎、流行性感冒等都会引起母猪体温升高，造成母猪食欲减退和胎儿死亡。因此，及时清理猪粪，做好圈舍的清洁卫生，保持圈舍空气新鲜，认真进行消毒和疾病预防工作。

（2）防暑降温、防寒保暖　环境温度影响胚胎的发育，特别是高温季节，胚胎死亡率会增加。因此要注意保持圈舍适宜的环境温度，不过热过冷，做好夏季防暑降温、冬季防寒保暖工作。夏季降温的措施一般有洒水、洗浴、搭凉棚、通风等。标准化猪场要充分利用湿帘降温。冬季可采取增加垫草、地坑、挡风等防寒保暖措施，防止母猪感冒发热造成胚胎死亡或流产。

（3）做好驱虫、灭虱工作　猪的蛔虫、猪虱等内外寄生虫会严重影响猪的消化吸收、身体健康并传播疾病，且容易传染给仔猪。因此，在母猪配种前或妊娠中期，最好进行一次药物驱虫，并经常做好灭虱工作。

（4）避免机械损伤 妊娠母猪应防止相互咬架、挤压、滑倒、惊吓和追赶等一切可能造成机械性损伤和流产的现象发生。因此，妊娠母猪应尽量减少合群和转圈，调群时不要赶得太急；妊娠后期应单圈饲养，防止拥挤和咬斗；不能鞭打、惊吓猪，防止造成流产。

（5）适当运动 妊娠母猪要给予适当的运动。妊娠的第1个月以恢复母猪体力为主，要使母猪吃好、睡好、少运动。此后，应让母猪有充分的运动，一般每天运动1~2小时。妊娠中后期应减少运动量，或让母猪自由活动，临产前5~7天应停止运动。

46. 怎样制定妊娠母猪的饲养管理指导方案？

（1）需要明确的几个问题

① 妊娠母猪饲养管理工作的目的。规范妊娠母猪的饲养管理；确保妊娠母猪膘情合理；胚胎（胎儿）发育正常。

② 妊娠母猪饲养管理的主要工作任务。搞好妊娠猪的转群、调整工作；做好妊娠母猪防疫注射工作以及定位栏内妊娠母猪的饲养管理工作。

③ 工作程序。妊娠母猪的转入；母猪的转入后的饲养管理；妊娠母猪的转出；免疫程序参照猪场相关文件。

（2）妊娠母猪的饲养管理指导方案

① 妊娠母猪的转入与饲养管理。母猪完成配种后，根据配种时间的先后，按周次转入妊娠舍，在妊娠定位栏排列好。

母猪转入后饲养管理工作的重点有：每天上班到猪舍后先检查猪群一遍，整体观察猪群情况，局部观察个体情况，看看有无异常情况发生。

有病猪则应先治疗后喂料；有死猪，先捡出，并及时拉走，消毒原栏舍，填写《种猪死淘周报表》。

检查完猪群后开始喂料，选用妊娠母猪料，分阶段按标准饲喂。喂料前先将料槽内的水放干或扫干。

每次投料要快、准，以减少应激，喂料过程中先喂妊娠前期的怀孕母猪。三排怀孕猪舍提倡两人或三人同时喂料，减少喂料应激。

根据母猪的膘情调整投料量；提倡先一次过平均喂料，再喂回头料，视每头猪膘情酌情增减。

喂料后要给每头猪足够的时间吃料，不要过早放水进料槽，以免造成浪费。

经常检查沉积在料车底部的饲料，发现发霉变质饲料要弃掉，防止妊娠母猪中毒。

对妊娠母猪的膘情要定期进行评估，妊娠期分3阶段进行饲喂和管理，应按照猪场制定的标准喂料，保证妊娠期体重的增加。喂料时对初胎母猪应区别对待，怀孕中期胎儿长骨架时适当控料以免胎儿过大难产（表3-6）。

表3-6　妊娠母猪的喂料标准

怀孕日龄	饲料品种	料量	备注
1~7	332	1.8~2	限料采食，日喂2次
8~21	332	2.0~2.3	限料采食，日喂2次
22~85	332	2.0~2.5	限料采食，日喂2次
86~107	332	2.8~3.5	限料采食，日喂2次
107至分娩前	333	3.0以上	自由采食，日喂2次

及时清理定位栏内的猪粪，避免母猪吃饱料后卧下难以清理，清完后用斗车拉到猪粪池。

做好配种后18~65天内的复发情检查工作。每月做1次妊娠诊断。

妊娠诊断：在正常情况下，配种后21天左右不再发情的母猪即可确定妊娠。其表现为：贪睡、食欲旺、易上膘、皮毛光、性温驯、行动稳、阴门下裂缝向上缩成一条线等。

减少应激，防流保胎；夏天预防中暑，炎热时经常冲栏，冬天防寒保暖；对待母猪应温柔细心；减少剧烈响声刺激；免疫注射在喂料后、或天气凉爽时进行。严格控制怀孕舍湿度，减少不必要的冲栏或冲猪身。

关注料槽卫生，吃不完的料及时扫给其他猪只吃，定期清洗减少霉变。清洗时专人负责看猪，减少猪只吃入污物。

关注饮水质量，喂料后及时放水，保证猪只饮水充足，使用饮水器的猪场注意检查饮水器质量。当饮水出现异色、大量杂质或沉淀时应加强净化处理或饮水消毒。

重点关注怀孕前期的饲养管理与护理。加强湿度控制，饲料转换平衡过渡，适当补充青料或使用大小苏打等防止便秘。尽量减少各种应激，增加猪只受胎率防止流产。必要时 18~25 日龄使用金霉素等保健。前期猪不使用大寒性的中药。

怀孕后期选择适当时间进行一次健胃或清宫热保健。可供选择的药物有大黄苏打散、复方鱼腥草、穿心莲、清肺散等。一般选择怀孕85~92 日龄保健。

按既定的免疫程序做好各种疫苗的免疫接种工作，预防烈性传染病的发生。做好《怀孕母猪免疫清单》记录工作。免疫前后注意防应激。

② 妊娠母猪的转出。妊娠母猪临产前 3~7 天转入产房，转猪前1 周内彻底做好体外驱虫工作，同时转猪当天要彻底冲洗消毒猪身，注意双腿的下方和腹部等卫生死角。

每批妊娠母猪转走后，空栏必须用清水彻底冲洗干净，不留死角；干后用消毒水消毒原猪舍，并要求空栏至少 1 小时才能调另一批妊娠母猪转入。

③ 每日工作安排（表 3–7）。

表 3–7 每日工作安排

时间	工作内容
7:30–8:00	观察猪群、治疗与处理
8:00–9:00	喂料、清理料槽、放水
9:00–10:30	清理卫生
10:30–11:30	其他工作
14:00–15:00	观察猪群、治疗与处理
15:30–17:00	冲洗猪栏、猪体，其他工作
17:00–17:30	喂料

④ 每周工作日程（表3-8）。

表3-8 每周工作日程

日期	工作内容
星期一	大清洁大消毒；淘汰猪鉴定；药品用具领用
星期二	更换消毒盆池液；整理返情、空怀母猪
星期三	免疫注射
星期四	大清洁大消毒；调整猪群；种猪淘汰鉴定
星期五	更换消毒盆池液；转出临产母猪
星期六	空栏冲洗消毒；计划下周领用物品
星期日	设备检查维修；周报表

⑤ 做好各种记录。及时填写《种猪死亡淘汰情况周报表》（表3-9）、《妊娠空怀及流产母猪情况周报表》（表3-10）、《怀孕母猪免疫清单》（表3-11）等表格。

表3-9 种猪死亡淘汰情况周报表

死淘日期	耳号	品种	公母	死亡原因	淘汰原因	去向

表3-10 妊娠空怀及流产母猪情况周报表

母猪耳号	配种日期	检定空怀日期	检定流产日期	目前状况

表3-11　怀孕母猪免疫清单

___猪场___年_月_日至___年_月_日应使用疫苗的怀孕母猪清单

疫苗名称：　使用规则：妊娠__天使用（对应配种日期：　）剂量：　头份

周次	头数	需执行防疫的母猪耳号

47. 母猪妊娠发情（假发情）怎么办?

母猪假发情指母猪配种后已怀孕，在下一个情期又出现发情表现。

（1）假发情和真发情的区别　① 假发情没有真发情明显，发情持续时间短，一两天就过去了。

② 进入圈内将母猪哄起，可见母猪的尾巴自然下垂或夹着尾巴走，而不是举尾摇摆。

③ 假发情的母猪不让公猪爬跨。

（2）假发情发生的原因

① 当妊娠初期母猪营养状况十分恶化时，如严重缺乏蛋白质、维生维 B_1、维生素 B 等营养物质时，肝脏对血液循环中的雌激素的破坏作用减弱，致使雌激素的含量在短时间内有所增加，在雌激素的作用下出现假发情现象。

② 气候多变，生殖器官的疾病，也是造成母猪内分泌紊乱出现假发情的因素。

（3）假发情的防制措施　加强母猪妊娠后期的营养，使母猪达到九成膘以上；加强母猪泌乳初期的营养，使母猪在仔猪断奶后保持中等膘情，进行短期优饲，改善母猪配种前后和妊娠初期的营养状况，这是预防假发情的根本措施。另外，预防和治疗母猪生殖道疾病，做好早春的防寒保温工作，多喂青绿多汁饲料，也是防止假发情的措施。

48. 妊娠母猪假妊娠怎么办?

猪配种后并未怀孕,但腹围一天天大起来,乳房也发育膨大,到"临产期"前后,有时乳房还能挤出奶水,但最后并不产仔,腹围和乳房慢慢收缩回去,这种现象就是假妊娠。

(1)引起母猪假妊娠的原因

① 由于胚胎早期死亡与吸收,而妊娠黄体不消失(持久黄体),致使孕酮继续分泌,好像妊娠仍在继续。

② 营养不良、气候多变,以及生殖器官疾病,造成母猪内分泌紊乱,致使发情母猪排卵后所形成的性周期黄体不能按时消失(持久黄体),孕酮继续分泌,抑制了垂体前叶分泌促滤泡成熟素,滤泡发育停滞,母猪发情周期延缓或停止。在孕酮的作用下,子宫内膜明显增生、肥厚,腺体的深度与扭曲度增加,子宫的收缩减弱,乳腺小叶发育。

(2)预防母猪假妊娠的措施

① 做好分阶段饲喂工作,防止母猪膘情过肥或过瘦。要尽可能供给青绿饲料,要注意维生素 E 的补充,添加亚硒酸钠维生素 E 粉,或将大麦浸捂发芽后,补饲母猪。

② 如果母猪是异常发情,不要急于配种,应采取针对性治疗措施。在自然状态下正常发情后,再进行配种。

③ 做好断奶母猪的"短期优饲"。刚断奶隔离的母猪,应强化断奶后的饲养管理,适量补充蛋白质饲料。每次断奶隔离后,都要进行一次驱虫、防疫。对于膘情特别别差的母猪,要在膘情得到有效恢复后,再进行配种。

④ 仔细观察母猪配种后的行为,发现假孕母猪及早采取措施,终止伪妊娠。

⑤ 预防生殖道疾病对卵巢功能造成影响,在母猪分娩后肌内注射青霉素,2 次 / 天,连续 3 天。

⑥ 有针对性地选择使用激素类药物催情,最好在自然发情状态下进行配种。

⑦ 配合应用药物治疗:肌内注射前列腺素 1~2 毫克,或肌内注

射甲基睾丸酮 1~2 毫克。

49. 妊娠母猪胚胎死亡怎么办？

母猪每个发情期排出的卵大约有 10% 不能受精，有 20%~30% 的受精卵在胚胎发育过程中死亡，出生仔猪数只占排卵数的 60% 左右。化胎、死胎、木乃伊胎和流产都是常见的胚胎死亡现象。

胚胎在妊娠早期死亡后被子宫吸收，称为化胎（隐性流产）。发生在妊娠中后期，胎儿死亡，但未排出，其组织中的水分和胎水被母体吸收，变为棕褐色，好像干尸一样，称为木乃伊胎；如胎儿死亡不久就在分娩时随活仔一起产出而胎儿未变化，称为死胎。流产是指胎儿或母体的生理过程发生紊乱，或它们之间的正常关系受到破坏，而使妊娠中断。

（1）胚胎死亡原因

① 配种时间不适宜。精子或卵子较弱，虽然能受精但受精卵的生活力低，容易早期死亡被母体吸收形成化胎。

② 高度近亲繁殖使胚胎生活力降低，形成死胎或畸形。

③ 母猪饲料营养不全，特别是缺乏蛋白质，维生素 A、维生素 D 和维生素 E，钙和磷等容易引起死胎。

④ 饲喂发霉变质、有毒有害、有刺激性的饲料。冬季喂冰冻饲料容易发生流产。

⑤ 过肥。母猪喂养过肥容易形成死胎。

⑥ 对母猪管理不当，如鞭打、急追猛赶，使母猪跨越壕沟或其他障碍，母猪相互咬架或进出窄小的猪圈门时互相拥挤等都可能造成母猪流产。

⑦ 某些疾病的影响，如猪瘟、伪狂犬病、乙型脑炎、细小病毒、高烧和蓝耳病等可引起死胎或流产。

（2）防止胚胎死亡的措施

① 妊娠母猪的饲料要好，营养要全。尤其应注意供给足量的蛋白质、维生素和矿物质。不要把母猪养的过肥。不要喂发霉变质、有毒有害、有刺激性和冰冻的饲料。

② 饲喂。妊娠后期可增加饲喂次数，每次给量不宜过多，避免

胃肠内容物过多而压挤胎儿。产前应给母猪减料。

③ 管理。防止母猪咬斗、跳跃和滑倒等，不能追赶或鞭打母猪，夏季防暑冬季保暖防冻。

④ 应有计划配种，防止近亲繁殖。要掌握好发情规律，做到适时配种。

⑤ 注意卫生，控制疾病。

⑥ 保胎。对妊娠母猪出现减食或不吃行动异常，阴户红肿并流出黏液，不时努责，可能会流产的母猪，应及时注射黄体酮 10~30 毫克，并内服镇静剂来保胎。

⑦ 人工流产。对已到达预产期有产仔表现、乳房膨胀且分泌乳汁，流产已难免或死胎已成木乃伊胎而残留在子宫内的母猪，可采取人工流产。方法是先注射雌二醇 4 毫克，6~8 小时后肌内注射催产素 3~6 毫克或地塞米松 200 毫克。

50. 如何设计产房？

产房可选用有窗户封闭式建筑，分设前后窗户，进行舍内采光、取暖和自然通风。窗户的大小因当地气候而异，寒冷地区应前大后小，还应降低房舍的净高，加吊顶棚。采用加厚墙或空心墙，以增加房舍的保温隔热效果。此外，产房可根据情况适当添加一些供暖、降温和通风等设备。产房供暖可采用暖风机、暖气和普通火炉等方式，其中暖风机既可供暖，又可进行正压通风，但使用成本较高。因此，对于众多的小规模饲养户来说，选用火炉取暖更为经济实用。在夏季十分炎热的地区，产房可采用雾化喷水装置与风机相结合、室外湿帘进行舍内防暑降温。

产房要为母猪及哺乳仔猪设置专门的高床产栏，产栏分为母猪限位区和仔猪活动区。母猪限位区设在产栏中间部位，是母猪生活、分娩和哺乳仔猪的地方。限位区的前部设前门、母猪饲料槽和饮水器，供母猪下床和饮食使用；后部设有后门，供母猪上产床、人工助产和清粪等使用。限位架通常用钢管制成，一般长 2.0~2.1 米、宽 0.60~0.65 米、高 0.9~1.0 米，用来限制母猪活动，并使母猪不会很快"放偏"倒下，而是缓慢地以腹部着地，伸出四肢再躺下。这给仔猪留有逃避受母猪踩压的机会，可有效防止仔猪被压死。仔猪活动区设在母猪限位区的两侧，配备有仔猪补料槽、饮水器和取暖保温装置（保温箱或保温伞）。高床产栏的底部可采用钢筋编织漏粪地板网，其离地面有一定高度，使母猪和仔猪脱离地面的潮湿和粪尿污染，有利于猪只健康，使仔猪断奶成活率显著提高。产栏可以是单列式或双列式，数量按繁殖母猪的规模和繁殖计划而定。如果哺乳期为 35 天，并进行全年均衡繁殖生产，每 20 头繁殖母猪需设置 5 个产栏。每列产栏的前后都要留出足够宽的走道，供母猪上下产栏、分娩接产和行走料车等。

51. 母猪舍生产设备配置主要有哪些?

（1）漏粪地板　母猪和仔猪之间巨大的体型差异对产栏地板的选择有很大影响。产房地板应该使仔猪和母猪感到舒适，没有摩擦，能提供好的立脚点，且对仔猪肢蹄和母猪乳房无损伤，同时易于保持圈内清洁、卫生，并有 1∶72 的落差，以便于排水。产床地板可以是实心的，也可是部分或全部漏粪地板，以便减少清理粪便所需劳力，并便于母猪尿液的排放。就部分或全部漏粪地板而言，为避免漏粪地板所产生的贼风，需要增加垫子来防止仔猪受凉。在全漏粪地板中，在保温区要求设有永久、舒适的地板或热垫。

无论采用全部或部分漏粪地板系统，聚丙烯塑料地板都要求持久耐用，并最大限度地满足母猪、仔猪的要求。三棱杆常用于全漏粪系统，而铸铁、焊接丝网、编织金属线和钻孔金属板常用于部分漏粪地板系统。所有这些地板都应至少有 10 毫米的间隙，以最大限度地保持清洁，并对仔猪肢蹄造成最小的伤害。表面平坦的材料有利于猪只的正常行走。

部分漏粪地板系统中，可以用纸、木屑、刨花做垫料，母猪和仔猪对这种系统的感觉较为舒适，而全漏粪地板系统也会获得优异的效果。部分漏粪地板系统的保温地板是在水泥地面（3∶1 的沙和水泥比例）下加层 30 毫米的聚苯乙烯泡沫或 150 毫米不含细矿粉的混凝土，为此需要高质量的木制模具。混凝土必须非常干燥，并达到所需的强度要求。

（2）饲喂、饮水设备　母猪料槽应合理占用产床面积，并成为圈栏的组成部分，以能容纳 5 升水的深口料槽最为理想。1 个易于固定在产栏长度约 5/8 处，小巧的仔猪料槽是必要的，要用易于清洁的材料制成。

必须随时供应清洁、新鲜饮水。安装鼻式饮水器。仔猪的咬式饮水器可促进其饮水，还可使仔猪学会使用断奶时会遇到的类似饮水器。

（3）照明设施　无论自然光或人造光，白天室内的照明强度都应保证能清楚地看到猪只。若使用，就能提供猪只进行正常生理活动的光线。但还应提供至少 50 勒克斯的光照，以便进行近距离的猪只检查和断奶时的清洁程序。应尽可能使用太阳光，在需要时才使用人工光源补充光照。

52. 如何推算母猪的预产期？

母猪从交配受孕日期至开始分娩，妊娠期一般为 108~123 天，平均大约 114 天。一般本地母猪妊娠期短，引进品种较长。正确推算母猪预产期，做好接产准备工作，对生产很重要。常用 3 个简便易记的方法推算母猪预产期。

（1）推算法　此法是常用的推算方法，从母猪交配受孕的月数和日数加 3 个月 3 周 3 天；即 3 个月为 30 天，3 周为 21 天，另加 3 天，正好是 114 天，即是妊娠母猪的预产大约日期。例如配种期为 12 月 20 日，12 月加 3 个月，20 日加 3 周 21 天，再加 3 天，20 日加 3 周 21 天，再加 3 天，则母猪分娩日期，即在 4 月 14 日前后。

（2）月减 8，日减 7 推算法　即从母猪交配受孕的月份减 8，交配受孕日期减 7，不分大月、小月、平月，平均每月按 30 日计算，答数即是母猪妊娠的大约分娩日期。用此法也较简便易记。例如，配种期 12 月 20 日，12 月减 8 个月为 4 月，再把配种日期 20 日减 7 是 13 日，所以母猪分娩日期大约在 4 月 13 日。

（3）月加 4，日减 8 推算法　即从母猪交配本受孕后的月份加 4，交配受孕日期减 8。其得出的数，就是母猪的大致预产日期。用这种方法推算月加 4，不分大月、小月和平月，但日减 8 要按大月、小月和平月计算。用此推算法要比推算法更为简便，可用于推算大群母猪的预产期。例如配种日期如 12 月 20 日，12 月加 4 为 4 月，20 日减 8 为 12，即母猪的妊娠日期大致在 4 月 12 日。使用上述推算法时，如月不够减，可借 1 年（即 12 个月），日不够减可借 1 个月（按 30 天计算）；如超过 30 天进 1 个月，超过 12 个月进 1 年。

53. 临产母猪转栏和分娩前应做好哪些准备?

（1）预产期报告　核对配种记录，做好预产期预告。

（2）产房准备　根据推算的母猪预产期，在母猪分娩前 5~10 天准备好产房（分娩舍）。产房要保温，舍内温度最好控制在 15~18℃。寒冷季节舍内温度较低时，应有采暖设备（暖气、火炉等），同时应配备仔猪的保温装置（护仔箱等）。应提前将垫草放入舍内，使其温度与舍温相同，要求垫草干燥、柔软、清洁，长短适中（10~15 厘米）。炎热季节应防暑降温和通风，若温度过高，通风不好，对母猪、仔猪均不利。舍内相对湿度最好控制在 65%~75%，若舍内潮湿，应注意通风，但在冬季应注意通风造成舍内温度的降低。母猪进入分娩舍前，要进行彻底的清扫、冲洗、消毒工作，清除过道、猪栏、运动场等的粪便、污物，地面、圈栏、用具等用 2% 火碱溶液刷洗消毒。然后用清水冲洗、晾干，墙壁、天棚等用石灰乳粉刷消毒，对于发生过仔猪下痢等疾病的猪栏更应彻底消毒。

（3）转栏与母猪清洁消毒　为使母猪适应新的环境，应在产前 3~5 天，选择早晨空腹前将母猪转入产房，转栏后立即饲喂。若进产房过晚，母猪精神紧张，影响正常分娩。在母猪进入产房前，应对猪体进行清洁或沐浴，清除猪体尤其是腹部、乳房、阴户周围的污物，并用高锰酸钾等擦洗消毒，以免带菌进入产房。

（4）准备分娩用具　应准备好必要的药品洁净的毛巾或拭布、剪刀、5% 碘酊、高锰酸钾溶液、凡士林油、称仔猪的秤及耳刺钳、分娩记录卡等。

54. 产前母猪应如何饲养管理?

产前母猪应视母猪体况投料，体况较好的母猪，产前 5~7 天应减少精料的 10%~20%，以后逐渐减料，到产前 1~2 天减至正常喂料量的 50%。但对体况较差的母猪不但不能减料，而且应增加一些营养丰富的饲料以利泌乳。在饲料的配合调制上，应停用干粗不易消化的饲料，而用一些易消化的饲料。在配合日粮的基础上，可应用一些青料，调制成稀料饲喂。产前可饲喂麸皮粥等轻泻性饲料，防止母猪便秘和乳房炎。产前 1 星期应停止驱赶运动和大群放牧，以免由于母猪间互相挤撞造成死胎或流产。饲养员应有意多接触母猪，并按摩母猪乳房，以利于母猪产后泌乳、接产和对仔猪的护理。对带伤乳头或其他可能影响泌乳的疾病应及时治疗，不能利用的乳头或带伤乳头应在产前封好或治好，以防母猪产后疼痛而拒绝哺乳。做好产前值班看护，尤其是夜间。

55. 母猪临产前都有哪些征兆？

母猪临产前在生理上和行为上都发生一系列变化，掌握这些变化规律既可防止漏产，又可合理安排时间。

在母猪分娩前 3 周，母猪腹部急剧膨大而下垂，乳房亦迅速发育，从后至前依次逐渐膨胀。至产前 3 天左右，乳房潮红加深，两侧乳头膨胀而外张，呈八字排开。猪乳房动、静脉分布多，产前 3 天左右，用手挤压，可以在中部两对乳头挤出少量清亮液体；产前 1 天，可以挤出 1~2 滴初乳；母猪生产前半天，可以从前部乳头挤出 1~2 滴初乳。如果能从后部乳头挤出 1~2 滴初乳，而能在中、前部乳头挤出更多的初乳，则表示在 6 个小时左右即将分娩。等最后一对奶头能挤出呈线状的奶，为即将产仔。

母猪分娩前 3~5 天，母猪外阴部开始发生变化，其阴唇逐渐柔软、肿胀增大，皱褶逐渐消失，阴户充血而发红，与此同时，骨盆韧带松弛变软，有的母猪尾根两侧塌陷。母猪生产临产前，子宫栓塞软化，从阴道流出。在行为上母猪表现出不安静，时起时卧，在圈内来回走动，但其行动缓慢谨慎，待到出现衔草做窝、起卧频繁、频频排尿等行为时，分娩即将在数小时内发生。

母猪临产前 10~90 分钟，躺下、四肢伸直、阵缩间隔时间逐渐缩短；临产前 6~12 小时，常出现衔草作窝，无草可叼窝时，也会用嘴拱地，前蹄扒地呈作窝状，母猪紧张不安，时起时卧，突然停食，频频排粪尿，且短软量少，当阴部流出稀薄的带血黏液时，说明母猪已"破水"，即将在 10~20 分钟产仔。在生产实践中，常以母猪叼草作窝，最后一对乳头挤出浓稠的乳汁并呈线状射出作为判断母猪即将产仔的主要征状。

母猪的临产征兆与产仔时间见表 3-12。

表 3-12 母猪临产征兆与产仔时间

产前表现	距产仔时间
乳房潮红加深，两侧乳头膨胀而外张，呈八字排开	3 天左右
阴户红肿。尾根两侧下陷（塌胯）	3~5 天
挤出乳汁（乳汁透亮）	1~2 天（从前排乳头开始）
衔草做窝	6~12 小时
能从后部乳头挤出 1~2 滴初乳，中、前部乳头挤出更多的初乳	6 小时
能在最后一对奶头挤出呈线状的奶	临产
躺下、四肢伸直、阵缩间隔时间逐渐缩短	10~90 分钟
阴户流出稀薄的带血黏液	1~20 分钟

56. 母猪的分娩过程有什么规律？

临近分娩前，肌肉的伸缩性蛋白质即肌动球蛋白，开始增加数量和改进质量，使子宫能够提供排出胎儿所必需的能量和蛋白质。准备阶段以子宫颈的扩张和子宫纵肌及环肌的节律性收缩为特征。由于这些收缩的开始，迫使胎内羊水液和胎膜推向已松弛的子宫颈，促进子宫颈扩张。在准备阶段初期，以每 15 分钟周期性地发生收缩，每次持续约 20 秒钟，随着时间的推移，收缩频率、强度和持续时间增加，一直到以每隔几分钟重复地收缩。这时任何异常的刺激都会造成分娩的抑制，从而延缓或阻碍分娩。在此阶段结束时，由于子宫颈扩张而使子宫和阴道成为相连续的管道。

膨大的羊膜同胎儿头和四肢部分被迫进入骨盆入口，这时引起横眼膜和腹肌的反射性及随意性收缩，在羊膜里的胎儿即通过阴门。猪的胎盘与子宫的结合是属弥散性的，在准备阶段开始后不久，大部分胎盘与子宫的联系就被破坏而脱离。如果在排出胎儿阶段，胎盘与子宫的联系仍然不能很快脱离，胎儿就会因窒息而死亡。胎盘的排出与子宫收缩有关。由于子宫角顶部开始的蠕动性收缩引起尿囊绒毛膜的内翻，有助于胎盘的排出。在胎儿排出后，母猪即安静下来，在子宫主动收缩下使胎衣排出。一般正常的分娩间歇时间为 5~25 分钟，分娩持续时间依胎儿多少而有所不同，一般为 1~4 小时。在仔猪全部产出后 10~30 分钟胎盘便排出。胎儿和胎盘排出以后，子宫恢复到正常未妊娠时的大小，这个过程称为子宫复原。在产后几星期内子宫的收缩更为频繁，这些收缩的作用是缩短已延伸的子宫肌细胞。大致在 45 天以后，子宫恢复到正常大小，而且已更换子宫上皮。

57. 怎样给母猪接产？

接产员最好有饲养该母猪的饲养员担任。

（1）接产要求

① 产房必须安静，不得大声吵嚷和喧哗，以免惊扰母猪正常分娩。

② 接产动作要求稳、准、轻、快。

③ 消毒。0.1% 高锰酸钾溶液消毒外阴、乳房、后躯。

母猪产仔时多数为侧卧，当见到母猪腹部努责，全身发抖，阴户流出羊水，两后腿伸直，尾巴向上翘时，即会产出仔猪。在分娩顺利时，基本每隔 15~20 分钟就产出 1 头仔猪，仔猪出生时，以头部先出来为多数，约占总产仔数的 60%；臀部先出来的约占总产仔猪数的 40%，这两种胎位均属正常。

（2）接产

① 铺好麻包。

② 待母猪尾根上举时，则仔猪即将分娩出。可人工辅助娩出。

③ 一破三擦。胎儿落草后，应尽快地破开仔猪表面的膜，擦净仔猪口、鼻、全身的黏液，以防误咽。

④ 断脐。在距离仔猪腹壁 4~5 厘米处，用右手先将脐带内的血液向仔猪腹部方向挤压，然后用力捏一会儿脐带，再用已消毒的拇指

158

指甲将脐带掐断，这样其断口为不整齐断口，有利于止血。

⑤ 烤干。放入产仔箱内烤干。

⑥ 吃初乳。必须确保出生的仔猪能在 6 小时内吃上初乳。研究表明：初乳中，分娩后的 3 小时，免疫球蛋白下降 30%；6~7 小时，下降 50%；12 小时，下降 70%；24 小时，只有初始浓度的 10%。对于新生仔猪来说，必须吸收这些特殊的抗体蛋白，以提供对各种细菌的防御，比如大肠杆菌，新生仔猪吮吸不到足够的初乳会降低其成活的可能性，影响后期的生长均匀度。

初乳除了能提供大量的母源抗体（母源蛋白）外，还富含能量，提供热量。降低了因体表面积比过小，散热大，减少了分解肝糖原的可能，提升仔猪的活力，为后期生长均匀奠定基础。

不论是免疫蛋白还是初乳里的能量物质，仅仅能在产后 18~24 小时内被吸收。研究表明：仔猪出生 24 小时后空肠的上皮细胞通路关闭。为了生存下来，必须保证有足够的初乳被小猪吸收，成功的哺乳管理应保证产后 6 小时内所有小猪都吃到初乳。

烤干后，将仔猪送到母猪腹下吃初乳（3 小时内，这时仔猪吸收初乳中的抗体效果最好）。在喂仔猪初乳前，用 1% 的高锰酸钾水溶液擦洗母猪乳房乳头。

大部分健康猪场在出生后会主动寻找母猪的乳头，而一些身体弱、活力差的仔猪不知道寻找乳头，需要给予人工辅助，使仔猪尽早地获得热源基质和免疫力。

58. 母猪难产应如何处理?

母猪在生产的过程中，发生难产是难以避免，如果处理不当易造成母仔死亡的严重后果。母猪从第一头仔猪产出到胎衣排出，整个产程持续时间 2~4 小时，产仔间隔时间一般为 10~15 分钟。由于各种原因致使分娩进程受阻称为难产。准确判断母猪是否难产，直接关系到母仔是否健康，这是进行助产急救的重要前提。

（1）难产判断方法　分娩过程中，出现产仔间隔时间变长并且多次努责，母猪激烈阵缩，仍产不出仔猪。此时母猪呼吸急促，心跳加快，烦躁紧张，可视黏膜发绀等。如果羊水流出超过 30 分钟，母猪不安或疲劳，精神不振，呼吸加快，就应视为母猪难产，应采取助产处理。

（2）母猪难产的处理原则　母猪在生产时必须有专人看守，当发生难产时采取不同的助产措施，以减少因难产造成的经济损失。助产中要做好"查、变、摩、踩、拉、摸、注、牵、用、输"助产十字方针。

① 查。即检查难产母猪骨盆腔与产道是否异常，如骨盆狭窄、宫颈狭窄，仔猪无法经过产道就应采取剖宫产。

② 变。即看到母猪分娩间隔超过 30 分钟时，把母猪赶起来，变换一下体位，可以帮助胎位不正时体位的纠正。

③ 摩。即分娩时，人可以给母猪乳房按摩，也可以让刚生下的仔猪去吸吮母猪乳房也达到自然按摩效果。这样有利于没产出的小猪快速顺利产出。

④ 按。摸母猪软腰处下方的肚子里是否有未产的仔猪。如肚内有未产的仔猪，会感到有明显凹凸不平，稍用力压时有可移动的硬物。当看到胎儿按压鼓起时，可顺势按在鼓起的部位，有利于胎儿产出。

⑤ 拉。当看到母猪努责阵缩微弱，无力排出胎儿，看到胎儿部分露出阴门时，及时拉出胎儿，节省母猪分娩时体力消耗。（建议：一定避免手伸到产道里面去拉，以免增加感染的机会。）

⑥ 摸。当助产人员将手伸入产道，若摸到直肠中充满粪球压到产道，可用矿物油或肥皂水软化粪球便于粪便排出；若摸到膀胱积尿而过多挤压产道，可用手指肚轻压膀胱壁，促进排尿；或强迫驱赶该母猪起立运动，促其排尿。

⑦ 注。对母猪羊水过早排出的，如果胎儿过大，产道狭窄干燥，易引起难产，可向产道注入干净食用的植物油等大量润滑剂，助产人员将消毒过的手伸入产道随着母猪阵缩，缓缓地将胎儿掏出。

⑧ 牵。若有仔猪到达骨盆腔入口处或已入产道，在感觉其大小、姿势、位置等情况下应立即行牵引术。

⑨ 掏。若注射催产素助产失败或确诊为产道异常、胎位不正，实施手掏术。产仔无力，应及时掏出胎儿。

术者首先要认真剪磨指甲，用3%来苏儿消毒手臂，并涂上液体石蜡或肥皂，蹲在高床网上产仔栏后面或侧卧在母猪臀后（平面产仔）。手成锥状于母猪努责间隙，慢慢地伸入母猪产道（先向斜上后直入），即可抓住胎儿适当部位（如下颌、腿等），再随母猪努责，慢慢将仔猪拉出。不要拉得过快以免损伤产道。掏出1头仔猪后，可能转为正常分娩，不要再掏了。如果实属母猪子宫收缩乏力，可全部掏出。做过手掏术的母猪，均应抗炎预防治疗5~7天，以免产后感染，影响将来的发情、配种和妊娠。

⑩ 输。猪的死胎往往发生在最后分娩的几个胎儿，在产出后期，若发现仍有胎儿未产出而排出滞缓时，最好用药物催产如缩宫素。

在助产过程中，要尽量防止损伤和感染产道。助产后应当给母猪注射抗菌药物，以防感染。输液的方案，第一瓶：0.9%生理盐水500毫升＋头孢噻呋（每千克体重5毫克）＋鱼腥草注射液（每千克体重0.1毫升）；第二瓶：5%葡萄糖500毫升＋维生素C（1次量500毫克）＋维生素B_1（1次量50毫克）。

实在没有办法的情况下，可以使用剖宫产。

需要注意的是，生产母猪处于产道阻塞、胎位不正、骨盆狭窄及子宫颈尚未开放时，禁用于催产。有些人想使母猪快速产仔，在母猪子宫颈刚刚张开就大剂量静注缩宫素，这样会适得其反。子宫强烈收缩，羊水大量流出，造成产道干燥，仔猪不易产出，严重的还会挤断仔猪脐带，导致仔猪死亡，另外，还也容易造成初乳大量外流，这对仔猪可是最大的浪费，因为初乳中含有大量母源抗体、对增强仔猪抵抗力，减少疾病发生是任何东西都不可以替代的。

59. 假死的仔猪怎样急救？

有的仔猪出生后全身发软，奄奄一息，甚至停止呼吸，但心脏仍在微弱跳动（用手压脐带根部可摸到脉搏），此种情况称为仔猪假死。如不及时抢救或抢救方法不当，仔猪就会由假死变为真死。

急救前应先把仔猪口鼻腔内的黏液与羊水用力甩出或抒出，并用消毒纱布或毛巾擦拭口、鼻，擦干躯体。急救的方法有以下几种。

① 立即用手捂住仔猪的鼻、嘴，另一只手捂住肛门并捏住脐带。

当仔猪深感呼吸困难而挣扎时，触动一下仔猪的嘴巴，以促进其深呼吸。反复几次，仔猪就可复活。

② 仔猪放在垫草上，用手伸屈两前肢或后两肢，反复进行，促其呼吸成活。

③ 仔猪四肢朝上，一手托肩背部，一手托臀部，两手配合一屈一伸猪体，反复进行，直到仔猪叫出声为止。

④ 倒提仔猪后腿，并抖动其躯体，用手连续轻拍其胸部或背部，直至仔猪出现呼吸。

⑤ 用胶管或塑料管向仔猪鼻孔内或口内吹气，促其呼吸。

⑥ 往仔猪鼻子上擦点酒精或氨水，或用针刺其鼻部和腿部，刺激其呼吸。

⑦ 将仔猪放在40℃温水中，露出耳、口、鼻、眼，5分钟后取出，擦干水气，使其慢慢苏醒成活。

⑧ 将仔猪放在软草上，脐带保留20~30厘米长，一手捏紧脐带末端，另一只手从脐带末端向脐部捋动，每秒钟捋1次。连续进行30余次时，假死猪就会出现深呼吸；捋至40余次时，即发出叫声，直到呼吸正常。一般捋脐50~70次就可以救活仔猪。

⑨ 一只手捏住假死仔猪的后颈部，另一只手按摩其胸部，直到其复活。

⑩ 如仔猪因短期内缺氧，呈软面团的假死状态，应用力擦动体躯两侧和全身，促进仔猪血液循环而成活。

60. 怎样加强母猪的产后护理?

（1）分娩结束后处理

① 检查胎衣排出情况。母猪产仔结束后，要注意检查胎衣是否完全排出，当胎衣排出困难时，可给母猪注射一定量的催产素。及时将胎衣、脐带和被污染了的垫草撤走，换上新的备用垫草。

② 清洗。用温水将母猪外阴、后躯、腹下及乳头擦洗干净。

（2）母猪产后的饲养

① 母猪产后不能立即饮喂。分娩时体力消耗很大，体液损失多，母猪表现出疲劳和口渴，因此，在产后2~3小时，要准备足够

的、温热的 1% 盐水，供母猪饮用，也可以喂些温热的略带盐味的麦麸汤。

② 基本原则。母猪产后要遵循逐步增加饲喂量的基本原则。

母猪分娩后 8 小时内不宜喂料，第 2 天早上给少量流食。如果母猪消化能力恢复得好，仔猪又多，2 天后可将喂量逐渐增加 0.5 千克左右；以后，待到产后 5~7 天后可逐渐达到标准。

（3）母猪分娩后的管理

① 在安排好仔猪吃初乳的前提下，让母猪有足够的休息。

② 及时清理污染物和胎衣。

③ 密切关注母猪变化，如体温、呼吸、心跳、皮肤黏膜颜色、产道分泌物、乳房、采食、粪尿等，如有异常应及时处理。

61. 怎样加强产房内的环境管理?

产房对环境的总体要求是：温暖干燥、清洁卫生、舒适安静、空气新鲜。为此，要做好以下工作。

（1）卫生管理　产房是整个猪场中最干净的区域，环境控制非常重要。良好的环境可以减少饲料消耗，提高整个猪群的健康水平，充分发挥生产力。

产房的猪全部转出后，首先彻底清理猪舍及地下粪沟。然后用清水把猪舍的、屋顶、墙壁、门窗、产床、饲槽、保温箱等一切饲养设备设施，所有地面和地下粪沟冲洗干净。凉干后用 2% 的火碱水喷洒消毒，3 天后用清水冲洗、晾干，再用其他消毒药消毒，再冲洗、晾干。然后封闭，用福尔马林和高锰酸钾熏蒸消毒，3 天后开窗放气 3~4 天，方可进猪。

（2）温度管理　温度和采食量的关系很重要。空气的流速是影响猪的舒适度的主要因素，当温度足够时，猪栏内的气流能使小猪发生寒抖，也是造成 10~14 日龄猪下痢的主要原因。刚出生后的 24 小时，仔猪喜欢躺卧在母猪的乳头附近睡觉，然后它们才会学会找温暖的地方并转移过去，所以要在母猪附近放置保温垫，但保温垫不能太过靠近母猪，否则仔猪很容易被母猪压到。夏天高温天气，仔猪喜欢躺卧在相对凉快的地方，不舒服或者过热、过潮湿的地方便成了其大小便的地方。

① 分娩时保温方案。刚出生的 20~30 分钟是最关键的时候，最好是在母猪后方安装保温灯，以免分娩时温度过低，同时乳头附近的上方也需要保温灯和大量的纸屑，母猪后方没有分娩时不放置纸屑，可以先放置在后边的两侧，以免粪尿将其污染。

尽量保持舍内恒温，需要变化温度时一定缓和进行，切忌温度骤变。在保温箱中加红外线灯等保温设备，给乳猪创造一个局部温暖环境。母猪进入产房未分娩时舍内保持 20℃；母猪分娩当周保持舍内25℃，保温箱内 35℃；乳猪 2 周龄保持舍内 23℃，保温箱内 32℃；乳猪 3 周龄保持舍内 21℃、保温箱内 28℃；乳猪 4 周龄保持舍内20℃、保温箱内 26℃。推荐的最佳温度见表 3-13。

表 3-13　仔猪和母猪的最佳参考温度

猪类别	年龄	最佳温度（℃）	推荐的适宜温度（℃）
仔猪	初生几小时	34~35	32
	1 周内	32~35	1~3 日龄 30~32
			4~7 日龄 28~30
	2 周	27~29	25~28
	3~4 周	25~27	24~26
母猪	后备及妊娠母猪	18~21	18~21
	分娩后 1~3 天	24~25	24~25
	分娩后 4~10 天	21~22	24~25
	分娩 10 天后	20	21~23

因为仔猪在子宫里的温度是 39℃，所以要保证初生猪的实感温度是 37℃。在此要强调的是实感温度，所以如果温度计实测温度是37℃，加上其他保温工具，可能要高于 37℃。不同垫料的实感温度大致是：木屑（5℃）、纸屑（4℃）、稻草（2℃）、锯末（0~1℃）、水泥地板（0~1℃），所以实感温度可以由室温（22℃）、保温灯 + 保温垫（10℃）、塑料地板（1℃）、纸屑（4℃）组成，实感温度等于37℃。

② 保温灯的放置。分娩前 1 天，室温保持 18~22℃；分娩区准

备，打开保温灯；分娩时，打开后方保温灯；分娩结束，将后方保温灯关闭；分娩后 1~2 天，移除后方保温灯。

③ 第 1 天的温度管理。大多数农场只有一个保温灯，母猪有时候左侧卧、有时右侧卧，所以在出生前几个小时仔猪只有 50% 的保温时间，而这段时间是仔猪保温关键时间。出生 24 小时保温灯最好置于保温垫对面，让仔猪无论在哪一边都有热源保障。

④ 2~3 日龄的保温方案。这时候的仔猪已经可以自己找到舒适的地方，对低温不会太过敏感，可以撤掉保温垫对面的保温灯，也可以选择两个产床共用一个保温灯，直至仔猪 1 周龄。

⑤ 光源管理。光也会让母猪感觉不舒服，可以用块挡板来给母猪遮挡光源。仔猪也不喜欢光线太强的地方，但猪对光敏感，喜欢红色，所以可以考虑红色光线的保温灯。

62. 如何判断产房温度过高？

（1）看母猪的表现　① 母猪试图玩水；② 频繁转身改变体位或者过多饮水时。

（2）看躺卧姿势　① 胸部着地不是侧卧，检查地面是否过湿；② 乳房炎多发，甚至分娩前就发现。

注意：有的认为产房内有了保温灯、保温箱等保温设施便万事大吉，但要根据仔猪实际休息状态和睡姿来判断温度是否合适，如小猪打堆、跪卧、蜷卧便是温度过低，小猪四肢摊开侧卧排排睡才是正常温度，但要注意过于分散的四肢摊开侧卧睡姿有可能是温度过高。

63. 如何控制产房内的湿度、空气质量和噪音？

（1）湿度控制　保持产房内干燥、通风。因高温高湿、低温高湿都有利于病原体繁殖，诱发乳猪下痢等疾病。高温高湿可用负压通风去湿，低温高湿可用暖风机控制湿度。相对湿度保持在 65%~70% 为宜。

（2）空气质量控制　要求猪舍空气新鲜、少氨味、异味。有害气体（CO_2、NH_3、H_2S）浓度过高时，会降低猪本身的免疫力，影响猪的正常生长，长时间有害气体加上猪舍中的尘埃，容易使猪感染呼吸道及消化道疾病。要减少猪舍内有害气体，首先要及时将粪尿清除，其次用风机换气。

（3）噪声控制　母猪分娩前后保持舍内安静，可避免母猪突然性起卧压死乳猪，同时有利于顺产。据国外资料介绍，噪音性的应激可诱发应激综合征和伪狂犬疾病的发生。

另外，要做好产房夏季降温与除湿，冬季保温与通风的协调兼顾。

64．母猪乳房构造有什么特点？

猪是多胎动物，母猪一般乳头有 6 对以上，沿腹线两侧纵向排列。乳腺以分泌管的形式通向乳头，中前部的乳头绝大多数有 2~3 个分泌管，而后部乳头绝大多数只有 1 个分泌管，有些猪最后 1 对乳头的乳腺管发育不全或没有乳腺管。由于每个乳头内乳腺管数目不同，各个乳头的泌乳量不完全一致。猪的乳腺在机能上都完全独立，与相邻部分并无联系。

母猪乳房的构造与牛、羊等其他家畜不同。牛、羊乳房都有蓄乳池，而猪乳房蓄乳池则极不发达，不能蓄积乳汁，所以小猪不能随时吸吮乳汁。只有在母猪"放乳"时才能吃到奶。

猪乳腺的基本结构是在 2 岁以前发育成熟的。再次发育主要发生在泌乳期，只有被仔猪哺用的乳头，其乳腺才会得以充分发育。对初产母猪来说，其乳头的充分利用至关重要。如果初产母猪产仔数过少，有些乳头未被利用，这部分乳头的乳腺则发育不充分，甚至停止活动。因此，要设法使所有的乳头常被仔猪哺用（如采取并窝、代哺，或训练本窝部分仔猪同时哺用两个乳头等措施），才有可能提高和保持母猪一生的泌乳力。

65．母猪有哪些泌乳规律？

由于母猪乳房结构上的特点，母猪泌乳具有明显的定时"循环放乳"规律。

（1）泌乳行为　当仔猪饥饿需求母乳时，它们就会不停地用鼻子摩擦揉弄母猪的乳房，经过 2~5 分钟后，母猪开始频繁地发出有节奏的"吭、吭"声，标志着乳头开始分泌乳汁，这就是通常所说的放乳。此时仔猪立即停止摩擦乳房，并开始吮乳。母猪每次放乳的持续期非常短（最长1分钟左右，通常20秒左右）。一昼夜放乳的次数随分娩后天数的增加而逐渐减少。产后最初几天内，放乳间隔时间约50分钟，昼夜放乳次数为24~25次；产后3周左右，放乳间隔时间约1小时以上，昼夜放乳次数为10~12次。而每次放乳持续的时间，则在3周内从20秒逐渐减少为10多秒后保持基本恒定。

（2）泌乳量　母猪的泌乳量依品种、窝仔数、母猪胎龄、泌乳阶段、饲料营养等因素而变动。每个胎次泌乳量也不同，通常以第3胎最高，以后则逐渐下降。以较高营养水平饲养的长白猪为例：60天泌乳期内泌乳量约600千克，在此期间，产后1~10天平均日泌乳量为8.5千克、11~20天为12.5千克、21~30天为14.5千克（泌乳高峰期）、31~40天为12.5千克、41~50天为8千克、51~60天为5千克。

不同的乳头泌乳量不同，一般前面2对乳头泌乳量较多，中部乳头次之，最后2对最少。

每天泌乳量不平衡。母猪整个泌乳期内的泌乳总量为250~400千克，日平均4~8千克。但每天泌乳量不同，且呈规律性变化。一般是产后3~4周时达高峰期，以后泌乳量下降。第1个月的泌乳量占全期泌乳量的60%~65%。

在整个泌乳期内，各阶段的泌乳量也不一致。母猪泌乳量一般在产后10天左右上升最快，21天左右达到高峰，以后开始逐渐下降。所以，一般营养水平的仔猪早期断奶日龄不宜早于21日龄。

（3）乳汁成分　母猪乳汁成分随品种、日粮、胎次、母猪体况等因素有很大差异。

猪乳分为初乳和常乳两种。初乳是母猪产仔3天之内所分泌的乳，主要是产仔后12小时之内的乳。常乳是母猪产仔3天后所分泌的乳。初乳和常乳成分不相同（表3-14）。

同一头母猪的初乳和常乳的成分比较，初乳含水分低，含干物质高。初乳蛋白质含量比常乳含量高。初乳中脂肪和乳糖的含量均比常乳低。初乳中还含有大量抗体和维生素，这可保证仔猪有较强的抗病力和良好的生长发育。由此可见，初乳完全适应刚出生仔猪生长发育快、消化能力低、抗病力差等特点。

表 3-14　初乳和常乳的成分

	水分	总蛋白	脂肪	乳糖	免疫球蛋白（毫克 / 毫升血液）			白蛋白
					G	A	H	
初乳	73.5	19.3	4.0	2.2	64.2*	15.6*	6.7	13.8*
常乳	81.1	5.8	7.3	4.3	3.5**	5.5**	2.3**	4.9**

注：* 分娩后 12 小时平均值；** 分娩后 72 小时平均值。免疫球蛋白项目的数据仅供参考，因为其含量受各种因素影响而变化幅度很大。这些数据旨在说明初乳中免疫球蛋白的含量大大高于常乳中的含量，且其含量迅速降低

66. 影响母猪泌乳量的因素有哪些？

（1）饮水　母猪乳中含水量为 81%~83%，每天需要较多的饮水，若供水不足或不供水，都会影响猪的泌乳量，常使乳汁变浓，含脂量增多。

（2）饲料　多喂些青绿多汁饲料，有利于提高母猪的泌乳力。另外，饲喂次数、饲料优劣对母猪的泌乳量也有影响。

（3）年龄与胎次　一般情况下，第 1 胎的泌乳量较低，以后逐渐上升，4~5 胎后逐渐下降。

（4）个体大小　"母大仔肥"，一般体重大的母猪泌乳量要多。因体重大的母猪失重较多，这是用于泌乳的需要。

（5）分娩季节　春秋两季，天气温和凉爽，母猪食欲旺盛，其泌乳量也多；冬季严寒，母猪消耗体热多，泌乳量也少。

（6）母猪发情　母猪在泌乳期间发情，常影响泌乳的质量和数量，同时易引起仔猪的白痢病，泌乳量较高的母猪，泌乳会抑制发情。

（7）品种　母猪品种不同，泌乳量也有差异。一般二杂母猪的泌乳量较纯种母猪和土杂猪的泌乳量要高。

（8）疾病　泌乳期母猪若患病，如感冒、乳房炎、肺炎等疾病，

可使泌乳量下降。

67. 哺乳母猪的营养需要有什么特点？

（1）能量 泌乳母猪昼夜泌乳，随乳汁排出大量干物质，这些干物质含有较多的能量，如果不及时补充，一则会降低泌乳母猪的泌乳量；二则会使得泌乳母猪由于过度泌乳而消瘦，体质受到损害。为了使泌乳母猪在 4~5 周的泌乳期内体重损失控制在 10~14 千克范围内，一般体重 175 千克左右带仔 10~12 头的泌乳母猪，日粮中消化能的浓度为 14.2 兆焦 / 千克，其日粮量为 5.5~6.5 千克，每日饲喂 4 次左右，以生湿料喂饲效果较好。如果夏季气候炎热，母猪食欲下降时，可在日粮中添加 3%~5% 的动物脂肪或植物油；另外，冬季有些场家舍内温度达不到 15~20℃，母猪体能损失过多时，一种方法是增加日粮给量，另一种方法是向日粮中添加 3%~5% 的脂肪。如果母猪日粮能量浓度低或泌乳母猪吃不饱，母猪表现不安，容易踩压仔猪时，建议母猪产仔第 4 天起自由采食。上述方法有利于泌乳和将来发情配种。

（2）蛋白质 泌乳母猪日粮中蛋白质数量和质量直接影响着母猪的泌乳量。生产实践中发现，当母猪日粮蛋白质水平低于 12% 时，母猪泌乳量显著降低，仔猪容易下痢且母猪断奶后体重损失过多，最终影响再次发情配种。因此，日粮中粗蛋白质水平一般应控制在 16.3%~19.2% 较为适宜。在考虑蛋白质数量的同时，还要注意蛋白质的质量，特别是氨基酸组成及含量问题。

① 蛋白质饲料的选用。如果选用动物性蛋白质饲料提倡使用进口鱼粉，一般使用比例为 5% 左右；植物性蛋白质饲料首选豆粕，其次是其他杂粕。值得指出的是，棉粕、菜粕在去毒、减毒不彻底的情况下不要使用，以免造成母猪蓄积性中毒，影响以后的繁殖利用。

② 限制性氨基酸的供给。在以玉米 - 豆粕 - 麦麸型的日粮中，赖氨酸作为第一限制性氨基酸，如果供给不足将会导致母猪泌乳量下降、失重过多等后果。因此，应充分保证泌乳母猪对必需氨基酸的需要，特别是限制性氨基酸更应给予满足。实际生产中，多用含必需氨基酸较丰富的动物性蛋白质饲料，来提高饲粮中蛋白质质量，也可以

使用氨基酸添加剂达到需要量，其中赖氨酸水平应在0.75%左右。

（3）矿物质和维生素　日粮中矿物质和维生素含量不仅影响着母猪泌乳量，而且也影响着母猪和仔猪的健康。

①矿物质的供应。在矿物质中，如果钙磷缺乏或钙磷比例不当，会使母猪的泌乳量降低。有些高产母猪也会在过度泌乳、日粮中又没有及时供给钙磷的情况下，动用体内骨骼中的钙和磷而引起瘫痪或骨折，使得高产母猪利用年限降低。泌乳母猪日粮中的钙一般为0.75%左右、总磷为0.60%左右、有效磷为0.35%左右、食盐为0.4%~0.5%。钙磷一般常使用磷酸氢钙、石粉等来满足需要。现代养猪生产，母猪生产水平较高，并且处于封闭饲养条件下，其他矿物质和维生素也应该注意添加。

②维生素的供应。哺乳仔猪生长发育所需要的各种维生素均来源于母乳，而母乳中的维生素又来源于饲料。因此，母猪日粮中的维生素应充足。饲养标准中的维生素推荐量只是最低需要量，现在封闭式饲养，泌乳母猪的生产水平又较高，基础日粮中的维生素含量已不能满足泌乳的需要，必须靠添加来满足，实际生产中的添加剂量往往高于标准。特别是维生素A、维生素D、维生素E、维生素B_2、维生素B_5、维生素B_{12}、泛酸等应是标准的几倍。一些维生素缺乏症，有时不一定在泌乳期得以表现，而是影响以后的繁殖性能，为了使母猪继续使用，在泌乳期间必须给予充分满足。

68. 哺乳母猪的饲养要注意什么？

（1）饲料喂量要得当　母猪分娩的当天不喂料或适当少喂些混合饲料，但喂量必须逐渐增加，切不可一次喂很多，骤然增加喂量，对母猪消化吸收不利，会减少泌乳量。母猪产后发烧原因之一，往往是由于突然增加饲料喂量所致。为了提高泌乳量，一般都采用加喂蛋白质饲料和青绿多汁饲料的办法。但蛋白质水平过高，会引起母猪酸中毒。故必须多喂含钙质丰富的补充饲料，再加喂些鱼粉、肉骨粉等动物性饲料，可以显著地提高泌乳量。

哺乳母猪应按带仔多少，随之增减喂料量，一般都按每多带1头仔猪，在母猪维持需要基础上加喂0.35千克饲料，母猪维持需要按每 100 千克重喂 1.1 千克料计算，才能满足需要。如 120 千克的母猪，带仔 10 头，则每天平均喂 4.8 千克料。如带仔 5 头，则每天喂 3.1 千克料。

（2）饲喂优质的饲料　发霉、变质的饲料，绝对不能饲喂哺乳母猪，否则会引起母猪严重中毒，还能使乳汁变质，引起仔猪拉稀或死亡。为了防止母猪发生乳房炎，在仔猪断奶前 3~5 天减少饲料喂量，促使母猪回奶。仔猪断奶后 2~3 天，不要急于给母猪加料，等乳房出现皱褶后，说明已回奶，再逐渐加料，以促进母猪早发情、配种。

（3）保证充足的饮水　猪乳中水分含量为 80% 左右，泌乳母猪饮水不足，将会使其采食量减少和泌乳量下降，严重时会出现体内氮、钠、钾等元素紊乱，诱发其他疾病。1 头泌乳母猪每日饮水为日粮重量的 4~5 倍。在保证数量的同时要注意卫生和清洁。饮水方式最好使用自动饮水器，水流量至少 250 毫升 / 分钟，安装高度为母猪肩高加 5 厘米（一般为 55~65 厘米），以母猪稍抬头就能喝到水为好。如果没有自动饮水装置，应设立饮水槽，保证饮水卫生清洁。严禁饮用不符合卫生标准的水。

69. 怎样进行哺乳母猪乳房检查与管理？

（1）乳房检查与管理　对哺乳母猪，应每天定时认真检查母猪乳房，观察仔猪吃奶行为和母仔关系，判断乳房是否正常。同时用手触摸乳房，检查有无红肿、结块、损伤等异常情况。如果母猪不让仔猪吸乳，伏地而躺，有时母猪还会咬仔猪，仔猪则围着母猪发出阵阵叫奶声，母猪的一个或数个乳房乳头红肿、潮红，触之有热痛感表现，甚至乳房脓肿或溃疡，伴有体温升高、食欲不振、精神委顿现象，说明发生了乳房炎。此时，应用温热毛尖按摩后，再涂抹活血化瘀的外用药物，每次持续按摩 15 分钟，并采用抗生素治疗。

① 轻度肿胀时，用温热的毛巾按摩，每次持续 10~15 分钟，同时肌内注射蒽诺沙星或阿莫西林等药物治疗。

② 较严重时，应隔离仔猪，挤出患病乳腺的乳汁，局部涂擦 10% 鱼石脂软膏（碘 1 克、碘化钾 3 克、凡士林 100 克）或樟脑油等。对乳房基部，用 0.5% 盐酸普鲁卡因 50~100 毫升加入青霉素 40

万~80万单位进行局部封闭。有硬结时进行按摩、温敷，涂以软膏。静脉注射广谱抗生素，如阿莫西林等。

③ 发生肿胀时，要采取手术切开排脓治疗；如发生坏死，切除处理。

（2）有效预防母猪乳头损伤

① 由于仔猪剪牙不当，在吮吸母乳的过程中造成乳头损伤。

② 使用铸铁漏粪地板的，由于漏粪地板间隙边缘锋利，母猪在躺卧时，乳头会陷入间隙中，因外界因素突然起立时，容易引起乳头撕裂。生产上，应根据造成乳头损伤的原因加以预防。

③ 哺乳母猪限位架设置不当或损坏，造成母猪乳头损伤。

（3）检查恶露是否排净

① 恶露的排出。正常母猪分娩后3天内，恶露会自然排净。若3天后，外阴内仍有异物流出，应给予治疗。可肌内注射前列腺素。若大部分母猪恶露排净时间偏长，可以采用在母猪分娩结束后立即注射前列腺素，促使恶露排净，同时也有利于乳汁的分泌。

② 滞留胎衣或死胎的排空。若排出的异物为黑色黏稠状，有蛋白腐败的恶臭，可判断为胎衣滞留或死胎未排空。注射前列腺素促进其排空，然后冲洗子宫，并注射抗生素治疗。

③ 子宫炎或产道炎的治疗。若排出异物有恶臭，呈稠状，并附着外阴周边，呈脓状，可判断为子宫炎或产道炎，应对子宫或产道进行冲洗，并注射抗生素治疗。

对急性子宫炎，除了进行全身抗感染处理（如肌内注射林可霉素，静脉注射阿莫西林等）外，还要对子宫进行冲洗。所选药物应无刺激性（如0.1%高锰酸钾溶液、0.1%雷佛奴儿溶液等）冲洗后可配合注射氯前列烯醇，有助于子宫积脓或积液的排出。子宫冲洗一段时间后，可往子宫内注入80万~320万单位的青霉素或1克金霉素或2~3克阿莫西林粉，有助于子宫消炎和恢复。

对慢性子宫炎，可用青霉素20万~40万单位、链霉素100万单位，混在高压灭菌的植物油20毫升中，注入子宫。为了排出子宫内的炎性分泌物，可皮下注射垂体后叶素20~40单位，也可用青霉素80万~160万单位、链霉素1克溶解在100毫升生理盐水中，直接注入子宫进行治疗。慢性子宫炎治疗应选在母猪发情期间，此时子宫颈口开张，易于导管插入。

70. 怎样观察哺乳母猪泌乳量的高低?

通过观察乳房的形态，仔猪吸乳的动作，吸乳后的满足感及仔猪的发育状况、均匀度等判断母猪的泌乳量高低。如母猪奶水不足，应采取必要的措施催奶或将仔猪转栏寄养。

哺乳母猪泌乳量高低的观察方法见表 3-15。

表 3-15 哺乳母猪泌乳量高低的观察方法

	观察内容	泌乳量高	泌乳量低
母猪	精神状态	机警，有生机	昏睡，活动减少；部分母猪机警，有生机
	食欲	良好，饮水正常	食欲不振，饮水少，呼吸快，心率增加，便秘，部分母猪体温升高
	乳腺	乳房膨大，皮肤发紧而红亮，其基部在腹部隆起呈两条带状，两排乳头外八字形向两外侧开张	乳房构造异常，乳腺发育不良或乳腺组织过硬，或有红、肿、热、痛等乳房炎症状；乳房及其基部皮肤皱缩，乳房干瘪；乳头、乳房被咬伤
	乳汁	漏乳或挤奶时呈线状喷射且持续时间长	难以挤出或呈滴状滴出乳汁
	放奶时间	慢慢提高哼哼声的频率后放奶，初乳每次排乳 1 分钟以上，常乳放奶时间 10~20 秒	放奶时间短，或将乳头压在身体下
仔猪	健康状况	活泼健壮，被毛光亮，紧贴皮肤，抓猪时行动迅速、敏捷，被捉后挣扎有力，叫声洪亮	仔猪无精打采，连续几小时睡觉，不活动；腹泻，被毛杂乱竖立，前额皮肤脏污；行动缓慢，被捉后不叫或叫声嘶哑、低弱；仔猪面部带伤，死亡率高

	观察内容	泌乳量高	泌乳量低
仔猪	生长发育	3日龄后开始上膘，同窝仔猪生长均匀	生长缓慢，消瘦，生长发育不良，脊骨和肋骨显现突出；头尖，尾尖；同窝仔猪生长不均匀或整窝仔猪生长迟缓，发育不良
	吃奶行为	拱奶时争先恐后，叫声响亮；吃奶各自吃固定的奶头，安静、不争不抢、臀部后蹲、耳朵竖起向后、嘴部运动快；吃奶后腹部圆滚，安静睡觉	拱奶时争斗频繁，乳头次序乱；吃奶时频繁更换乳头、拱乳头，尖声叫唤；吃奶后长时间忙乱，停留在母猪腹部，腹部下陷；围绕栏圈寻找食物，拱母猪粪，喝母猪尿，模仿母猪吃母猪料，开食早
	哺乳行为发动	母猪由低到高、由慢到快召唤仔猪，主动发动哺乳行为；仔猪吃饱后停止吃奶，主动终止哺乳行为	由仔猪拱母猪腹部、乳房，吮吸乳头，母猪被动进行哺乳；母猪趴卧将乳头压在身下或马上站起，并不时活动，终止哺乳、拒绝授乳
	放乳频率	放乳频率、排乳时间有规律	放乳频率正常，但放奶时间短或放乳频率不规律
母仔关系	母仔亲密状况	哺乳前，母猪召唤仔猪；放乳前，母猪舒展侧卧，调整身体姿态，使下排乳头充分显露；仔猪尖叫时，母猪翻身站立、喷鼻、竖耳，处于戒备状态；压倒或踩到仔猪时，立即起身；仔猪活动到母猪头部时，母猪发出柔和的声音；仔猪听到母猪哼哼声时，积极赶到母猪腹部吃奶；仔猪紧贴着母猪下方或爬到母猪腹部侧上方熟睡	母猪对仔猪索奶行为表现易怒症状，用头部驱赶叫唤仔猪或由嘴将其拱到一边；对吸吮乳头仔猪通过起身、骚动加以摆脱；压倒、踩到仔猪时麻木不仁；仔猪急躁不安，围着母猪乱跑，不时尖叫，不停地拱动母猪腹部、乳房，咬住乳头不松口

71. 如何应对母猪奶水不足？

（1）母猪奶水不足的表现

① 仔猪头部黑色油斑。多因仔猪头部磨蹭母猪乳房导致的。

② 仔猪嘴部、面颊有噬咬的伤口。仔猪为了抢奶头而争斗，难免兄弟自相残杀，只为了填饱肚子。

③ 多数仔猪膝关节有损伤。多因仔猪跪在地上吃奶时间长，争抢奶头摩擦，导致膝盖受伤，易继发感染细菌性病原体，关节肿，被毛粗乱。

④ 母猪放奶已结束，仔猪还含着母猪奶头不放。因奶水太少，仔猪吃不饱所致。

⑤ 母猪乳房上有乳圈。奶太少所致。

⑥ 母猪藏奶。母猪奶水不足，不愿给仔猪吮吸，吮吸使母猪不适，又或者母猪母性不好，或者初产母猪第 1 次不熟悉如何带仔所致。

⑦ 母猪乳房红肿发烫，无乳综合征。母猪在产床睡觉姿势俯卧，不侧卧，是因为母猪乳房发炎，怕仔猪吸乳而疼痛。

（2）母猪奶水不足的应对措施

① 提供一个安静舒适的产房环境。

② 饲喂质量好、新鲜适口的哺乳母猪料，绝不能饲喂发霉变质的饲料。

③ 想方设法提高母猪的采食量。

④ 提供足够清洁的饮水，注意饮水器的安装位置和饮水流速，保证母猪能顺利喝到足够的水。

⑤ 做好产前、产后的药物保健，预防产后感染，有针对性的及时对产后出现的感染进行有效治疗。

⑥ 催乳。对于乳房饱满而无乳排出者，用催产素 20~30 单位、10% 葡萄糖 100 毫升，混合后静脉推注；或用催产素 20~30 单位、10% 葡萄糖 500 毫升混合静脉滴注，每天 1~2 次；或皮下注射催产素 30~40 单位，每天 3~4 次，连用 2 天。此外，用热毛巾温敷和按摩乳房，并用手挤掉乳头塞。

对于乳房松弛而无乳排出者，可用苯甲酸雌二醇 10~20 毫克 + 黄体酮 5~10 毫克 + 催产素 20 单位，10% 葡萄糖 500 毫升混合静脉滴注，每天 1 次，连用 3~5 天，有一定的疗效。

　　中药催乳也有很好的疗效。催乳中药重在健脾理气、活血通经，可用通乳散或通穿散。通乳散：王不留行、党参、熟地、金银花各 30 克，穿山甲、黄芪各 25 克，广木香、通草各 20 克。通穿散：猪蹄匣壳 4 对（焙干）、木通 25 克、穿山甲 20 克、王不留行 20 克。

第四章 仔猪饲养管理与商品猪育肥

1. 仔猪教槽与教槽料的本质是什么？

当前，关于哺乳仔猪是否需要教槽，怎么教槽等问题，各方有不同的观点。本书仅作简单介绍，供读者参考。

如果认为哺乳仔猪需要教槽，那么，引诱－适应－习惯－学会吃料－尽可能地多吃料，以锻炼乳仔猪的消化道，尽早适应固体和植物性饲料，避免断奶应激（拉稀、失重），这应该是哺乳期对仔猪进行教槽的目的。同时在哺乳期教槽还有一个作用，就是使用教槽料给没有奶水的仔猪提供营养，或产仔数多母乳不足时提供营养。因此不可武断地认为哺乳仔猪不需要教槽，也不能片面地认为哺乳仔猪教槽料只为教槽而备。

教槽料首要关注适口性是否良好，其次才是营养的全面性。所以要在保证适口性的同时兼顾营养的全面性。

如果母猪奶水充足，用稻谷煮粥饲喂就可以达到教槽目的。如果感觉煮粥麻烦，可以用稻谷或碎米用1.2毫米筛片粉碎二次熟化，用热水一调就变成粥。可以选择两种方法饲喂：断奶前5天开始饲喂，在其中添加少量保育料，先稀后干，断奶后5天（第10天）过渡到正常吃保育料；或断奶开始饲喂，方法如前，10天过渡，就能很好地解决仔猪教槽问题。

也可以在仔猪3~5天饮水时，在料盘水里面放置少许饲料，添加白糖。仔猪喝水的同时也吃进去饲料，每天3次，固定时间，诱食效果较好。仔猪日采食量分配：自分娩第5天起，每日每头5克，第2周每头每天10克，第3周每头每天15~20克。如果母猪奶水不好，可以加足量以仔猪吃净为准。前期教槽时水中再添加奶粉效果就会更好，乳香对仔猪有很强的诱食性。

如果奶水不足，就要考虑选用教槽料。

2．怎样正确评价教槽料？

评价产品时应有科学的方法与态度，片面的评价某一方面功能是不科学的。评价教槽料一般看使用后，乳猪采食量、生长速度是否持续增加，腹泻率是否降低。通常在猪种与软硬件管理技术具备的条件下，教槽料乳猪应表现喜欢吃、消化好（通过粪便的观察）、采食量大，尤其是教槽料结束过渡到下一产品后的 1 周内。营养性腹泻率低于 20%；饲料转化率为 1.2 左右；日均增重 250 克以上；采食量日均为 300 克以上。对于猪场而言把解决猪场管理问题交给饲料企业，而饲料企业为了满足这些本不应该是自己的责任的要求时，只能在饲料中加些违规的东西，以期能达到最大的利益，看起来猪场得到了一些现实利益，最终为高量药物买单的还是猪场自己，所以对于养猪企业来说，日常生产中还要做好生产记录，分析数据，不断发现问题、解决问题，不断提高猪场生产水平。特别是猪场产房的补料方式和补料结果，断奶后和保育舍的取暖方式等。

3．在选择和使用教槽料过程中有哪些常见问题？

（1）追求片面功能　教槽料是近几年来快速推广发展的产品，也是毛利较高的产品，大小饲料企业都在推广，部分生产厂家迫于市场推广压力，往往会满足技术不好的猪场对教槽料片面功能的追求。生产中，有些用户在选择教槽料时从感观闻到的腥味、乳香味、甜味等浓与淡来评价乳猪料好坏；也有人从外观看乳猪料的细腻程度、膨松程度、甚至颗粒大小等来判断教槽料的好坏，也有人从腹泻多少、饲料颜色的变化等来评价。猪场如不解决管理中的根本问题，单希望通过调整营养配方来满足部分功能的话，往往解决了这个功能，那个功能就会下降。如有的教槽料靠高药物添加控制腹泻，往往腹泻控制了，但猪后期生长受到很大影响，同时动物疾病对药物的敏感性也降低了很多，为猪场发生疫病后的高死亡率埋下很大的隐患。更为严重的是有猪场发生疫病后通过药敏试验找不到一个有效的抗生素使用。甚至有些企业违规使用原料来满足一些养猪者对教槽料片面认知需求。

（2）不教槽或教槽不成功 教槽料的主要意义是让乳猪较早地接触到植物性的饲料，从而让猪的消化道发育更充分，消化酶的变化更适应于消化饲料而不是乳汁，起到一个从乳到料的过渡的作用，这个过渡的过程最好的时间是在断奶前进行，但是现在的一些猪场断奶前很少使用教槽料或教槽不成功，21天断奶的采食量远不足525克，28天断奶的采食量更是连起码的1 000克都达不到，这样就使从乳到料的过渡时间延续到断奶以后，让猪在高的断奶应激的过程中同时完成这一过渡，且时间之紧是让乳猪的适应过程和猪的生命竞赛（你不吃我就饿你，直到你吃为止，猪仅有两种选择，一种是被饿死，另一种是吃饲料，虽然它明知自己的消化道还不适应这些东西，但它更清楚，自己的命更重要）；如果提供给乳猪的条件，特别是温度条件不能让猪更舒服地完成这一过渡，是很难让猪长得很快而又不腹泻的。而现在的养殖场只是靠教槽料就想做到这些是不现实的，而这些养殖场是饲料厂的上帝，这是上帝的要求，于是一些饲料厂就无视法纪而大量使用药物，虽然猪的生长不是太好，但是最起码可以不腹泻，这在表观上满足了上帝的需求。即在不改变现在管理和硬件的前提下，靠药物让猪在腹泻、管理、硬件等方面达到了低水平的平衡，但是这种平衡是低水平的，并且有很多副作用。

（3）药物在教槽料中大量使用带来的负面影响 首先药物带来的平衡是低水平的，是建立在低生长效果的基础上的，特别是其对小肠绒毛的破坏是大家公认的，由此而带来的是后期的生长较慢，全程的经济效益受损。

其次是细菌的耐药性。药物保健就像是定时炸弹，表面上风平浪静，实质危机四伏。药物保健带来的负面影响，是把产房和保育舍变成了制造超级细菌的工厂。

4. 怎样使用教槽料才能让仔猪在高生产水平上达到生长、环境、腹泻的平衡?

（1）教槽料的形态 液体饲料、粉料、破碎料、颗粒料各有其优

缺点（表4-1）。就颗粒大小而言，与大颗粒饲料（直径3毫米）相
比，仔猪更容易采食小的颗粒饲料（直径2毫米）。从17日龄仔猪开
始采食饲料以后，为了使采食量最大化，也要注意颗粒硬度：水分越
低，硬度越大，仔猪越不愿意采食。因为仔猪的牙齿还没有完全发育
好，更喜欢松软的小颗粒料。

表4-1　教槽料不同形态的优缺点比较

	液体饲料	粉料	破碎料	颗粒料
优点	早采食，主动采食，可将所有的仔猪引诱到料槽，所有的仔猪愿意吃	与颗粒料相比，诱导采食较早，即开口时间比较早	破碎料是由大颗粒破碎成的细颗粒（含部分粉料）。采食介于粉料和颗粒料之间。由于经过熟化甚至膨化处理，故比粉料消化更好，料肉比比粉料略低	水分适宜，松软的小颗粒料，比粉料和大颗粒破碎的饲料具有更高的采食量和饲料报酬
缺点	容易变质，招惹苍蝇，需要经常更换，以保持新鲜。劳动强度大	难达到很大的采食量，必须同时喝大量的水，浪费比较大（表面看猪喜欢采食，实际大部分浪费掉），容易扬尘	比颗粒料脏	容易吃得太多，造成消化不良。如果颗粒太硬，则采食量很小

（2）教槽料的用量　理想的教槽料采食量可以估算。见表4-2。

表4-2　理想教槽料采食量的估算

日龄	采食量估算合计	小计
10~14 天	约 50	350
15~21 天	约 300	600
22~24 天	约 250	
25~27 天	约 400	1 000

注：实际生产上能达到理想值的70%，即认为是达到标准。

5~14 日龄：让仔猪闻其味道，以感受教槽料为目的，每天 5~25 克。

15~21 日龄：少量多餐，每次喂料都会刺激仔猪的采食好奇，喂料次数越多，提高采食量的效果越好。每天由 20 克渐增到 75 克。

22~28 日龄：真正采食教槽料的阶段，每日渐增用量到 150 克以上。

（3）教槽料的选择

① 感官上的判断。目前在乳猪生产中使用的教槽料类型主要有颗粒、破碎、粉状和液态 4 种。在实际生产中最常见的教槽料是前 3 种。由于生产工艺的限制，颗粒料和破碎料做到最好，质量也只能处于中档料水平。到目前为止高端高档的教槽料产品还都是粉料。选择粉料的同时要看粉碎细度，粉碎的越细越好，更容易被小猪吸收利用。

② 水溶性判断。极易溶于水，形成乳浊液的教槽料，适于乳猪的消化和营养吸收，可提高饲料消化率，进而提高乳猪采食量。可以取相同重量的教槽料置于相同体积的水中，搅拌均匀，分层越不明显，沉淀越少的质量越好。

③ 适口性判断。适口性好的教槽料，乳猪喜欢吃，采食量大，才可能有良好的日增重指标。可以取同样重量的教槽料两种，分别放到同样的两个料槽里，然后同时放到同一个猪栏里，观察小猪的采食情况。小猪爱吃哪个，说明哪个教槽料的适口性就好。

④ 选药物含量低的饲料。猪场应选择药物含量较低的饲料，因为高药物的饲料等于是在猪场建造了一个超级细菌制造工厂。猪场表面上风平浪静，其实质是风起云涌，危机四伏。一旦发病将没有有效的抗生素可用，让猪场多年的心血几天之内付之东流。

含药物较多的教槽料，一般哺乳仔猪腹泻发生率极低，特别是环境恶劣的情况下腹泻极少；个别或较多的猪出现粪球形大便，更有甚者粪球外观黑色，粪球内没有消化的饲料颗粒明显。猪明显消化不好也不会出现腹泻，除了药物其他任何正常饲料都不可能做到。

⑤ 生长速度和料肉比判断。综合评价仔猪断奶后 10 天内的日增重和料肉比，日增重 250 克以上，料肉比 1.3 以下效果应该非常不

错，可以选用。

⑥ 毛色和精神状态判断。仔猪断奶后皮红毛亮，活泼好动，爱亲近人，这样的教槽料效果应该很好，可以选择使用。

（4）料槽的选择 料槽的选用对仔猪补饲效果和饲料浪费与否影响很大。料槽选择应随着仔猪身体的生长发育而改变，以既有利于引导仔猪采食，又不会造成饲料浪费，且保证有适宜的采食位置为原则。不宜自始至终使用一个型号的料槽。

（5）改善环境 改善猪场的硬件或软件措施，让猪生活得更舒服一些。

低抗生素的教槽料由于其抗生素较少，所以对环境的要求较高。应当在以下几个方面进行改善：

① 取暖方式：最好是热源在下面的取暖方式。

② 断奶后 2 周内猪舍温度应比断奶前高 2~3℃。

③ 产床、保温箱、保育床、电热板等硬件会让猪生活得更舒服一些，同时也会让猪更少地接触到粪便，更少地饮用尿水等。

④ 前期的教槽很重要，断奶前的仔猪一定要吃到一定的饲料。21 天断奶，断奶前的采食量最少是 500 克，28 天断奶，断奶前的采食量最少是 1 500 克。

⑤ 产房饲养员的责任心、技术水平、人员管理、人力是否足够等方面与教槽是否成功至关重要，而教槽是否成功将会影响猪断奶应激、断奶后腹泻、断奶后生长速度、全程经济效益甚至是猪的一生。

⑥ 注意天气对断奶仔猪的影响，及时调控，减少天气变化对乳猪的影响。

（6）教槽补饲的方法

① 自由采食。在仔猪经常出没的地方，地板上（地面平养）或平板料槽（漏粪地板）撒上一些教槽料，让仔猪拱食、玩耍，或模仿母猪采食。每天多次撒料诱食。当仔猪了解教槽料的味道后，将教槽料放在浅的料槽中，让仔猪随意采食。料槽应固定好，以防仔猪拱翻。料槽中的饲料要少添勤添，保证饲料新鲜，防止饲料浪费。如果每头仔猪在断奶前累计采食了 600 克以上的教槽料，断奶后过渡就比较顺利。

② 强制诱食。将教槽料用水调制成糊状，用汤匙或直接用手挑起糊状料涂抹到仔猪口腔中，任其吞食，同时在地面上撒少许同样的教槽料。反复进行 2~3 天后仔猪就会逐渐学会吃料。

③ 母猪引导。地面平养的哺乳母猪，可以在干净的地板上撒少许分散的教槽料，让母猪引导仔猪采食。

④ 液体补料。将饲料泡成稀水料（水：料 =1：2）添加少量奶粉或代乳料，用专用的补料盆固定在产床上让仔猪吮吸，诱导其采食，直到断奶过渡到保育期。或者从出生后第 5 天开始采用液体饲料，从第 16 天开始过渡到颗粒料。

⑤ 限制哺乳。在哺乳后期，将仔猪隔离，限制哺乳次数，人为减少其对母乳的依赖，强迫仔猪采食饲料。

5. 仔猪有哪些生理与代谢特点？

通常将从出生到 20 千克体重的猪称为仔猪。仔猪阶段是猪的生长发育和养猪生产的重要阶段。仔猪具有不同于其他阶段的猪的在消化生理、养分代谢和体温调节特点。

（1）消化生理

① 胃肠重量轻、容积小。初生时胃的重量 4~8 克，仅为成年猪胃重的 1% 左右。初生胃只能容纳乳汁 25~40 克。到 20 日龄时，胃重增长到 35 克左右，容积扩大 3~4 倍，约到 50 千克体重后，才接近成年胃的重量。

② 酶系发育不完善。初生仔猪乳糖活性很高，分泌量在 2~3 周龄达到高峰，以后渐降，4~5 周龄降到低限。初生时其他碳水化合物分解酶活性很低。蔗糖酶、果糖酶和麦芽糖酶的活性到 1~2 周龄后开始增强，而淀粉酶活性在 3~4 周龄时才达高峰。因此，仔猪，特别是早期断奶仔猪对非乳饲料的碳水化合物利用率很差。蛋白分解酶中，凝乳酶在初生时活性较高，1~2 周龄达到高峰，以后随日龄增加而下降，其他蛋白酶活性很低。仔猪对以乳化状态存在的母乳中的脂肪消化吸收率高，而对日粮中添加的长链脂肪利用较差。

③ 胃肠酸性低。初生仔猪胃酸分泌量低，且缺乏游离盐酸，一般从 20 天开始才有少量游离盐酸出现，以后随年龄增加，胃酸低，

不但削弱了胃液的杀菌抑菌作用，而且限制了胃肠消化酶的活性和消化道的运动机能，继而限制了对养分的消化吸收。

④ 胃肠运动机能微弱，胃排空速度快。初生仔猪胃运动微弱且无静止期，随日龄增加，胃运动逐渐呈运动与静止的节律性变化，到2~3月龄时接近成年猪。仔猪胃排空的特点是速度快，随年龄增长而渐慢。食物进入胃后完全排空的时间在3~15日龄时为1.5小时，1月龄时为3~5小时，2月龄为16~19小时。饲料种类和形态影响食物在消化道的通过速度。如30日龄猪饲喂人工乳残渣时，通过时间为12小时，而喂大豆蛋白为24小时，使用颗粒料时为25.3小时，而粉料则为47.8小时。

（2）代谢特点

① 生长发育快。仔猪初生体重一般约占成年时的1%，以后随年龄增加，生长速度和养分沉积量迅速增加（表4-3）。

表4-3　仔猪生长速度和养分沉积量

体重 （千克）	水分 （%）	粗脂肪 （%）	粗蛋白 （%）	粗灰分 （%）	预期 日龄	增重 （克/天）
初生 （1.25千克）	81	1.0	11	4		
5	68	12	13	3	22	240
10	66	15	14	3	39	320
15	64	18	15	3	53	380
20	63	18	15	3	65	500

② 养分代谢机制不完善。仔猪在养分代谢上存在明显的缺陷；体脂沉积少；氨基酸代谢也可能存在缺陷。

上述说明，新生仔猪主要依靠贮存量相对较多的碳水化合物及母乳的摄入来获取能量。新生仔猪每千克体重含碳水化合物23克，其中21克在肌肉，其余在肝脏。出生后首先动用肝糖原，然后动用肌糖原。随着仔猪年龄增长，或在环境刺激下，上述缺陷可逐渐得到补救。但对于弱仔猪，这些缺陷则会有致命的危险。

③ 免疫机能。初生仔猪没有先天免疫力，因在胚胎期，母体的抗体不能通过胎盘传给胎儿。生后仔猪只有靠食入母乳，特别是初乳

而获得被动免疫。常乳也是仔猪获取抗体的重要途径。产后 7 天的乳中含免疫球蛋白 6.5 毫克 / 毫升，其中，IgA 占 60%，IgG30%。初生仔猪肠道具有原样吸收这些免疫球蛋白的能力，而这种能力在 48 小时后逐渐消失。

在 1~2 周龄前，仔猪几乎全靠母乳获取抗体，随年龄增长，从乳中获得的抗体量下降。仔猪主动免疫在 10 日龄以后开始形成，并随年龄而迅速增长。仔猪自身产生的免疫球蛋白中，以 IgM 为主，并有少量的 IgA。到 6 周龄以后主要靠自身合成抗体。在 2~6 周龄期间为被动免疫向主动免疫的过渡期。

④ 体温调节。初生仔猪体温调节机能发育不全，对寒冷的抵抗能力差，反映在两个方面。

物理调节能力有限：仔猪对体温的物理调节主要靠皮毛、肌肉颤抖、竖毛运动和挤堆等方式进行。由于仔猪被毛稀疏，皮下脂肪很少，隔热能力差，且初生时活力不强，靠挤堆共暖的能力有限。因此，靠物理调节远不能维持体温恒定。

化学调节效率很低：仔猪初生时虽然下丘脑、垂体前叶及肾上腺皮质等系统的机能已较完善，但大脑皮层发育不全，对各系统机能的协调能力差。因此，当物理调节不能维持体温时，虽然体内也能通过甲状腺素、肾上腺素等的分泌来提高物质代谢，主要是提高脂肪和碳水化合物的氧化来增加产热，但效率很低，6 日龄前特别突出。7~20 日龄期间逐渐得到改善，到 20 日龄后才接近完善。

由于上述原因，初生仔猪临界温度高达 35℃，如处在 13~24℃间，体温在生后第 1 小时可降低 1.7~7℃，尤其是在生后 20 分钟，降低更快，0.5~1 小时后才开始回升，而全面恢复正常大约需 48 小时。生后绝食或长期处于低温环境下，体温下降很快。据报道，绝食 2~3 天，体温降到 34.4℃，初生仔猪裸露在 1℃环境中 2 小时可冻昏冻僵，甚至冻死。因此，加强哺乳仔猪和早期断奶仔猪的保温工作是降低仔猪死亡率的关键措施。

6．怎样给新生仔猪断尾？

仔猪断尾可以减少保育和生长阶段的咬尾事件。咬尾通常会在保育舍和育肥舍出现，造成猪只健康问题，被咬尾的猪只能承受痛苦，而且伤口会感染，降低了猪的饮食及抗病力，同时极易感染坏死杆菌、葡萄球菌、链球菌等，大大降低猪的生产性能和食用性。

仔猪断尾可以节省饲料，提高日增重，减少咬尾症，降低仔猪死亡率，而且能改善胴体品质。仔猪断尾操作的重点有以下 6 方面。

（1）选　断尾时造成的伤口很容易感染，小猪在吃足初乳后获得了免疫力从而能更好地对抗感染。因此，在产后 6 小时后才允许断尾，以保证仔猪吃到足够的初乳。另外，考虑到应激最小化问题，断尾通常在仔猪 3 日龄时与去势一同进行，也可在 1 日龄与剪牙、补铁、灌药一起进行。具体依猪场实际工作安排进行。

（2）消　为了使感染的风险降到最小，断尾钳要锋利，无缺口。而且在使用前后要用热肥皂水清洗、浸泡，洗干净之后，接着把断尾钳放进消毒液中浸泡消毒。每 2 头仔猪之间，用消毒液进行消毒。断尾钳不能用于剪牙或断脐带。

（3）抓　左手臂夹住仔猪，仔猪头朝向操作者背部。左手抓住一只后腿和尾巴进行固定（固定猪只方法不唯一）。

（4）断　断尾时的主要问题是断后尾巴长短不一。太短，靠近尾根会愈合的慢，而且感染几率大；太长，猪仍有可能咬尾。理想留尾长度：将尾巴剪成 25 毫米长。实际生产中断尾长度母猪尾以巴刚好盖住外阴即可，公猪盖住睾丸的一半（此处仅为生产中一些经验，仅供参考，初学者以上面数据为准）。如使用电烙剪时，要充分加热，断尾时力度、速度适中。

（5）检　在断尾之后，流血通常会很快凝固。在断尾后 5 分钟检查流血是否停止很重要。如果继续流血，可使用止血带 15 分钟或使用电烙剪横切面止血；切记不要烫到他人。

（6）记　断完一窝仔猪，要在产仔卡上做好日期记录。

7. 仔猪出生后怎样称重、打耳号？

仔猪出生擦干后应立即称量个体重或窝重，初生体重的大小不仅是衡量母猪繁殖力的重要指标，而且也是仔猪健康程度的重要标志，初生体重大的仔猪，生长发育快、哺育率高、育肥期短。种猪场必须称量初生仔猪的个体重，商品猪场可称量窝重（计算平均个体重）。

猪的编号就是猪的名字，在规模化种猪场要想识别不同的猪只，光靠观察很难做到。为了随时查找猪只的血缘关系并便于管理记录，必须要给每头猪进行编号，编号是在生后称量初生体重的同时进行。编号的方法很多，以剪耳法最简便易行。剪耳法是利用耳号钳在猪的耳朵上打号，每剪一个耳缺代表一个数字，把两个耳朵上所有的数字相加，即得出所要的编号。以猪的左右而言，一般多采用左大右小，上 1 下 3、公单母双（公仔猪打单号、母仔猪打双号）或公母统一连续排列的方法。即仔猪右耳，上部一个缺口代表 1，下部一个缺口代表 2，耳尖缺口代表 100，耳中圆孔代表 300。左耳，上部一个缺口代表 10，下部一个缺口代表 20，耳尖缺口代表 200，耳中圆孔代表 800。

注意事项：

① 预防缺口感染发炎导致缺口粘连变形。

② 在没有打完耳缺之前，禁止小猪寄养，特别是无色品种间。

③ 一个猪场每个耳号都是唯一的。

④ 空距要大于间距：耳根部与耳尖部之间的缺口空距要适当大一些，至少要大于耳根处或耳尖处缺口的间距，以易于区分识别缺口属耳根或耳尖。而且还要求缺口深浅一致，不过深、过浅，清晰易认，缺口间距基本一致，稀疏均匀，排列整齐。

⑤ 应尽量避开血管，所有耳缺要适度剪到耳缘骨，不能过深，不能过浅。

8. 怎样给新生仔猪剪犬齿？

剪掉犬齿可防止小猪伤害母猪乳头或吮乳争抢时伤害同窝仔猪，通常用消毒的剪牙钳剪除犬齿。剪牙时应小心，牙齿应尽可能接近牙床表面剪断，切勿伤及牙床，牙床一旦受损，不仅妨碍小猪吮乳，而且受伤的牙床将成为潜在的感染点。

9. 怎样给新生仔猪补铁？

传统养猪中圈舍内为土地面，仔猪在补料前母猪带领仔猪在拱食土壤的过程中可以获得一部分铁元素的补充，同时传统养猪中猪的品种较现在规模化猪场差得远，当然生长速度也跟规模化猪场有较大的差别，尽管如此，传统养猪过程中对铁的补充依然是多数养猪场的重要工作之一。

现代规模化猪场其封闭的管理模式不同于传统养猪，母猪不能获得带领仔猪自由生活的权力，且圈舍建筑以水泥地面为主，无法从土壤中获得机体生长所需的各项微量元素，所以只能依赖于外界的补充，即直接补充或来源于饲料。所以在当代规模化猪场日常仔猪管理中补铁显得更为重要。

（1）补铁时间的选择　新生仔猪容易发生缺铁性贫血的原因是由于初生仔猪体内铁贮不足。据研究发现，新生仔猪出生时体内含铁贮为 40~50 毫克。而哺乳仔猪在生长过程中每天需 7~16 毫克铁才能保证其较快的生长速度。而新生仔猪唯一的铁的来源就是由母乳获得，而每头新生仔猪通过母乳每天仅能获得约 1 毫克铁。所以新生仔猪体内的铁贮仅够维持机体 3 天的需求量。要保证 3 天后不发生缺铁性贫血，应在 4 日龄内对新生仔猪进行补铁，否则就会出现缺铁性贫血症。导致仔猪精神不振、食欲减退、腹泻、生长缓慢，甚至生长较快的仔猪会因缺氧而突然死亡。

（2）补铁制剂的选择

① 严把质量关。养殖场（户）在选择补铁制剂时要仔细认真。首先要选择正规企业所生产的产品，另外检查生产日期、有效期、包装等，以防使用不合格或过期产品导致不必要的损失。

② 规格选择。目前使用的补铁制剂较多的是右旋糖酐铁注射液，规格有 50 毫克 / 毫升、100 毫克 / 毫升、150 毫克 / 毫升。右旋糖酐铁含量较高，且较好的生产工艺，使得药剂溶液颗粒较小，对仔猪刺激性小，吸收快，抽取和注射极为方便。此外，额外增加的硒、钴以及复合维生素 B 等，能够一针多补，作用全面，更有利于铁元素的全面吸收，同时可促进机体造血机能的进一步完善，增加了铁元素在造血过程中利用率。

③ 铁剂的贮存。包装瓶为棕色玻璃安瓿，因为右旋糖酐铁见光易分解成导致机体过敏的右旋糖酐和毒性极强的三价铁离子，所以在

贮藏铁制剂时应存放于阴凉通风处，有条件者最好贮存于冰箱内冷藏，严禁注射后放于阳光下暴晒。

（3）补铁剂量的确定　新生仔猪补铁剂量掌握在150~200毫克，量小不能满足机体需求，量大则易产生较强的毒副作用。据报道，超剂量使用补铁制剂会引起铁过负荷，许多重要器官如淋巴结、脾脏、肝脏、肺及肾脏受损伤，使机体的免疫机能下降和生理机能障碍，易患细菌性和病毒性传染病。临床表现为仔猪出血性胃肠炎、腹泻、呕吐、休克及急性肝坏死等病症。在实际操作过程中若选择50~100毫克/毫升规格的补铁制剂，需注射2~3毫升，由于猪的体重较小，此剂量注射后极易使注射部位起包，且吸收不佳，达不到注射效果。而选择含铁量为150毫克/毫升的铁制剂时，仅需注射1毫升，注射剂量小，易于注射，且吸收迅速完全。建议在3日龄、7日龄分别补1次。

（4）补铁时间的选择　在生产中多数养殖单位对一天当中补铁的时间没有严格的限制，只是为了日常工作方便而来安排补铁工作，殊不知铁制剂不仅在体外经阳光暴晒或高温可使铁剂中的 Fe^{2+} 转变为有毒性的 Fe^{3+}，而且在体内如若经阳光暴晒或高温也可使 Fe^{2+} 转变为有毒性的 Fe^{3+}，所以在实际的生产中有的猪场在注射完补铁制剂后，仔猪接受阳光直射或高温也可出现过敏或中毒事件的发生。建议在铁制剂的使用过程中，尤其对于半封闭猪场更要引起重视，在安排补铁工作时，在冬季还是选择气温较高的下午2点左右或上午10点左右，但在夏季时节需选择在下午5点以后，这样注射相对效果更好一些，同时可防止不必要的铁中毒或过敏事件的发生。

10. 为什么要给新生仔猪尽早吃上充足初乳？

母猪产后3天内分泌的乳汁，称初乳。初乳的营养成分与常乳不同，含有丰富的蛋白质、维生素和免疫抗体。初乳对仔猪有特殊的生理作用，能增加仔猪的抗病能力；还含有起轻泻作用的镁盐，可促进胎粪排出；初乳酸度高，有利于仔猪消化；初乳中所含各种营养成分极易被仔猪消化利用。因此，初乳是初生仔猪不可缺少、不可取代的食物。为此，要使初生仔猪吃到充足的初乳非常重要。仔猪出生后，及时训练仔猪捕捉母猪乳头的能力，尽量在3小时内给予第一次哺乳。若母猪分娩延长到2小时以上时，应不等分娩结束就要先将产下的仔猪放回母猪身边进行第一次哺乳。

11. 怎样给新生仔猪固定乳头？

固定乳头是提高仔猪成活率的主要措施之一。全窝仔猪出生后，即可训练固定乳头，使仔猪在母猪喂乳时，能全部及时吃到母乳。否则，有的仔猪因未争到乳头耽误了吃乳，几次吃不到乳而使身体衰弱，甚至饿死。固定乳头应以自选为主，适当调整，对号入座，控制强壮，照顾弱小为原则。一般是把弱小仔猪固定在母猪中前部乳头吃乳，强壮的固定在后面，这样可使同窝仔猪生长整齐、良好、无僵猪，也可避免仔猪为争夺咬破乳头。若母猪产仔数少于乳头数，可让仔猪吃食2个乳头的乳汁，这对保护母猪乳房很有益。若母猪产仔数多于乳头数时，可根据仔猪强弱，将其分为两组轮流哺乳，或寄养给其他母猪，或人工哺乳。

12. 如何给新生仔猪寄养或并窝？

寄养和并窝就是将不同窝的仔猪合并起来，并给其中1头泌乳量较大的母猪哺养。

根据仔猪寄养的时期差异，大致有以下4个阶段：出生后12~24小时；出生后5~7天（落后仔猪第一阶段）；出生后10~14天（落后仔猪第二阶段）；断奶不达标仔猪寄养给母猪。

针对以上4个阶段的差异，把寄养分为交叉寄养和奶妈猪寄养两种形式。

（1）交叉寄养 将多窝产期相近且喝过初乳的出生12~24小时的仔猪，根据仔猪的大小、毛色等，将仔猪调整到同窝相对均匀且与母猪的有效乳头数量相匹配的状态。

随后持续关注确保寄养的母猪接受寄养过来的仔猪，同时保证每一头仔猪都能获得充足的奶水，若有寄养后持续的观察中发现仍有仔猪出现"掉队"情况需要重新选择奶妈猪并寻找失败的原因。

要做好交叉寄养，需要注意以下2个问题。

① 交叉寄养的原则。交叉寄养在出生后 12~24 小时内；选择寄养的几窝，分娩时间相近，一般是同一日内分娩的；交叉寄养后母猪所带的仔猪数不超过母猪的有效乳头数；为了促进 1 胎母猪乳腺的发育，让 1 胎母猪带较大的、与其有效乳头数相当的仔猪；若产仔数较少的分娩日，1 胎母猪要比平均带仔数多带；让母猪尽可能多的带自己的仔猪（寄养出去的仔猪数量不要超过本窝仔猪数的 30%）；尽量保证窝内仔猪的均匀度良好，但不能将仔猪按照体重、体格大小排序分群。

② 交叉寄养需要注意的问题。场内应无传染性疾病暴发，如猪传染性胃肠炎，猪流行性腹泻等；蓝耳病阴性场或蓝耳病稳定场可以进行仔猪寄养；选择被寄养的仔猪时要认真仔细；清楚每一头母猪的有效乳头数；禁止把所有将要被寄养的仔猪集中到一起后再寄养；尽量充分利用每一头母猪的有效乳头（特别是一胎母猪）；在寄养之前仔猪必须吃足初乳。

（2）奶妈猪寄养　将生长落后的、或者可能断奶不达标的或者超过母猪有效乳头的仔猪寄养给一头体况好、奶水好、母性好的低胎次母猪，从而重新组建一窝。

在寄养后需要评估母猪的母性、母猪的泌乳力及母猪的采食量。同时寄养之后，定时的查看寄养效果，对寄养不成功的，需要及时换奶妈猪。

奶妈猪寄养要想做得成功，同样需要根据一定的原则并注意一定的事项。

① 奶妈猪寄养原则。奶妈猪寄养刚出生的仔猪时，仔猪必须在吃足初乳后寄养（出生后 12~24 小时内）；奶妈猪须在能够哺乳好自己仔猪的前提下，才能进行寄养；选用的奶妈猪必须性情温顺，泌乳能力强，体况好；奶妈猪最好选用低胎次（2 胎或 3 胎的母猪）的哺乳母猪；奶妈猪要能够接受所寄养的仔猪；奶妈猪被寄养的仔猪数一定不能超过其之前所带的仔猪数。奶妈猪的整个哺乳期不要超过30 天。

② 奶妈猪寄养注意事项。选择的奶妈猪必须母性好、体况好、泌乳能力强，之前所带的仔猪长势好；在寄养个体非常小的仔猪之

前，首先评估一下它们是否有寄养的价值；寄养时单元与单元之间的落后猪尽量不要混合寄养；寄养之后，奶妈猪的饲喂量要适当减量，以防止奶妈猪过量分泌奶水，仔猪吃不完，导致奶妈猪乳房问题或停止泌乳；有疾病的仔猪不能进行寄养，但应该注意营养不良和患病仔猪之间的区别；如果没有合适的二胎母猪作为奶妈猪，那么可以选择3~5胎次的母猪作为替代方案。

仔猪寄养时要注意以下4方面的问题。

① 实行寄养时母猪产期应尽量接近，最好不超过3~4天。后产的仔猪向先产的窝里寄养时，要挑体重大的寄养，而先产的仔猪向后产的窝里寄养时，则要挑体重小的寄养。以避免仔猪体重相差较大，影响体重小的仔猪发育。

② 被寄养的仔猪一定要吃初乳，仔猪吃到初乳才容易成活，如因特殊原因仔猪没吃到生母的初乳时，可吃养母的初乳。这必须将先产的仔猪向后产的窝里寄养，这称为顺寄。

③ 寄养母猪必须是泌乳量高、性情温顺、哺育性能强的母猪，只有这样的母猪才能哺育好多头仔猪。

④ 使被寄养仔猪与养母仔猪有相同的气味。猪的嗅觉特别灵敏，母仔相认主要靠嗅觉来识别。多数母猪会追咬别窝仔猪（严重的可将仔猪咬死），不给哺乳。为了使寄养顺利，可将被寄养的仔猪涂抹上养母猪奶或尿，也可将被寄养仔猪和养母所生仔猪合关在同一个仔猪箱内，经过一定时间后同时放到母猪身边，使母猪分不出被寄养仔猪的气味。

寄养时常发生寄养仔猪不认"奶妈"而拒绝吃奶的情况，当养母放奶时不但不靠近吃奶，而是向相反的方向跑，想冲出栏圈回到母亲处吃奶。遇到这种情况可利用饥饿和强制训练的办法进行训练。

给哺乳仔猪并窝总是面临以下3个问题：母猪拒哺别人的仔猪，甚至追着咬；仔猪不认新妈妈，不会主动去吃奶；新出生的仔猪吃的是"长流奶"，可"后妈"供的是"定时奶"，吸一口吸不到奶，它们就会放弃奶头围着母猪边转边叫，影响母猪正常哺乳。能否解决以上矛盾需要讲究技巧。只要做好以下5个关键点，这三大问题也就迎刃而解了。

①并窝时，一定要保留一部分母猪的亲生子女，不要全部移走。

②打算并窝之前，先将移过来的仔猪与原保留下来的仔猪关在一起，一般可借助于保温箱，使其串串气味。然后取一些代哺乳母猪的乳汁，涂在新迁来仔猪的身上，尤其是头部。母猪辨别仔猪是否亲生，主要是靠奶水气味。当将一窝仔猪突然放到另一窝仔猪群中时，母猪会先"亲亲"这个外来者的嘴巴，这就是在鉴定它嘴中是否有熟悉的奶味，然后辨别出是否亲生，决定是否攻击。

③放出小猪吃奶前2小时，先给母猪打几只缩宫素。这里缩宫素是起催奶的作用，利于母猪安静的放奶。

④放小猪吃奶时，先抓亲生的，待放乳时，再抓过继过来的。需要注意要一头一头的抓，等一头彻底吃上奶再抓第二头。窍门儿就是"以多带少，逐渐渗透"，多尝试几次，只要小猪吃住奶，母猪也就不会排斥了。最后几头顺奶时，直接把它们固定在奶头中间就可以了。

⑤顺奶时应选择傍晚到晚上的时段。因为这一段时间母猪较安静，可静卧很久，甚至整晚保持一个姿势，更方便顺奶。而白天则会在放完奶后立马翻身、藏起奶头，比较麻烦。

13. 如何做好哺乳仔猪的保温、防压？

（1）保温　初生仔猪体温调节能力差，对环境温度有较高要求。仔猪最适宜的环境温度：0~3日龄为29~35℃，3~7日龄为25~29℃，7~14日龄为24~28℃，14~21日龄为22~26℃，21~28日龄为21~25℃，28~35日龄为20~22℃。

仔猪受冻这一问题普遍出现在产房管理较差的猪场。仔猪受冻通常见于较冷冬季的第1个月。受影响的都是日龄小、体质虚弱、行动缓慢的仔猪，它们往往会挤成一团，且通常靠近母猪的乳房。如果产房有贼风，或者产房的地面寒冷、潮湿，仔猪很容易受冻着凉。受冻的仔猪可能侧卧，逐渐呆滞、昏迷而死亡。

仔猪从温暖的母猪子宫产出，直接进入寒冷、潮湿的产房环境，极不适应；且新生仔猪尚未具备产热保温的能力，自身储存的能量也很少。

当仔猪觉得寒冷时，它们喜欢向母猪的休息处移动，试图在母猪身上取暖，而这样使它们更容易被母猪压住。

母猪的产仔区应该拥有足够的建筑围护，不使用门、窗或窗帘，产仔栏中应有适合仔猪休息的区域和可活动的保温灯，地面应温暖、干燥，这对于冬天较冷的地区尤为重要。许多猪场用垫料或垫子给仔猪提供一个温暖、干燥的休息区。

鉴于此，产房必须提供充足的热量，室温应维持在 20℃以上，并保持生活环境的明亮；仔猪生活的区域至少应加热至 35℃以上，以便为其提供给一个安全而又温暖的空间，使其在睡觉时远离母猪的休息区域。要采取特殊的保温措施为仔猪创造温暖的小气候环境。

① 厚垫草保温。水泥地面上的热传导损失约 15%，应在其上铺垫 5~10 厘米的干稻草，以防热的散失，但应注意训练仔猪养成定点排泄习惯，使垫草保持干燥。

② 红外灯保温。将 250 瓦的红外灯悬挂在仔猪栏上方或保温箱内，通过调节灯的高度来调节仔猪床面的温度。此种设备简单，保温效果好。

③ 烟道保暖。在仔猪保育舍内，每两个相邻的猪床中间地下挖一个 25~35 厘米宽的烟道，上面铺砖，砖上抹草泥，在仔猪舍外面的坑内升火。也可以在仔猪出生，抹干身上的黏液后，放进带有稻草、麻袋等保温材料的箩筐、纸箱内，2~3 天后再让仔猪到母猪身边采食母乳。此法设备简单、成本低、效果好。

④ 电热板加温。一般用作初生仔猪的暂时保温，其特点是保温效果好，清洁卫生，使用方便，但造价高。

（2）防压 据统计，压死仔猪一般占死亡总数的 10%~30%，甚至更多，且多数发生在出生后 7 天内。

母猪踩压致仔猪死亡是由综合因素引起的。

① 母猪行为因素。研究证明，仔猪被压死基本发于母猪由走动变为躺卧和站立，或是由躺卧和站立变为走动的时候。圈养条件下母猪躺卧姿势的变换常导致仔猪被压死，绝大多数的仔猪压死发生在其出生后 1 天。

母猪具有良好的母性，母猪缓慢躺下是为了把躺卧区域内的仔猪赶走。群养在分娩舍的母猪在躺卧前如不驱赶仔猪，则仔猪被压死的机率会显著增加。

大多数母猪对被压仔猪发出的叫声无反应。这一无反应行为可以解释为饲养在产仔限位栏的母猪适应了隔壁仔猪的叫声，因为不管它作不作出反应都不能让隔壁仔猪停止发出叫声。

仔猪压死率与母猪的体型密切相关。母猪的选育要求其窝产数高且所产仔猪生长速度快，这一选择要求不仅使仔猪个体大，也使得母猪体型变大。母猪体型变大，但所用的妊娠和产仔限位栏的尺寸并没有改变，这一不匹配使得母猪福利和生产能力下降，许多母猪因年龄和体型原因被淘汰。饲喂在妊娠限位栏的母猪比圈养或放养条件下母猪的运动量少，这使限位栏内的母猪心脏和肌肉功能降低，增加了母猪小心躺下的难度。

母猪的活动量也对仔猪死亡率有影响，仔猪受伤、被压死大多发生在母猪站立、躺卧、走动时。活跃的母猪比安静的母猪更易压死仔猪，分娩舍的母猪产后3天90%的时间都躺卧着。

母猪在限位栏的躺、坐或坐、躺的位置变换频率是圈养的2倍。限位时，许多母猪会挤压肩部与四肢关联处的疼痛位置，这会增加母猪变换位置的频率。给产后4小时内的母猪注射止痛剂能减少产后3天母猪变换位置的频率。

② 仔猪行为。新生仔猪习惯与同伴一起扎堆抵御伤害、保持热量和代谢能，这一行为增加了其被压死的可能。初生体重低的仔猪更多的时间是在母猪乳房旁积极地吸奶，增加了其被压的可能。

如果说仔猪扎堆在母猪旁边是为取暖，那么提供取暖设施吸引仔猪远离母猪应该可以减少其被压死的可能。这些加热设施能够降低仔猪腹泻的发生，也可以保持仔猪整体健康。

虽然加热措施可以提高出生2天内仔猪的存活率，但增加保暖设施、采用不同的保暖方法、保暖设备处于不同的位置（正上方、前面、侧面）都不能进一步提高仔猪的存活率。不管加热设施的位置和环境温度如何，出生3天内的仔猪都喜欢躺在母猪的旁边。1日龄的仔猪60%~75%的时间都在吸奶或扎堆躺在母猪旁边，增加了仔猪的压死率。提高哺乳仔猪存活率，除考虑环境因素，包括环境温度等之外，调整新生仔猪的行为也是一个重要考虑因素。

新生仔猪被母猪的乳房强烈吸引。通过对仔猪听觉、嗅觉、视觉和触觉的测试发现，仔猪被母猪乳房的构造和热量所吸引、仔猪被母猪乳汁的气味所吸引，为了更接近母猪的乳房，仔猪位置随着母猪躺卧位置的变化而变化。出生 12 小时内的仔猪很快就被母猪粪便和乳房分泌物所吸引，仔猪能够分辨出母亲的气味，同时也被母猪的分娩分泌物和叫声吸引。母猪生产后，绝大多数仔猪能直接找到母猪乳房，这说明即使仔猪没有一点视觉，也能直接找到母猪乳房。

母猪乳房的温暖、气味和柔软度吸引着仔猪争先恐后地跑到母猪乳房旁边扎堆，体型越瘦小、身体越弱的仔猪越是喜欢挨着母猪的乳房，这就增加了其被压死的可能。在产仔限位栏中放入乳房模型（模拟母猪乳房的气味、柔软度和温度）比保温灯更能吸引仔猪离开母猪。

环境温度为 24℃时，仔猪与同伴扎堆取暖，当环境温度为 45℃时，仔猪更喜欢独自躺卧。视觉不能决定仔猪扎堆与否，触觉和嗅觉的吸引是造成出生 3 天内的仔猪被压死的主要因素。温度虽然没有被纳入主要因素，但其在保暖和抵抗疾病方面有着重要作用。

③ 设备设施。哺乳仔猪 50% 死亡发生在出生后 3 天内，绝大多数的压死发生在仔猪出生 48 小时内。仔猪初生体重、环境温度、设备设施及疾病等因素影响着压死的发生率。仔猪压死率与母猪福利好坏存在着很大关系。

给分娩圈制造一个约 8% 的坡度可以减少仔猪死亡率。环境因素，如地板类型也影响着仔猪压死率，虽然地板类型和圈舍结构在开始的时候能够影响仔猪存活率，但最终的断奶活仔数是相同的。

给限位栏的哺乳母猪加上垫草再加一个顶，则母猪对仔猪的叫声更敏感，可使仔猪死亡率有所下降。饲养在分娩圈的母猪分娩间隔更短，虽断奶活仔数相同但其体重增加，分娩圈母猪母性更好。

资料表明，饲养在产仔限位栏和分娩圈的仔猪的死亡率没有明显差异。圈舍尺寸和形状的改变都不能降低仔猪压死率，这主要是因为出生 3 天内的仔猪往往被母猪的乳房所吸引，并长时间地躺在其旁边，3 天后，保暖灯就会代替母猪乳房，躺卧区域的变化可以避免仔猪被压死。

④ 性别。虽然窝产公猪比窝产母猪数量稍多一点，但母猪的存活率却比公猪高。窝产仔猪数多的，公猪存活率更低，公猪更容易出现死胎、弱仔，被饿死和压死。

与母猪相比，阉割的公猪无论年龄多大，都会长时间躺卧而不站立，这会增加疾病感染率和死亡率。公猪大多数的死亡都是挤压和寒冷造成的。

公猪基本的皮质醇浓度比母猪高，导致其对有害刺激和疾病更为敏感。公猪对信息激素的敏感是导致其压死率较高的原因之一。母猪乳房的信息激素使得嗅觉灵敏的公猪长时间待在母猪周围，这就增加了其被压死的可能。

⑤ 遗传。产仔限位栏的应用使得经营者更关注母猪繁殖性能而不是母性行为，从而导致仔猪被压死。

因此，要采取有效的防压措施，以减少损失。防压措施有以下3方面。

① 设母猪限位架。母猪产房内设有排列整齐的分娩栏，在栏的中间部分是母猪限位栏，供母猪分娩和哺育仔猪，两侧是仔猪吃奶、自由活动和吃补助饲料的地方。母猪限位架的两侧是用钢管制成的栏杆，用于隔开仔猪，栏杆长为2.0~2.2米，宽为60~65厘米，高为90~100厘米，由于限位栏架限制了母猪大范围的运动和躺卧方式，使母猪不能"放偏"倒下，而只能先腹卧，然后伸出四肢侧卧，这样使仔猪有个躲避的机会，以免被母猪压死。

② 保持环境安静。产房内防止突然的响动，防止闲杂人等进入，去掉仔猪的獠牙，固定好乳头，防止因仔猪乱抢乳头造成母猪烦躁不安、起卧不定，可减少压踩仔猪的机会。

③ 加强管理。饲养员对母猪和仔猪要进行耐心细微的饲养管理，保持母猪良好的泌乳性能，为仔猪设置仔猪保温箱，产后1~2天内，可将仔猪关入箱内，定时放奶，可减少压死仔猪数，2日龄后仔猪吃完奶便自动到保温箱中休息，减少与母猪的接触机会，在夏季除去取暖设备并打开顶盖，同样是仔猪休息的场所。

另外产房要有人看管，夜间要值班，一旦发现仔猪被压，立即哄起母猪救出仔猪。

14. 怎样预防哺乳仔猪腹泻？

腹泻是哺乳仔猪最常发的疾病之一。影响仔猪腹泻的因素很多，包括病原微生物、营养、环境、管理等。哺乳期病原微生物感染是腹泻的重要原因之一。病原性腹泻的特点见表4-4。

预防哺乳仔猪腹泻的主要的预防措施是加强管理，改善饲养环境。产仔前彻底消毒产房，哺乳期保持圈舍干燥、空气清新、温暖，尤其要注意仔猪保温，保持饮水清洁。对大肠杆菌性腹泻，可在母猪产前21天注射仔猪大肠杆菌苗。一旦发生腹泻，应及时治疗。

哺乳仔猪可因补饲不当而导致营养性腹泻。补料要求新鲜、适口性好、可消化率高。少给勤添，及时清除余料。

表4-4　仔猪病原性腹泻及其特点

病原	腹泻种类	特点	预防措施
大肠杆菌	黄痢	早发、急性、高死亡，传染源为母猪	初乳+抗生素+清洁
	白痢	10~20日龄高发，应激诱导或加剧感染	抗生素+管理
梭菌	红痢（梭菌性肠炎）	早发、急性、高死亡，粪及肠壁红色	抗生素+管理
密螺旋体	痢疾	7~12周龄多发，主要病变在大肠	用药+管理
病毒	传染性胃肠炎（TGE）	各年龄发病，小猪死亡率高	抗生素防继发感染
球虫	球虫病	2周龄多发，粪便稀软，呈糊状或牙膏状，灰黄色	3~4日龄口服妥曲珠利

15. 仔猪需要去势吗？

公母猪是否去势和去势时间取决于猪的品种、仔猪用途和猪场的生产管理水平。我国地方猪种性成熟早，育肥用仔猪如不去势，到一

198

定阶段后，随着生殖器官的发育成熟会有周期性的发情表现，影响食欲和生长速度。公猪若不去势，其肉的膻味较浓影响食用价值。因此，地方品种仔猪必须去势后进行育肥。二元或三元杂交猪，在较高饲养管理水平条件下，6个月龄左右即可出栏，母猪可不去势直接进行育肥，但公猪仍需去势。引进品种，因其生长迅速，育肥期短，不必去势。

一般育肥用仔猪，要求公猪在20日龄、母猪在30~40日龄前去势。仔猪去势后，应给予特殊护理，防止创口感染。

16. 仔猪八字腿应如何矫正？

仔猪八字腿又名"外足"，是由于肌纤维发育不全所直接导致。这个疾病本身并不致命，死亡都是与之相关的饥饿和母猪碾压造成的，因此这种病造成的死亡率也存在很大差异，具体取决于猪场为仔猪提供的管理和照料水平。在饲养操作与管理欠缺的情况下，患病仔猪的死亡率可达100%。

（1）表现形式 症状在出生时或出生后很短时间内出现，可表现为下列多种形式。

① 星状。患仔猪前后腿均外翻呈八字，这样的患猪无法站立，只能通过爬行或扭动身体来移动。

② 后腿外翻。这是最常见的一种形式。后肢向外前侧翻伸出，后肢站立有困难。多数情况下患猪会呈"犬坐"状，靠扭动后体来移动。这会造成明显的皮肤损伤，从而引起继发感染。

③ 前腿外翻，这种情况非常少见，唯一能够见到这种病例的情况是蓝耳病暴发的早期。患猪后肢正常，但前腿向外侧翻出，患猪移动时下颌会拖在地上。这种患猪哺乳非常困难，死亡率很高。

（2）病因 八字腿是一种多因素的疾病，最少见的两种形式前腿外翻和"星状"八字腿，通常与母猪妊娠后期的疾病感染有关，疾病可能影响了神经和肌肉的发育。例如，在急性PRRS暴发的情况下就会出现这两种形式的八字腿。

然而，后腿外翻这种最常见的八字腿的原因却不是那么单一。总的来说，下列情况出现频率会较高：

① 有的猪场为了降低成本，没有采购优质饲料（玉米、豆粕、麦麸等），加上目前市面上的脱霉产品都不能彻底脱毒（个别猪场主没有认识到这点），因此很容易造成母猪霉菌毒素蓄积，甚至中毒，直接导致仔猪八字腿严重。这类情况出生的仔母猪多表现为外阴红肿，且多发生于个体较大的仔猪。

② 生产中的数据统计表明，长白猪和长大二元的仔猪发病率高于三杂猪，且存在一定的遗传性。

③ 能导致仔猪先天性震颤的疫病都可能引起八字腿，特别是圆环病毒感染、猪瘟等。

④ 母猪妊娠期的疫苗注射（特别是后期）或某些副作用较大的抗生素保健（如磺胺、土霉素等），高温嘈杂，发生热性病等应激也可加重八字腿的发生。近亲繁殖则可直接造成八字腿等其他畸形猪出生。

⑤ 饲料营养方面，国内普遍认为妊娠母猪饲料中硒、蛋氨酸、维生素 E 和胆碱不足是产生八字腿的重要原因。

⑥ 母猪体况过肥或过差，特别是过肥影响更大。

⑦ 接产时仔猪身上的黏液未擦干净，若放入光滑垫板的保温箱中地板就更滑，新生仔猪可能因站立困难后腿韧带被拉长而造成八字腿。

（3）预防　针对上述病因，采取相应的措施便可有效控制或减少仔猪八字腿。

首先必须保证饲料质量，尽量选用优质产品，加强饲料库房建设和保管，防止饲料到场后变质。猪场主应该树立"一流饲料生产一流产品"的思维。因有些饲料肉眼根本无法判断其是否霉变，所以母猪妊娠料应全程添加脱霉剂，霉变饲料绝对不能用于种猪。做好相应疫病控制，保障猪群健康；加强饲养管理，控制母猪体况适当；减少不良应激；初生仔猪的接产和护理相当重要，一定要尽量擦干仔猪身上的黏液，若保温地板比较光滑，可以垫上洁净干燥的毛巾或麻袋，防止仔猪滑成八字腿。

一句话，就是要求生产中所采取的每项决策和行动都要有利于猪。

（4）治疗　前腿外翻和"星状"外翻八字腿的猪存活率非常低，尽早实施安乐死可能是最佳的方案。

对于后腿外翻的情况，只要能提供良好的护理并假以时日，患猪能够恢复得很好。有一套简便有效的治疗方案，成活率可达65%以上。首先通过人工单独护理保证其初乳的摄入，吃奶困难的可人工挤奶20毫升喂给，吃足初乳后，先把两后腿用胶带绑到正常腿距固定。采用绝缘胶带效果还可以，但注意一定要在胶带对皮肤造成损伤之前将其取下，不可以用线绳或草绳拴捆，然后用细绳一端系牢仔猪尾巴，另一端打活结拴在产床钢管上，目的是强行让仔猪后肢站立着地，防止其坐下。这样就防止了被母猪压死，同时加快了猪只的康复。母猪喂奶时及时将活结打开，护理其吃奶，一般2天左右便可成功。

17. 怎样给仔猪进行预防接种？

仔猪应在30日龄前后进行猪瘟、猪丹毒、猪肺疫和仔猪副伤寒疫苗的预防接种。预防注射应避免在断奶前后1周内进行，以减少应激，保证仔猪快速增重和成活。猪常用疫苗的特点及使用方法见表4-5。

表4-5　猪常用疫苗及使用方法

疫（菌）苗	预防的疾病	接种对象方法和说明	免疫期
猪瘟兔化弱毒苗	猪瘟	按瓶签注明的剂量加水稀释，各种大小猪只均肌内注射或皮下注射1毫升，4天后产生免疫，哺乳仔猪在断奶后再注射1次	1.5年
猪肺疫弱毒菌苗	猪肺疫	不论猪只大小，一律口服1.5亿个菌，按猪数计算需要菌苗量，用清水稀释后拌入饲料，注意让每只猪吃一定量料，口服21天后产生免疫力	3个月

（续表）

疫（菌）苗	预防的疾病	接种对象方法和说明	免疫期
猪肺疫氢氧化铝菌苗	猪肺疫	不论大小猪只，一律皮下注射5毫升，接种14天后产生免疫力	9个月
猪丹毒弱毒菌苗	猪丹毒	不论大小猪只，按瓶签稀释剂稀释，一律皮下注射1毫升。注射7天后产生免疫力	9个月
猪丹毒氢氧化铝甲醛苗	猪丹毒	凡体重10千克以上的断奶仔猪，皮下注射5毫升，10千克以下的仔猪或未断奶仔猪，皮下注射3毫升；间隔45天后，再注射3毫升。注射后21天产生免疫力	0.5年
仔猪副伤寒弱毒菌苗	仔猪副伤寒	按瓶签注明稀释液稀后，对1月龄以上健康哺乳仔猪或断奶仔猪，一律耳后薄层肌内注射1毫升	9个月
无毒炭疽芽孢苗	炭疽	皮下注射0.5毫升，注射后14天产生免疫力	1年
布氏杆菌猪型2号弱毒苗	布氏杆菌病	臀部肌内注射1毫升，仔猪、孕猪不能注射。因系活菌苗，用后的注射器、针头煮沸消毒	1年
口蹄疫灭活疫苗	口蹄疫	耳根后颈部皮下注射5毫升，注射14天后产生免疫力。本品只能用于预防同型病毒的传染	2个月

18. 仔猪最好在什么时间断奶？

　　仔猪断奶的适宜时间应根据仔猪的生理特点、母猪的泌乳量、养猪场（户）的饲养管理条件和养猪者的管理水平而定。从仔猪消化道酶系统发育的情况来看，仔猪在4~5周龄时可采食到所需干物质的一半的饲料，消化谷物类饲料的各种酶活力也大大上升，并超过乳糖酶，此时断奶仔猪受挫折较小，也较容易适应。母猪的泌乳量在分娩后3~4周开始下降，仔猪的生长曲线与母猪的泌乳曲线之间形成剪刀差，表明母乳在3~4周已不能满足仔猪的生长需要，因此，早期断奶就显得特别重要。如果条件允许可在2~3周龄断奶。

19. 仔猪早期断奶有什么优越性？早期断奶应具备什么条件？

　　（1）早期断奶可能带来的好处

　　① 双月龄时仔猪个体发育均匀。

　　② 减少母体挤压造成的损失，特别是带仔多的母猪，早期断奶可护理得更好。

　　③ 可完全控制营养，给予最好的全价饲粮，弥补母乳之不足，以利小猪更快更好地生长发育。

　　④ 较好地控制传染病和寄生虫（减少从母猪感染的机会），也可减少拉稀，并且可补充母猪奶中铁的不足。

　　⑤ 节约一些母猪饲料，即母猪维持和饲料经母猪转化成奶，再从奶转化为仔猪体成分两次转化的损失。

　　⑥ 母猪少失重，如果不再利用可很快育肥出售。

　　⑦ 母猪可更快地再配种、怀孕。

　　⑧ 使母猪产仔在全年分布更均匀，有助于市场销售量和价格的稳定，即减少淡旺季的差异。

　　（2）早期断奶的条件　　仔猪早期消化机能尚未健全，断奶过早势必造成仔猪采食量下降、消化不良、饲料利用率低、抗病和免疫能力差、腹泻、生长停滞和体况较差等所谓的"仔猪早期断奶应激综合征"。因此，早期断奶需要具备一定的前提条件，包括：第一，需要一个适口性好、消化率高的全价饲粮（诱食料和开食料）；第二，需要精心的管理，并要懂得怎样管理；第三，需要比较好的设施和环境卫生条件。

20. 仔猪断奶方法有哪些?

仔猪断奶方法有多种，各有优缺点，应根据具体情况，灵活运用。

（1）一次性断奶法　在仔猪预定断奶日期当天，将母猪与仔猪立即分开。该方法对母仔猪均有不利影响。一方面，仔猪受食物和环境的突然改变易产生惊恐不安、消化不良、腹泻、体重下降等；另一方面又易使泌乳充足的母猪乳房肿胀，甚至诱发乳房炎。但该法简单，工作量小。为减少母猪乳房炎的发生，应于断奶前 3~5 天减少母猪的饲料和饮水的供给量，以降低泌乳量，同时加强对母仔猪的护理。

（2）逐渐断奶法　在仔猪预定断奶日期前 5~7 天，把母猪赶到另外的圈舍或运动场与仔猪隔开，然后每天定时放回原圈，逐日递减哺乳次数。此方法可避免仔猪和母猪遭受突然断奶应激，适于泌乳较旺的母猪，尽管工作量大，但对母仔均有益。

（3）分批断奶法　根据仔猪的发育情况、用途，分批陆续断奶。将发育好、食欲强或拟作育肥用的仔猪先断奶，而发育差或拟作种用的后断奶。此法的缺点是断奶时间长，优点是可兼顾弱小仔猪和拟留作种用的仔猪，以适当延长其哺乳期，促进生长发育。

21. 怎样合理配制断奶仔猪的日粮? 如何饲喂?

断奶后的营养调控对于减少腹泻、改善仔猪的生产性能起到至关重要的作用。

（1）日粮配合　断奶仔猪的日粮要求饲料原料新鲜，使用一定量的乳制品、喷雾干燥猪血浆或鱼粉等优质动物蛋白质饲料。适当降低日粮蛋白质水平、保证氨基酸平衡，添加外源酶制剂、酸化剂、高铜（250 毫克／千克）和抗生素等添加剂。按体重阶段配制饲粮（表4-6）。

表4-6　仔猪阶段饲养日粮配制方案

项目	阶段1（断奶至7千克）高浓度养分日粮	阶段2（7~11千克）乳清、玉米－豆饼型	阶段3（11~23千克）谷实－豆饼日粮
粗蛋白（%）	20~22		
赖氨酸（%）	1.5~1.6	18~20	
添加脂肪（%）	4~6	1.25	
乳清粉（%）	15~25	3~5	
脱脂奶粉（%）	10~25	10~20	18
鱼粉（%）	0~3	3~5	1.10
铜（毫克/千克）	190~260	190~260	190~260
维生素E（毫克/千克）	40	40	40
硒（毫克/千克）	0.3	0.3	0.3

（2）饲喂技术　基本原则是控制饲料供给量，增加饲喂次数，避免突然换料。在断奶早期，每次供料量为自由采食量的60%~80%，每天饲喂5~7次。变换饲料时应有5~7天的适应期。饲料形态以小颗粒或液态为好。

22. 断奶仔猪的管理重点是什么?

（1）仔猪保留在原圈　断奶后1~2天仔猪很不安定，经常嘶叫并寻找母猪，夜间更甚。为减轻仔猪断奶后因失掉母仔共居环境而引起的不安，应将母猪调出另圈饲养，仔猪保留在原圈。

（2）保证充足的清洁饮水　断奶仔猪采食大量饲料后，常会感到口渴，如供水不足而饮污水则引起下痢。

（3）提供足够的圈栏面积　若猪只在高床保育栏中饲喂到8周龄左右（20千克体重），那么在转入仔猪舍时应给每头猪提供至少0.4米^{2}的躺卧面积。

（4）断奶仔猪的保温　表4-7表明了断奶仔猪所需的圈舍温度。日常记录非常简单且意义重大，可以计算出每批猪的日增重、料肉比、饲料成本、用水量、能源消耗、医药费用等。这些信息有助于更进一步的提高断奶仔猪的生产性能。因此，要做好日常记录。

表 4-7　保育舍的温度

体重（千克）	日龄（天）	温度（℃）
5	17	29
7	25	26
9	32	24
12	39	22
15	46	21
19	53	21
23	60	21

23. 断奶仔猪常出现的问题有哪些？

断奶仔猪的管理，特别是断奶后的第 1 周，是仔猪管理环节的"重中之重"，因为断奶是仔猪出生后的最大应激因素。仔猪断奶后的饲养管理技术直接关系到其生长发育，搞不好会造成仔猪生长发育迟缓、腹泻，甚至诱发疾病，造成高死淘率等严重后果。

断奶仔猪常出现的问题主要以下 3 种。

（1）断奶后生长受阻　断奶后仔猪的生长速度立即下降。由于断奶应激，仔猪在断奶后的几天内食欲较差，采食量不够，造成仔猪体重不仅不增加，反而下降。往往需 1 周时间，仔猪体重才会重新增加。断奶后第 1 周仔猪的生长发育状况会对其一生的生长性能有重要影响。据报道，断奶期仔猪体重每增加 0.5 千克，则达到上市体重标准所需天数就会减少 2~3 天。但是如断奶后 1 周出现 0.5~1 千克的负增重，将会延长出栏时间 15~20 天。

（2）仔猪腹泻　断奶仔猪通常会发生腹泻，表现为食欲减退、饮欲增加、排黄绿稀粪。腹泻开始时尾部震颤，但直肠温度正常，耳部发绀。死后解剖可见全身脱水，小肠胀满。

（3）诱发副猪嗜血杆菌病死亡　多发生于断奶后的第 2 周，发病率一般为 10%~15%，严重时死亡率可达 50%。表现为发热，食欲下降，皮肤发红或苍白，被毛粗乱，腹式呼吸，行走缓慢或不愿站立，腕关节、跗关节肿大，生长不良，直至衰竭而死亡。

24. 断奶仔猪为什么经常会出现以上问题？

（1）仔猪生理特点　仔猪整个消化道发育最快的阶段是在 20~70 日龄，说明 3 周龄以后因消化道快速生长发育，仔猪胃内酸环境和小肠内各种消化酶的浓度有较大的变化。母乳中的乳糖在仔猪胃中转化成乳酸，保证胃酸度较大，即 pH 较小。仔猪一经断奶，胃内 pH 则明显提高。仔猪消化道内酶的分泌量一般较低，但随消化道的发育和食物的刺激而发生重大变化。如果提前给乳猪补充饲料，而且设法尽可能多采食开口料，可刺激胃肠道发育，促进胃酸和消化酶分泌功能，对饲料消化能力增强，减少断奶后的消化不良引起的腹泻，大大提高断奶后的抗病力。

（2）仔猪的免疫状态　新生仔猪从初乳中获得母源抗体，在 1 日龄时母源抗体达最高峰，然后抗体浓度逐渐降低。第 2~4 周母源抗体浓度较低，而自身免疫也不完善，如果在此期间断奶，仔猪容易发病。研究发现，肠道黏膜下集结全身 60%~70% 免疫细胞，是最大的"免疫器官"。因此，吃母乳时，尽可能多地补饲开口料刺激消化功能，减少断奶时肠黏膜损伤，即可提高断奶猪免疫功能。

（3）微生物区系变化　哺乳仔猪消化道中占优势的微生物是乳酸菌，其可减轻胃肠中营养物质的破坏、减少毒素产生、提高胃肠黏膜的保护作用、有力地防止因病原菌造成的消化紊乱与腹泻。乳酸菌最宜在酸性环境中生长繁殖。断奶后，食物结构发生变化，胃内 pH 值升高，乳酸菌逐渐减少，大肠杆菌逐渐增多（pH 值为 6~8 时环境中生长），原微生物区系受到破坏，导致疾病发生。

（4）应激反应　仔猪断奶后，因离开母猪，在精神和生理上会产生一种应激，加之离开原来的生活环境，对新环境不适应，如舍温低、湿度大、有贼风，以及房舍消毒不彻底，导致仔猪发生条件性腹泻。

（5）营养问题　也许是唯一的问题。大多数猪场饲养管理人员重视认识程度不够深刻，在仔猪至关重要的过渡期（断奶后，仔猪立刻由母乳喂养转变为吃饲料，没办法很好地进行消化吸收的固体饲料的过程）没有给予正确合理的营养。

在日粮配方设计方面，使日粮的消化吸收在仔猪消化系统中尽可能充分进行，特别是早期断奶仔猪，不能为降低成本用质量不高的乳猪饲料，引起生长受阻现象。

25. 应该如何加强断奶仔猪的管理？

（1）提前补饲，设法做到补料量最大化　造成仔猪断奶应激的根本原因，就是仔猪断奶时对饲料的消化功能弱，之后几天内摄入营养物质少，造成营养负平衡。因此，通过提前补饲，刺激胃酸－消化酶分泌功能，适应消化植物性营养。断奶后即可采食、消化吸收饲料营养，不会出现营养负平衡。研究表明，小肠微绒毛长度与断奶后采食量成正比，高采食量有利于保育猪肠道尽快发育完善，降低断奶应激，提高抗病力，加快保育期长势，实现"多活、均匀、快长"。28日龄乳猪，断奶前累计补料量至少400克/头。遵循少给勤添，保持饲料新鲜为原则。刚开始补饲和刚断奶几天内，可用温开水将饲料调制成粥状，有利于仔猪采食。

（2）选择高质量的开口保育饲料　首要考虑条件是采食量高、易消化和营养性腹泻少。解决仔猪消化不良引起的腹泻要从饲料的易消化性和添加促消化制剂着手，而不是通过添加大量抗生素掩盖等。这样利于猪肠道尽早发育，微生态区系形成，完善消化功能，增强肠黏膜的免疫功能，提高断奶猪的抗病力和保育期成活率。应用适合仔猪消化生理特点的饲料原料（如乳清粉、优质鱼粉、发酵豆粕等），采用先进生产设备工艺制成酥软，易消化的高品质开口料。更易使10日龄左右哺乳仔猪提前吃料、多吃料，促使消化道发育，可尽早完善消化和免疫功能。

（3）饮水中添加有机酸化剂　仔猪消化道酸碱度（pH）对日粮蛋白质消化十分重要。大量研究表明，在3~4周龄断奶仔猪玉米－豆粕型日粮中添加有机酸，可明显提高仔猪的日增重和饲料的转化率。另外，酸化剂还可杀死饮水管线中的病原菌，减轻断奶仔猪腹泻，提高成活率和健康程度，提高养殖效益。已知有机酸中效果确切的有柠檬酸、富马酸（延胡索酸）和丙酸。一定要选择含酸量高、缓冲性好、不腐蚀皮肤黏膜的复合性酸化剂。

（4）添加高品质的发酵饲料　发酵饲料因其发酵产酸、产消化酶，含有大量益生菌，进入肠道后可抑制有害菌繁殖，促进饲料消化，尽早建立肠道微生物群系。加之含有酸香气味，诱食性好，乳仔猪采食量大，协同促进仔猪肠道发育尽早成熟，提高仔猪的成活率和生长率，加快后期长势。综合各种作用，可提升乳仔猪肠道健康水平，获得最佳消化吸收功能和生长潜能，解决制约目前养猪效益的提升的关键环节。但是市场上的发酵饲料，良莠不齐，养殖场可以自己选择活力强的复合益生菌发酵剂，运用自家饲料制作发酵饲料，实用高效。

（5）其他管理措施　① 母去仔留。断奶仔猪对环境变化的应变能力很差，尤其是温度变化。仔猪断奶后，将母猪赶走，让仔猪继续待在原圈，可以减少应激程度。

② 适宜的舍温。刚断奶仔猪对低温非常敏感。一般仔猪体重越小，要求的断奶环境温度越高，并且越要稳定。据报道，断奶后第 1 周，日温差若超过 2℃，仔猪就会发生腹泻和生长不良的现象。

③ 干燥的地面。应该保持仔猪舍清洁干燥。潮湿的地面不但使动物被毛紧贴于体表，而且破坏了被毛的隔热层，使体温散失增加。热量不足的仔猪更易着凉和体温下降。

④ 避免贼风。研究表明，暴露在贼风条件下的仔猪，生长速度减慢 6%，饲料消化增加 16%。

26. 为什么要保证断奶仔猪充足的饮水？

保育栏内应安装仔猪饮水槽（器），保证仔猪清洁饮水，便于仔猪随渴随喝。断奶仔猪采食干饲料和本身需水量较大，常会感到口渴，需要饮用较多的水，如供水不足不仅会影响仔猪正常的生长发育，还会因饮用污水造成拉痢等。

27. 如何保证断奶仔猪良好的圈舍环境？

（1）温度　保育舍适宜的温度为断奶后 1~2 周，26~28℃；3~4 周，24~26℃；5 周后，应保持在 20~22℃。冬季要采取保温措施，即安装取暖设施设备。在炎热的夏季则要防暑降温，可采取水帘、喷雾、淋浴、通风等降温措施，采用纵向通风的降温效果最好。

（2）湿度　保育舍适宜的相对湿度为40%~60%，湿度过大可增加寒冷和炎热对保育猪的不良影响。潮湿有利于病原微生物的滋生、繁殖，可引起仔猪多种疾病。

（3）卫生　断奶仔猪进入保育舍前，要对保育舍内、外进行彻底清扫、洗刷和消毒，杀灭细菌；仔猪进入保育舍后，要经常清扫（每天1次），定期消毒（每周2~3次），及时清理粪尿等污物，杀灭病菌，防止传染病的传播。仔猪出圈后，采用高压水泵彻底冲洗消毒，第3天后再进另一批仔猪。具体冲洗步骤为：高压水枪冲洗，用2%碱水喷洒地面3小时后用水冲洗用消毒剂喷洒地面、猪栏、墙壁用福尔马林喷雾密闭一个晚上。

（4）空气　猪舍空气中的有害气体对猪的危害具有长期性、连续性和累积性。对舍栏内粪尿等有机物及时清理，减少氨气、硫化氢等有害气体的产生，控制通风换气，排出舍内有害气体，保持圈舍空气清新。

28．解决断奶仔猪腹泻性应激有哪些根本措施？

哺乳仔猪的代谢旺盛，胃内pH比较高，主要含有消化奶水的各种酶类，肠壁非常脆弱，受到母体奶水中抗体的保护，有益菌群容易发生变化，体温调节功能不健全等。

断奶仔猪出现腹泻性应激由以下几个原因引起：多种应激引起的消化系统的结构和功能破坏（组织屏障：胃肠绒毛的萎缩退化）；换料应激因营养成分的改变而消化能力不足（化学屏障：酶系统不健全）；营养水平过高引起的消化吸收不良（超出了消化能力）；环境应激如温差过大引起仔猪受凉或接触比较脏的物质（体温调节功能不健全）；转群应激引起的合群打架斗殴而造成感染性腹泻（窘迫应激）；过分免疫引起的"疫苗病"，过分消耗了用于维持机体正常抗病能力、抗应激能力的特殊应激营养（免疫屏障：过度的免疫激活消耗了免疫资源）；细菌、病毒和寄生虫等的继发感染（生物学屏障：微生物菌群破坏）。

针对这些情况，对断奶应激的解决思路上重点突出对断奶仔猪胃肠道的健康调节。

（1）提高哺乳母猪采食量　母猪哺乳期采食量的高低直接影响到母猪的泌乳能力，而提高哺乳期采食量的主要措施就是加强母猪的产后护理，如通过宫炎净清宫、抗菌消炎等方法，迅速促进产后母猪子宫复原、消除炎症。产后5天阴户水肿消除、母猪精神状态良好，特别是采食量恢复正常是非常关键的评价指标。通过提高母猪泌乳力提高仔猪断奶重。

（2）提高仔猪的吮吮力　通过加强产后仔猪对母猪乳房的吮吸，一方面让仔猪吃够初乳，获得初乳母源抗体的保护；另一方面通过吮吸乳腺诱导松弛素、催产素快速产生，迅速疏通乳道、消除乳房水肿和将乳腺腺泡中的奶水挤出，同时通过吮吸不断刺激乳房诱导催乳素的持续分泌水平，使母猪乳腺在仔猪的强烈吮吸下进行二次发育，奶水不断增加，充分满足仔猪营养需求和对胃肠道的保护作用。

（3）延后教槽日龄锻炼仔猪肠道　通过哺乳16日龄以后开始教槽的方式让仔猪开始少量接触含植物性蛋白的饲料，可以使用专用的教槽料（但要注意教槽料中不能含有过高营养水平，不要含酸、酶、锌和抗生素），也可以直接使用哺乳料给仔猪教槽，教槽的目的要非常单纯，就是教会仔猪吃料就行。不要试图通过补充教槽料来提高断奶重，重点是锻炼仔猪胃肠道和学会开口吃料。

（4）适当延长母猪哺乳期　大量临床试验证明，28~35日龄断奶，有利于提高断奶仔猪（保育猪）存活率。通过适当延长母猪哺乳期就是为了仔猪多吃奶，提高断奶重，提高其断奶时的适应性，同时有利于促进仔猪胃肠道的生长发育，提高其断奶后对饲料的消化吸收和利用，有效减少腹泻的发生。

（5）提高断奶仔猪的抗应激能力　通过加强断奶仔猪的饲养管理，如确保保育舍的环境温度比哺乳舍高2℃，做好保育舍的环境卫生和消毒工作，减少病原微生物的侵袭；选择优质的保育料，避免饲料霉变，通过形态过渡和营养过渡实施彻底的全进全出管理，如断奶时同步进行断奶、转群和合群，并且宜在傍晚光线较暗的时间进行；实施抗应激管理，在饮水中加上富含维生素C、赖氨酸螯合镁等抗应激营养，提高机体的抗应激能力和抗感染能力，有效减少断奶腹泻和亚临床感染的发生。

总之，断奶仔猪的管理其实是一个应激管理的过程。其中心的工作就是调理好仔猪的胃肠道，通过维护胃肠道的四道屏障来提高机体健康水平，通过提高母猪的产奶量和仔猪的哺乳管理提高断奶重，通过应激营养提高断奶仔猪的抗应激水平，通过加强仔猪饲养管理、优化饲料营养水平、改善环境等一系列措施和方法，提高断奶仔猪的适应性，降低发病率、死淘率，提高仔猪的生产性能。

29．如何提供保育猪的营养与日粮?

保育猪的消化系统发育仍不完善，对饲料的营养及原料十分敏感，在选择饲料时应选用营养浓度、消化率都较高的日粮，以适应其消化道的变化，使仔猪快速生长。保育猪的增重在很大程度上取决于能量的供给，随能量摄入量的增加而提高，饲料转化效率也将得到明显的改善；保育猪对低蛋白日粮不是很敏感。

保育猪的营养和日粮应根据其生长阶段的生理变化提供，一般分为 3 个阶段。

第一阶段：断奶至 7 千克，饲喂哺乳仔猪料最好。

第二阶段：7~15 千克，饲喂消化能 3 400 千卡 / 千克、粗蛋白 20%、赖氨酸 1.25% 以上的高营养浓度、高适口性、高消化率的日粮，可降低乳制品含量，增加去皮豆粕、膨化大豆等原料。

第三阶段：15~25 千克，饲喂消化能 3 400 千卡 / 千克、粗蛋白质 18%、赖氨酸 1.15% 以上的日粮，可以不用乳制品及动物蛋白，用去皮豆粕、膨化大豆等来代替。

30．商品育肥猪需要怎样的环境条件?

育肥猪是养猪业实现效益的重要环节，要达到育肥的效果，同时用料少、疾病少、增重快，就要创造适宜的环境条件。

（1）温度 猪是恒温动物，可以通过自身的调节来保持体温的基本恒定，但需要消耗许多体力和能量，这样会影响猪的生长速度。育肥猪的适宜气温是：体重 60 千克以前为 16~22℃；体重 60~90 千克为 14~20℃；体重 100 千克以上为 12~16℃。

（2）湿度 湿度过高或过低对生长育肥猪均有影响。高温高湿时，猪体散热困难，猪感到更加闷热；低温高湿时，猪体散热量显著增加，猪感到更冷，而且高湿环境有利于病原微生物的繁殖，使猪易患疥癣、湿疹等皮肤病。猪舍适宜的相对湿度是60%~70%，如果猪舍内启用采暖设备，相对湿度应降低5%~8%。

（3）光照 在一般情况下，光照对猪的育肥影响不大。育肥猪舍的光线只要不影响猪的采食和便于饲养管理操作即可。尤其要注意，不宜给育肥猪强烈的光照，以免影响育肥猪的休息和睡眠。

（4）有害气体 由于粪尿、饲料、垫草的发酵或腐败，经常分解出氨气和硫化氢等有毒气体，猪的呼吸也会排出大量的二氧化碳。如果猪舍内二氧化碳的浓度过高，会使猪的食欲减退、体质下降、增重缓慢；如果猪舍内氨气和硫化氢浓度过高，会刺激和破坏黏膜、结膜，诱发多种疾病。所以，猪舍内要经常注意通风，及时清除猪粪尿和脏物，注意合适的圈养密度。

（5）饲养密度 合理的饲养密度不但能增加初期建筑投资的收益，而且还能避免猪只咬尾症的发生，提高增重率。猪的饲养密度可随着季节的变化加以调整。例如，在寒冷的冬天，每栏可多放养1~2头猪，在炎热的夏天，可减少1~2头，这样可产生较好成绩。长白猪好斗，密度不宜过大（表4-8）。

表4-8 饲养密度

体重（千克）	7.5~15	15~30	30~50	50~70	75~100
面积（米²/只）	0.27	0.32	0.45	0.54	0.80

（6）噪声 噪声对育肥猪的采食、休息和增重都有影响。经常受到噪声的干扰，猪的活动量增大，一部分能量被消耗而影响猪增重，噪声还会引起猪惊恐，降低食欲。

（7）分群 可根据猪的个体情况，按猪种分圈饲养，以便为其提供适宜的环境条件。最好不要把体重、体质参差不齐的仔猪混群饲养，以免强夺弱食，使猪群生长不整齐。同时要保持猪群的相对稳定，在饲养期尽量不再并群，否则，不同群的猪相互咬斗，会影响生长和育肥。

31. 育肥猪日粮营养需要满足哪些指标? 能否提供几个现成的饲料配方?

(1)育肥猪日粮营养　育肥猪生长需要各种营养物质,单一饲粮往往营养不全面,不能满足猪生长发育的要求。多种饲料搭配应用可以发挥蛋白质及其他营养物质的互补作用,从而提高蛋白质等营养物质的消化率和利用率。猪体重一旦达到 20 千克,日粮成分的选择就不像在断奶期那样苛刻了,就有很大的选择范围为生长育肥猪进行日粮配制。NRC(1998)公布的猪营养需要标准是猪营养需要的最好指南。

生长期(20~60 千克)为满足肌肉和骨骼的快速增长,要求能量、蛋白质、钙和磷的水平较高,饲粮含消化能 12.97~13.97 兆焦/千克、粗蛋白 16%~18%、适宜的能量蛋白比为 188.28~217.57 的粗蛋白克/兆焦 DE、钙 0.50%~0.55%、磷 0.41%~0.46%、赖氨酸0.56%~0.64%、蛋氨酸+胱氨酸 0.37%~0.42%。育肥期(60 千克~出栏)要控制能量,减少脂肪沉积,饲粮含消化能 12.30~12.97 兆焦/千克、粗蛋白 13%~15%、每兆焦消化能 188.28 克粗蛋白质,钙0.46%、磷 0.37%、赖氨酸 0.52%、蛋氨酸+胱氨酸 0.28%。

(2)育肥猪日粮配方(表 4-9)

表 4-9　生长育肥猪饲料配方举例

阶段	15~30 千克	30~60 千克	60~90 千克
饲料组成			
玉米(%)	54	61	60
高粱(%)	5	0	0
次粉(%)	12	15	16
豆粕(%)	18	8	8
棉粕(%)	3	8	8
酵母粉(45%)(%)	4	4	—
米糠(%)	—	—	4

（续表）

阶段	15~30千克	30~60千克	60~90千克
预混料（%）	4	4	4
营养成分			
消化能（兆焦/千克）	13.50	13.46	13.29
粗蛋白质（%）	17.92	15.27	14.35
钙（%）	0.72	0.74	0.74
有效磷（%）	0.31	0.26	0.24
蛋氨酸（%）	0.30	0.22	0.20
赖氨酸（%）	0.92	0.72	0.57
胱氨酸（%）	0.09	0.09	0.0

32. 育肥猪饲养管理要注意哪些要点？

（1）合理分群 育成猪转入育肥猪舍前，猪舍应彻底清扫消毒，空圈1周以上，将来源、体重、品种、体质等方面相近似的猪合群饲养，尤其是体重差异不能过大，不宜超过5千克。分群以后要保持猪群的相对稳定，除因疾病、体重差别过大或体质过弱不宜在群内饲养加以调整外，不应任意变动。合群并圈时，要加强管理和调教，避免或减少咬斗现象。每群猪头数的多少，应依猪舍条件而定。育肥猪每头占地面积控制在0.8~1.2米^2，可根据季节不同适当调整，夏季宜疏一点，一般每群以10~20头为宜。

（2）三点定位 从小就加强生长猪的调教，使猪吃食、睡觉和排粪尿"三点定位"，不仅能够保持猪圈清洁卫生，还能减轻饲养员的劳动强度。猪圈应每天打扫，猪体要经常刷拭，这样既减少猪病，又有利于提高猪的日增重和饲料利用率。

（3）采食和饮水 ①采食。应根据猪的生长规律，采取前期饱喂，中期不掉架，后期限饲的原则，可参照以下公式：50千克以前，体重×0.045=饲喂量；50~80千克，体重×0.040=饲喂量；80千克以上，体重×0.035=饲喂量。②饮水器高度。小猪：25~35厘米；中猪：35~45厘米；大猪：45~55厘米，要保证水源清洁卫生及不间断供应。

（4）温度　猪舍内的温度常年以18℃为宜，管理者必须做好夏季防暑降温、冬季御寒保温、保持猪舍干燥、搞好通风换气等工作。夏季注意防暑降温，可多用水冲圈、淋浴猪体（但必须保证猪舍内通风），同时采用纱网密封猪舍防止蚊蝇叮咬，控制疾病传播；冬季注意防寒保暖，堵塞孔隙防止贼风，使用垫草或木板保暖，或者使用塑料布保暖。

（5）消毒和防疫　① 猪舍内每天定时清扫。猪舍内每周应带猪消毒1次，消毒剂可选用百毒净或百毒杀等。猪舍地面、墙角和运动场用25%石灰乳或2%~3%烧碱液消毒。或选用正规厂家生产的专用消毒剂。② 做好疫病的防疫工作。应按照免疫程序接种疫苗，以防各类传染病的发生造成死亡。使用疫苗一定要注意生产厂家、批准文号、生产日期和贮存条件，禁止使用质量不能保证的疫苗。

第五章　猪常见病的防控

1. 猪瘟有什么流行特点?

猪瘟是由猪瘟病毒引起的一种高度接触传染和致死性的病毒性传染病,是严重威胁养猪业发展的重大疾病之一。

猪瘟病毒属 RNA 型病毒,是黄病毒科瘟病毒属的一个成员。其直径为 40 纳米左右,呈圆形或六角形体,中心系 RNA 所组成的螺旋状体,外有包囊。病毒存在于猪的各种组织器官和血液中,一般认为红细胞含毒量高,白细胞含毒量较少。含毒量最高的是脾脏,约为血液的 10 倍。淋巴中含毒量比脾脏略低。红骨髓、肝和肾等含毒量接近于血液。干燥易于毁灭病毒。血液中的病毒在室温里可存活 2~3 个月;在骨髓里的病毒可生存 15 天左右;冷冻猪肉中其毒力能保持 90~225 天。粪尿及内脏的病毒,可在 2~3 天内因腐败作用而迅速死亡;直射阳光经 5~9 小时,不能使病毒丧失其致病力;煮沸能迅速杀死病毒。有效的消毒药为 2% 氢氧化钠热溶液。

在自然条件下,猪和野猪是本病的唯一宿主。病猪是主要的传染源。强毒感染猪在发病前可从口、鼻、眼分泌物、尿及粪中排毒,并延续到整个病程。低毒株的感染猪排毒期较短。若感染妊娠母猪,则病毒可侵袭子宫内的胎儿,造成死产或产弱仔,分娩时排出大量病毒,而母猪本身无明显症状。如果这种先天感染的胎儿正常分娩,且仔猪健活数月,则可成为散布病毒的传染源。

猪群暴发猪瘟多数由于感染猪瘟病毒而未发病的猪群,也可通过病猪肉或未经煮沸消毒的含毒残羹而传播。人和其他动物可机械地传播病毒。主要的感染途径是口腔、鼻腔,也可通过结膜感染。

猪瘟的发生无季节性,各种品种、年龄和性别的猪均易感。强毒

217

感染时发病率和病死率极高，各种抗菌药物治疗无效。

2．典型猪瘟的临床症状有哪些？

猪瘟潜伏期 5~7 天，短的 2 天发病，长的 21 天发病。根据症状和其他特征，典型猪瘟可分为急性、慢性、迟发性和温和性 4 种类型。

（1）急性型　病猪高度沉郁，减食或拒食，怕冷挤卧，体温持续升高至 41℃左右。先便秘，粪干硬呈球状，带有黏液或血液，随后下痢，有的发生呕吐。病猪有结膜炎，两眼有多量黏性或脓性分泌物。步态不稳，后期发生后肢麻痹。皮肤先充血，继而变成紫绀，并出现许多小出血点，以耳、四肢、腹下及会阴等部位最为常见。少数病猪出现惊厥、痉挛等神经症状。病程 10~20 天死亡。

（2）慢性型　初期食欲不振，精神委顿，体温升高，白细胞减少。几周后食欲和一般症状改善，但白细胞仍减少。继而病猪症状加重，体温升高不降，皮肤有紫斑或坏死，日渐消瘦，全身衰弱，病程 1 个月以上，甚至 3 个月。

（3）迟发型　是先天性感染低毒猪瘟病毒的结果。胚胎感染低毒猪瘟病毒后，如产出正常仔猪，则可终生带毒，不产生对猪瘟病毒的抗体，表现免疫耐受现象。感染猪在出生后几个月可表现正常，随后发生减食、沉郁、结膜炎、皮炎、下痢及运动失调症状，体温正常，大多数猪能存活 6 个月以上。

先天性的猪瘟病毒感染，可导致流产、木乃伊胎、畸形、死产、产出有颤抖症状的弱仔或外表健康的感染仔猪。子宫内感染的仔猪，皮肤常见出血，且初生猪的死亡率很高。

（4）温和型　温和型又称非典型猪瘟，系由低毒力的毒株所引起，主要发生于经猪瘟疫苗免疫过的猪群，以经过 1~2 次疫苗免疫的猪群多发。本型的特点是：发病后不表现猪瘟的临床外观症状或症状较轻，病情缓和，病理变化不典型，体温一般在 40~41℃。皮肤很少有出血点，但有的病猪耳、尾、四肢末端皮肤有坏死。病猪后期行走不稳，后肢瘫痪，部分关节肿大。本病的发病率和病死率均较低，对幼猪可致死，大猪一般可以耐过。

3. 猪瘟的病理变化有哪些?

急性猪瘟呈现以多发性出血为特征的败血病变化。在皮肤、浆膜、黏膜、淋巴结、肾、膀胱、喉头、扁桃体、胆囊等处都有不同程度的出血变化。一般呈斑点状,有的出血点少而散在,有的星罗棋布,以肾和淋巴结出血最为常见。淋巴结肿大,呈暗红色,切面呈弥散性出血和周边性出血,如大理石样外观,多见于腹腔淋巴结和颌下淋巴结。肾脏色彩变淡,表面有数量不等的小出血点。胃尤其是胃底出血、溃疡脾脏的边缘常可见到紫黑色突起(出血性梗死),这是猪瘟有诊断意义的病变。慢性猪瘟的出血和梗死变化较少,但回肠末端、盲肠,特别是回盲口,有许多的轮层状溃疡(纽扣状溃疡)。

4. 猪瘟的防制措施是什么?

(1)预防

① 平时的预防措施。提高猪群的免疫水平,防止引入病猪,切断传播途径,严格按照免疫程序接种猪瘟疫苗,是预防猪瘟发生的重要措施。

② 流行时的防制措施。

封锁疫点:在封锁地点内停止生猪及猪产品的集市买卖和外运,最后 1 头病猪死亡或处理后 3 周,经彻底消毒,可以解除封锁。

处理病猪:对所有猪进行测温和临床检查,病猪以急宰为宜,急宰病猪的血液、内脏和污物等应就地深埋。污染的场地、用具和工作人员都应严格消毒,防止病毒扩散。可疑病猪予以隔离。对有带毒综合征的母猪,应坚决淘汰。这种母猪虽不发病,但可经胎盘感染胎儿,引起死胎、弱胎,生下的仔猪也可能带毒,这种仔猪对免疫接种有耐受现象,不产生免疫应答,而成为猪瘟的传染源。

紧急预防接种:对疫区内的假定健康猪和受威胁区的猪群,立即注射猪瘟兔化弱毒疫苗,剂量可增至常规量的 6~8 倍。

彻底消毒:病猪圈、垫草、粪水、吃剩的饲料和用具均应彻底消毒,最好将病猪圈的表土铲出,换上一层新土。在猪瘟流行期间,对饲养用具应每隔 2~3 天消毒 1 次,碱性消毒药均有良好的消毒效果。

（2）治疗 目前尚无有效的治疗药物，对一些经济价值较高的种猪，可用高免血清治疗，但因高免血清价格高，很不经济，因此，不能在临床上全面使用。目前，临床上多采用对症治疗和控制继发性感染，抗生素、磺胺药和解热药联合使用，如青霉素80万单位，复方氨基比林10毫升，肌内注射，每天2次，连用3天；或用磺胺嘧啶钠10毫升，肌内注射，每天2次，连用3天。

在临床实践中，有人用中西药结合的方法或用中成药加减的方法，治疗不同时期、不同病症的病猪，取得了较好的疗效，兹介绍如下。

① 大承气汤加味疗法。主要用于恶寒发热，大便干燥，粪便秘结的病猪。处方：大黄15克、厚朴20克、枳实15克、芒硝25克、玄参10克、麦冬15克、金银花15克、连翘20克、石膏50克，水煎去渣，早、晚各灌服1剂。此药量为10千克重的猪所用药量，大小不同的猪可酌情增减。

② 加减黄连解毒汤疗法。多用于粪便稀软或出现明显腹泻症状的病猪。处方：黄连5克、黄柏10克、黄芩15克、金银花15克、连翘15克、白扁豆15克、木香10克，水煎去渣，早、晚各灌服1剂。以上药量为10千克重的猪所用药量，大小不同的猪可酌情增减。

③ 仙人掌疗法。此方为民间对猪有明显效果的疗法。调配方法为：取仙人掌5片，去皮，捣成泥状备用；挖取蚯蚓20~30条，放入盛有白砂糖200克的容器中；然后倒入仙人掌泥拌和，再拌入麸皮或糖料少许。每天早、晚各喂1次，2~3天则有明显好转或治愈。

5. 猪瘟免疫失败的原因有哪些？如何避免？

现在虽然疫苗已广泛使用，但非典型性猪瘟却仍不断发生，甚至有些养殖场更换猪瘟疫苗及免疫程序后，猪瘟的防控仍不理想。主要原因如下。

（1）猪群的随意流动是传播和扩散该病的重要原因 国家猪瘟参考实验室王琴研究员曾报道：我国猪瘟病毒的分子流行病学研究表明猪群的随意流动是传播与扩散该病的重要原因。通过监测，发现我国的猪瘟流行在大部分地区依然是基因2群和1群，没有发现基因3

群；疫苗毒株抗原性没有发生变异，目前疫苗依然有效。

（2）多种免疫抑制性疾病的存在

① 猪圆环病毒2型（PCV2）感染对猪瘟弱毒疫苗接种猪免疫应答的影响。圆环病毒被行业内形象的称为猪的"艾滋病"，不言而喻，这是因为圆环病毒像艾滋病病毒一样，侵害的都是免疫系统，造成普遍的免疫抑制，进而影响机体的免疫应答。猪瘟弱毒疫苗免疫前或免疫后感染 PCV2 均会影响机体的体液和细胞免疫应答水平，导致PBLC 内细胞因子的表达严重抑制和紊乱。

② 蓝耳病毒的免疫抑制性干扰，影响猪瘟的免疫应答。

③ 霉菌毒素可降低猪瘟免疫效果。霉菌毒素的危害目前也越来越引起行业的重视，霉菌毒素除造成霉菌中毒，也可影响母猪的繁殖力、仔猪的成活率以及猪只的免疫抑制。

（3）疫苗本身质量及运输、储存问题

① 疫苗真实效价与厂家宣传不符。由于现行标准的精准度不足，造成疫苗真实效价无法得以反映。

② 猪瘟疫苗在运输、储存过程中，病毒粒子失去活性。猪瘟疫苗为活苗，正常保存温度要求 −15℃以下，而气温在零上时，尤其夏季高温时，冰块融化后，疫苗箱内温度达到 20℃左右，与正常保存温度温差可高达 30℃以上，疫苗被反复冻融，从而造成病毒粒子失去活性，影响疫苗的效价。

用户使用时，疫苗中可能含有足够的病毒粒子，但有效的、活的病毒粒子数却可能不足。引起此结果的原因可能是冻干时有部分损失，也可能是因为猪瘟病毒的热敏感性较强，在运输、保存时，由于温差太大，造成病毒粒子失去活性。

为避免运输、保存过程中造成疫苗效价的损失，可使用耐热保护剂型疫苗，这种疫苗正常保存温度为 2~8℃，有效解决了疫苗的冷链问题。

③ 疫苗中含有外源病毒。猪瘟疫苗中最容易含有的外源病毒是牛病毒性腹泻／黏膜病毒（BVDV），其与猪瘟病毒同科同属，就像一对亲兄弟，一般的检测方法很难准确区分。BVDV 污染疫苗后不仅严重影响疫苗的效力，还能感染猪，影响猪群健康。猪瘟病毒与 BVDV

血清学上存在抗原相关性，可发生交叉反应、交叉感染。BVDV 抗体对猪瘟病毒有抑制作用；BVDV 活病毒粒子会降低猪瘟疫苗的免疫效果。仔猪先天感染 BVDV 的症状与病变类似于猪瘟；母猪自然感染 BVDV 为屡配不孕、产仔数下降和流产。因此，如果疫苗中污染了 BVDV，会严重影响猪瘟疫苗的免疫效果。

（4）免疫程序不合理　免疫程序不合理主要是指免疫的时间过早或过迟。对于仔猪初次免疫，过早会受到母源抗体的影响，过迟则会形成免疫空白期，易被野毒感染。加强免疫过早或过迟，也会影响免疫效果，原理与初免相似。

综上所述，为取得良好的猪瘟病毒防控效果，需要引进健康的种猪，做好相关抑制性疾病的防控，保证营养需求，杜绝霉菌毒素，从正规渠道购买质量有保证的疫苗，有条件的场定期对猪群进行健康检测，根据检测结果，合理调整免疫程序。此外，稀释疫苗时，还需注意，疫苗的冻干块是否变形，瓶壁是否有裂痕，如有这些现象，疫苗应弃之不用。接种疫苗时，应根据猪只大小选择合适的针头，出血猪只应补针，同时应只接种健康猪只，病猪和瘦弱猪应在恢复健康后补打疫苗。

6. 猪口蹄疫的流行特点有哪些？

口蹄疫是口蹄疫病毒感染引起的牛、羊、猪等偶蹄动物共患的一种急性、热性传染病，是一种人兽共患病。本病毒有甲型（A 型）、乙型（O 型）、丙型（C 型）、南非 1 型、南非 2 型、南非 3 型和亚洲 1 型 7 个血清主型，每个主型又有许多亚型。由于本病传播快、发病率高、传染途径复杂、病毒型多易变，而成为近年来危害养猪业的主要疫病之一。

口蹄疫病毒属微核糖核酸科口蹄疫病毒属，体积最小。病毒粒子呈 20 面体对称，直径 20~23 纳米。口蹄疫病毒对外界环境的抵抗力很强，不怕干燥，在自然条件下，含病毒的组织与污染的饲料、饲草、皮毛及土壤等保持传染性达数周至数月之久。粪便中的病毒，在温暖的季节可存活 29~60 天，在冻结条件下可以越冬。但对酸和碱十分敏感，易被碱性或酸性消毒药杀死。

猪口蹄疫病毒可侵害多种动物，但主要是偶蹄兽。家畜中以牛最易感，其次是猪和羊。各种年龄的猪均有易感性，但对仔猪的危害最大，常常引起死亡。病畜是最危险的传染源。由于本病对牛的敏感性最高，可在绵羊群中长期存在，而猪的排毒量远远大于牛和绵羊，故有牛是本病的"指示器"，绵羊为"贮存器"，猪为"放大器"之说。病猪在发热期，其粪尿、奶、眼泪、唾液和呼出气体均含病毒，以后病毒主要存在于水疱皮和水疱液中，通过直接接触和间接接触，病毒进入易感猪的呼吸道、消化道和损伤的皮肤黏膜，均可感染发病。最危险的传播媒介是病猪肉及其制品，还有泔水，其次是被病毒污染的饲养管理用具和运输工具。近年来证明，空气也是猪口蹄疫的重要的传播媒介。病毒能随风传播到 10 千米以外的地区，如大气稳定，气温低，湿度高，病毒毒力强时，本病常可发生远距离气源性传播。

病愈动物的带毒期长短不一，一般不超过 2~3 个月。据报道，猪不能长期带毒，隐性带毒者主要为牛、羊及野生动物。猪口蹄疫流行猛烈，在较短时间内，可使全群猪发病，继而扩散到周围地区，发病率很高，但病死率不到 5%。若由一般的猪口蹄疫病毒引起的猪口蹄疫，往往牛先发病，而后才有羊、猪感染发病。

猪口蹄疫的发生虽无严格的季节性，但其流行却有明显的季节规律。一般多流行于冬季和春季，至夏季往往自然平息。但在大群饲养的猪舍，本病并无明显的季节性。

单纯性猪口蹄疫的流行特点略有不同，仅猪发病，不感染牛、羊，不引起迅速扩散或跳跃式流行，主要发生于集中饲养的猪场和食品公司的活猪仓库或城郊猪场以及交通密集的铁路、公路沿线，农村分散饲养的猪较少发生。

7. 猪口蹄疫的临床症状有哪些？

潜伏期 1~2 天，病猪以蹄部水疱为主要特征，病初体温 40~41℃，精神不振，食欲减退或不食，蹄冠、趾间、蹄踵、嘴角等处出现发红、微热、敏感等症状，不久形成黄豆大、蚕豆大的水疱，水疱破裂后形成出血性烂斑、溃疡，1 周左右恢复。若有细菌感染，则局部化脓坏死，可引起蹄壳脱落，患肢不能着地，常卧地不起，部分病猪的口腔黏膜（包括舌、唇、齿龈、咽、腭）、鼻盘和哺乳母猪的乳头，也可见到水疱和烂斑。哺乳仔猪患口蹄疫时，通常很少见到水疱和烂斑，呈急性胃肠炎和心肌炎突然死亡，病死率可达60%。断奶仔猪感染时水疱症状不明显，主要表现为胃肠炎和心肌炎，致死率高达80%以上。

猪口蹄疫的特征性病理有：除口腔、蹄部或鼻端（吻突）、乳房等处出现水疱及烂斑外，咽喉、气管、支气管和胃黏膜也有烂斑或溃疡，小肠、大肠黏膜可见出血性炎症。仔猪心包膜有弥散性出血点，心肌切面有灰色或黄色斑点或条纹，心肌松软似煮熟状。组织学检查心肌有病变灶，细胞呈颗粒变性，脂肪变性或蜡样坏死，俗称"虎斑心"。

8. 如何诊断猪的口蹄疫？

（1）临床诊断　猪口蹄疫有较为特征的临床症状，结合病情的急性经过，呈流行性传播，主要侵害偶蹄动物，转归良好。

（2）类症鉴别　猪口蹄疫病主要应与猪传染性水疱性口炎、猪传染性水疱病等水疱性疾病相互区别。

传染性水疱性口炎其特点流行范围小，发病率低，死亡则更少见，且马、骡、驴等单蹄动物也能感染。必要时可依赖动物接种来进一步确诊。

猪传染性水疱病又称猪水疱病，本病仅猪易感，牛、羊等动物则不感染。剖检时猪水疱病无"虎斑心"的心肌变化，而猪口蹄疫特别是仔猪发病时大多具有这种典型的心脏病变。

（3）实验室检查　口蹄疫病毒具有多型性，而其流行特点和临床症状相同，其病毒属于哪一型，需经实验室检查才能确定。另外，猪口蹄疫与猪水疱病的临床症状几乎无差别，也有赖于实验室检查予以鉴别。首先将病猪蹄部用清水洗净，用干净剪子剪取水疱皮，装入青霉素（或链霉素）空瓶，最好采3~5头病猪的水疱皮，冷藏保管，一并迅速送到有关检验部门检查。常用酶联免疫吸附试验进行诊断。

9. 猪口蹄疫治疗方法有哪些?

根据国家规定,口蹄疫病猪应一律采取扑杀措施,不准治疗,以防散播传染。但在特殊情况下,如某些种猪,可在严格隔离的情况下予以治疗。

轻症病猪,经过 10 天左右多能自愈。重症病猪,为了缩短病期,特别是预防继发性感染的发生与死亡,应在严格隔离的条件下,及时对其进行治疗。可先用食醋水或 0.2% 高锰酸钾液洗净局部,再涂布龙胆紫溶液或碘甘油,经过数天治疗,绝大多数猪均可以治愈。对恶性猪口蹄疫病畜,除局部治疗外,常须辅以强心剂和补剂,如安钠咖、葡萄糖盐水等全身疗法进行治疗。用结晶樟脑口服,每天 2 次,每次 5~8 克,可收到良效。

中草药对本病也有较好的疗效,主要有以下几种药方。

① 硼砂 25 克、冰片 15 克、枯矾 15 克、雄黄 10 克、青黛 5 克,共研细末,用管装药,吹入病猪口内,每天 2~3 次。

② 金银花、连翘、大黄、生地、甘草各 20 克,花粉、山豆根、牛蒡子各 15 克,蝉蜕 10 克、黄连 25 克,水煎 2 次,分 2~3 次内服。此药量为 100 头猪的用量,用时可根据猪的头数,适量增减。

③ 煅石膏和百草霜各一半,研末,加少量食盐,涂布于病猪的蹄部烂斑或溃疡面上,能促进病损的痊愈,明显缩短病程。

10. 怎样综合防控猪口蹄疫?

(1)常规预防　目前多采用以检疫诊断为中心的综合防制措施。一般采取以下步骤。

① 加强检疫和普查。将经常检疫和定期普查相结合起来,分工协作;一定要做好猪产地检疫、屠宰检疫、农贸市场检疫和运输检疫等工作;同时每年冬季应进行一次重点普查,以便了解和发现疫情,及时采取相应措施。

② 及时接种疫苗。国家农业部对口蹄疫实行强制免疫计划,对全国范围内的猪实行 O 型口蹄疫强制免疫。各地根据评估结果,自行确定是否对猪 A 型口蹄疫实施免疫。农业部 2017 年 12 月 29 日发

布第 2635 号公告，决定自 2018 年 7 月 1 日起，在全国范围内停止亚洲 I 型口蹄疫免疫。

③ 加强防疫措施。严禁从疫区（场）买猪及其肉制品，不得用未经煮开的洗肉水、泔水喂猪。

此外，预防人的猪口蹄疫，主要依靠个人的自身防护和饮食卫生，如不喝生奶，接触病猪后立即洗手并消毒；防止病猪的分泌物和排泄物等落入口鼻和眼黏膜；被污染的衣物等应及时洗涤和消毒等。

（2）紧急预防　当检出猪口蹄疫后，应立即报告疫情，并迅速划定疫点、疫区，按照"早、快、严、小"的原则，及时严格地封锁和紧急预防。具体操作如下。

① 急宰。对病猪及同群猪应隔离急宰，内脏及污染物（指不易消毒的物品）深埋或者烧掉。

② 消毒。对病猪合及污染的场所和用具等用 2% 烧碱溶液、10% 石灰乳、0.2%~0.5% 过氧乙酸等进行彻底消毒，在猪口蹄疫流行期间，每隔 2~3 天消毒 1 次。此外，病猪的粪便应堆积发酵处理或用 5% 的氨水消毒；毛、皮张可用环氧乙烷或甲醛气体消毒。

③ 接种。对疫点周围及疫点内尚未感染的猪立即进行紧急预防接种。接种的一般原则是：先注射疫区外围的猪，后注射疫区内的猪。接种的疫苗应选用与当地流行的相同病毒型、亚型的弱毒疫苗或灭活疫苗进行免疫接种。但由于弱毒苗的毒力与免疫力之间难以平衡，不太安全，所以通常用猪口蹄疫灭活苗预防本病可收到较好的效果。

11.　为什么说蓝耳病仍是威胁养猪业的"头号大敌"？怎样防控？

蓝耳病是由猪繁殖与呼吸障碍综合征病毒（PRRSV）引起的猪的一种高度传染性疫病，又称猪繁殖和呼吸障碍综合征，是当前威胁养猪生产的"头号大敌"。我国猪繁殖与呼吸障碍综合征病毒毒株具有多样性，由于疫苗的滥用导致多种毒株共存，其中 NADC30-like 毒株是近年来流行最广泛的毒株，临床上以感染猪场出现母猪流产等繁殖障碍为重要特征。生产中如果管理不当，将会给猪场带来巨大的损失。

猪群感染后常突然发病，病初表现为发烧，体温升高至 40~41℃；精神沉郁，食欲不振，眼睑水肿；呼吸困难，咳嗽气喘，常从鼻孔流出泡沫样分泌物或浓鼻涕样。典型的蓝耳病猪皮肤发红，耳朵发紫，腹下及四肢末梢等处皮肤呈紫红色斑块状或丘疹样；部分病猪后躯无力、不能站立或站立摇摆，甚至出现共济失调。仔猪发病率高，死亡率可达 50% 以上；母猪流产。

防控措施：一是要重视和强化猪场生物安全体系建设。坚持自繁自养，控制引种，构建猪繁殖与呼吸障碍综合征病毒阴性种猪场和种公猪站，建立本场稳定的种猪群；加强交通运输工具和人员、饲料、物品的全面、彻底、有效消毒，切断传播途径；实行全进全出制度，至少在产房和保育两个阶段必须实行全进全出制度。

二是定期进行疫病监测，合理选择时机免疫防控。蓝耳病疫苗的使用原则是：一个猪场只用一种疫苗，待发病情况稳定后即停止免疫，发病前 3 周进行免疫。妊娠母猪在产前 1.5 个月免疫，全场猪群出现病情不稳定前 3 周免疫，有母源抗体的仔猪一免 3 周后再进行二免。

蓝耳病疫苗使用有几个特点：临近发病或发病时使用疫苗无效；在病毒血症时使用，病情加重；发病中后期，使用疫苗可以中和抗体，注射疫苗作用较小；监测仔猪母源抗体水平，在抗体水平较高时，不能使用疫苗，否则母源抗体和抗原两败俱伤，引蓝耳病毒上身而致病；猪场蓝耳病发生不稳定时不能使用疫苗，母猪临产前 2 周不能用。

三是使用敏感药物控制继发感染。当前应用较多的药物是泰拉霉素，对常见的细菌性呼吸道病原敏感性较高，且具有广谱、高效、持久的特点，推荐使用。

12. 猪圆环病毒病有哪些临床表现？

猪圆环病毒病是近年来猪发生的一种新传染病，病原体是猪圆环病毒（PCV-2）。此病毒主要感染断奶后仔猪，一般集中于断奶后 2~3 周和 5~8 周龄的仔猪。PCV 分布很广，在美、法、英等国流行。猪群血清阳性率可达 20%~80%，但是，实际上只有相对较小比例的猪或猪群发病。目前已知与 PCV 感染有关的有 5 种疾病：断奶后多系统衰竭综合征、猪皮炎肾病综合征、间质性肺炎、繁殖障碍、传染性先天性震颤。

（1）猪断奶后多系统衰竭综合征（PMWS）　多发生在 5~12 周龄断奶猪和生长猪。哺乳仔猪很少发病，主要在断奶后 2~3 周发病。本病的主要病原是 PCV-2（猪圆环病毒），其在猪群血清阳性率达 20%~80%，多存在隐性感染。发病时病原还有 PRRSV（猪繁殖呼吸综合征病毒）、PRV（猪细小病毒）、MH（猪肺炎支原体）、PRV（猪伪狂犬病毒）、APP（猪胸膜炎放线杆菌）以及 PM（猪多杀性巴氏杆菌）等混合感染。PMWS 的发病往往与饲养密度大、环境恶劣（空气不新鲜、湿度大、温度低）、饲料营养差、管理不善等有密切关联。患病率为 3%~50%，致死率 80%~90%）。

主要表现精神不振、食欲下降、进行性呼吸困难、消瘦、贫血、皮肤苍白、肌肉无力、黄疸、体表淋巴结肿大。被毛粗乱，怕冷，可视黏膜黄疸，下痢，嗜睡，腹股沟浅淋巴结肿大。由于细菌、病毒的二重感染而使症状复杂化与严重化。

病理变化的特点是皮肤苍白，有 20% 出现黄疸。淋巴结异常肿胀，切面呈均匀的苍白色，肺呈弥漫性间质性肺炎；肾脏肿大，外观呈蜡样，其皮质和髓质有大小不一的点状或条状白色坏死灶；肝脏外观呈现浅黄色到橘黄色；脾稍肿大、边缘有梗死灶；胃肠道呈现不同程度的炎症损伤，结肠和盲肠黏膜充血或淤血；肠壁外覆盖一层厚的胶冻样黄色膜。胰损伤、坏死；死后，其全身器官组织表现炎症变化，出现多灶性间质性肺炎、肝炎、肾炎、心肌炎以及胃溃疡等病变。

（2）猪皮炎和肾病综合征　英国于 1993 年首次报道此病，随后美国、欧洲和南非均有报道。通常只发生在 8~18 周龄的猪。发病率为 0.5%~2%，有的可达到 7%，通常病猪在 3 天内死亡，有的在出现临床症状后 2~3 周发生死亡。

病猪食欲不振或废绝，皮肤上出现圆形或不规则的红紫色病变斑点或斑块，有时这些斑块相互融合。尤其在会阴部和四肢最明显。体温有时升高。

病理变化主要是出血性坏死性皮炎和动脉炎，以及渗出性肾小球性肾炎和间质性肾炎。因此而出现皮下水肿、胸水增多和心包积液。病原检测送检血清和病料中，可查出 PCV-2 病毒，又能查出猪繁殖和呼吸综合征病毒、细小病毒，并且都存在相应的抗体。

（3）猪间质性肺炎　本病主要危害 6~14 周龄的猪，发病率为 2%~3%，死亡率为 4%~10%。眼观病变为弥漫性间质性肺炎，呈灰红色。实验室检查有时可见肺部存在 PCV-2 型病毒，其存在于肺细胞增生区和细支气管上皮坏死细胞碎片区域内，肺泡腔内有时可见透明蛋白。

（4）繁殖障碍　研究发现有些繁殖障碍表现可与 PCV-2 型病毒相联系。该病毒造成返情率增加、子宫内感染、木乃伊胎儿、孕期流产，以及死产和产弱仔等。有些产下的仔猪中发现 PCV-2 型病毒血症。

在有很高比例新母猪的猪群中，可见到非常严重的繁殖障碍。急性繁殖障碍，如发情延迟和流产增加，通常可在 2~4 周后消失。但其后就在断奶后发生多系统衰竭综合征。用 PCR 技术对猪进行血清 PCV-2 型病毒监测，结果表明有些母猪有延续数月时间的病毒血症。

（5）传染性先天性震颤　多在仔猪出生后第 1 周内发生，震颤由轻变重，卧下或睡觉时震颤消失，受外界刺激（如突发的噪声或寒冷等）时可以引发或是加重震颤，严重的影响吃奶，以致死亡。每窝仔猪受病毒感染的发病数目不等。大多是新引入的头胎母猪所产的仔猪。在精心护理 1 周后，存活的病仔猪多数于 3 周逐渐恢复。但是，有的猪直至育肥期仍然不断发生震颤。

13. 怎样防控猪圆环病毒病？

迄今为止还没有控制和消灭猪断奶后多系统衰竭综合征及 PCV-2 感染所致其他疾病的有效措施，也没有切实有效的商品化疫苗和药物用来防御 PCV-2 感染。而且 PCV-2 对常规消毒剂抵抗力很强，给猪场的净化工作带来了困难。目前，控制猪断奶后多系统衰竭综合征应采取综合性的控制措施。

（1）改变和完善饲养方式　做到养猪生产各阶段的全进全出，避免将不同日龄的猪混群饲养，从而减少和降低猪群之间 PCV-2 的接触感染机会。

（2）建立猪场完善的生物安全体系　将消毒卫生工作贯穿于养猪生产的各个环节。最大限度地降低猪场内污染的病原微生物，减少或杜绝猪群继发感染的几率。由于 PCV-2 对一般的消毒剂抵抗力强，因此，在消毒剂的选择上应考虑使用广谱的消毒药。

（3）加强猪群的饲养管理，降低猪群的应激因素　很多应激因素都可诱发、促进猪断奶后多系统衰竭综合征的发生和加重发病猪群的病情，导致死亡率上升，因此，应尽可能地减少猪群的应激因素，避免饲喂发霉变质或含有真菌毒素的饲料，做好猪舍的通风换气，改善猪舍的空气质量，降低氨气浓度。保持猪舍干燥，降低猪群的饲养密度。

（4）提高猪群的营养水平　由于 PCV-2 感染可以导致猪群的免疫功能下降，因此，营养是影响猪断奶后多系统衰竭综合征的一个重要因素。通过提高猪群的蛋白质、氨基酸、维生素和微量元素等水平，提高饲料的质量以及断奶猪的采食量，给仔猪饲喂湿料或粥料，保证仔猪充足的饮水，可以在一定程度上降低猪断奶后多系统衰竭综合征的发生率及其造成的损失。

（5）采用完善的药物预防方案，控制猪群的细菌性继发感染　没有有效的药物可以用于猪断奶后多系统衰竭综合征的治疗，即使一些继发的细菌性疾病，治疗效果也不好，因此，应提前采用药物预防来控制细菌性继发感染。针对目前我国猪群中猪断奶后多系统衰竭综合征的发病特点和在实际生产中的应用效果，建议以下药物用于预防方案。

① 仔猪用药。哺乳仔猪在 3、7、21 日龄注射长效土霉素（200 毫克/毫升），每次 0.5 毫升；断奶前 1 周至断奶后 1 个月，用泰妙菌素（50 克/吨）+金霉素或土霉素或强力霉素（150 克/吨）+阿莫西林（500 克）拌料饲喂，或者添加 2% 氟苯尼考（1 000~1 500 克/吨）+泰乐菌素（200~250 克/吨）。继发感染严重的猪场，可在 28、35、42 日龄各注射头孢噻呋（500 毫克/毫升）0.2 毫升。

② 母猪用药。母猪在产前 1 周和产后 1 周，饲料中添加支原净（100 克／吨）＋金霉素或土霉素（300 克／吨）。

（6）做好猪场猪瘟、伪狂犬病、猪细小病毒感染、气喘病等疫苗的免疫接种　规模化猪场应提倡使用猪气喘病灭活疫苗免疫接种，有利于提高猪群呼吸道和肺脏的免疫力，可减少呼吸道病原体的继发感染。

（7）治疗　该病目前尚无有效的治疗办法和疫苗。使用抗生素，加强饲养管理，有助于控制二重感染。

① 支原净 0.125 千克、强力霉素 0.125 千克和阿莫西林 0.125 千克，3 种药加入 1 000 千克日粮中拌匀喂饲。连用 1~2 周。

② 按每千克体重支原净 125 毫克给病猪注射 2 次／天，连用 3~5 天。

③ 按每 1 000 千克饮水中加入支原净 0.12~0.18 千克，供病猪饮服，连用 3~5 天。

仔猪断奶前 1 周和断奶后 2~3 周，可选用以下措施：

① 用优良的乳猪料或日粮中添加 1.5%~3% 柠檬酸、适量酶制剂。

② 每千克日粮中添加支原净 50 毫克、强力霉素 0.05 千克、阿莫西林 0.05 千克。拌匀喂服。

③ 饮用口服补液盐水，并在补液盐水每 1 000 千克中加入 0.05 千克支原净和 0.05 千克水溶性阿莫西林。

④ 实行严格的全进全出制，防止不同来源、年龄的猪混养，减少各种应激，降低饲养密度，防止温差过大的变化，尤其后半夜要注意保温，防贼风和有害气体。

⑤ 加强泌乳母猪的营养，添加氧化锌、丙酸，防止发生胃溃疡。

14. 猪伪狂犬病有什么流行特点？

伪狂犬病病原体是疱疹病毒科疱疹病毒亚科的猪疱疹病毒Ⅰ型。病毒对低温、干燥的抵抗力较强，在污染的猪圈或干草上能存活数月之久，在肉中能存活 5 周以上，季铵盐类消毒药、2% 火碱液和 3% 来苏儿水能很快杀死病毒。

伪狂犬病毒在全世界广泛分布。伪狂犬病自然发生于猪、牛、绵羊、犬和猫，另外，多种野生动物、肉食动物也易感。猪是伪狂犬病毒的贮存宿主，病猪、带毒猪以及带毒鼠类为本病重要传染源。

在猪场，伪狂犬病毒主要通过已感染猪排毒而传给健康猪，另外，被伪狂犬病毒污染的工作人员和器具在传播中也起着重要的作用。而空气传播则是伪狂犬病毒扩散的最主要途径，但到底能传播多远还不清楚。人们还发现在邻近有伪狂犬病发生的猪场周围放牧的牛群也能发病，在这种情况下，空气传播是唯一可能的途径。在猪群中，病毒主要通过鼻分泌物传播，另外，乳汁和精液也是可能的传播方式。

除猪以外的其他动物感染伪狂犬病毒后，其结果都是死亡。猪发生伪狂犬病后，其临诊症状因日龄而异，成年猪一般呈隐性感染，怀孕母猪可导致流产、死胎、木乃伊胎和种猪不育等综合征候群。15日龄以内的仔猪发病死亡率可达100%，断奶仔猪发病率可达40%，死亡率20%左右；对成年肥猪可引起生长停滞、增重缓慢等。

伪狂犬病的发生具有一定的季节性，多发生在寒冷的季节，但其他季节也有发生。

15. 猪伪狂犬病有哪些临床症状？

猪伪狂犬病的临床症状随着年龄的不同有很大的差异。但归纳起来主要有4大症状：

（1）哺乳仔猪及断奶幼猪　症状最严重，往往体温升高，呼吸困难、流涎、呕吐、下痢、食欲不振、精神沉郁、肌肉震颤、步态不稳、四肢运动不协调、眼球震颤、间歇性痉挛、后躯麻痹，有前进、后退或转圈等强迫运动，常伴有癫痫样发作及昏睡等现象，神经症状出现后1~2天内死亡，病死率可达100%。若发病6天后才出现神经症状，则有恢复的希望，但可能有永久性后遗症，如眼瞎、偏瘫、发育障碍等。

（2）中猪　常见便秘，一般症状和神经症状较幼猪轻，病死率也低，病程一般4~8天。

（3）成猪　常呈隐性感染，较常见的症状为微热，打喷嚏或咳嗽，精神沉郁，便秘，食欲不振，数日即恢复正常，一般没有神经症状。但是，容易发生母猪久配不孕，种公猪睾丸肿胀、萎缩，失去种用能力。

（4）怀孕母猪 感染后，常有流产、产死胎及延迟分娩等现象。死产胎儿有不同程度的软化现象，流产胎儿大多甚为新鲜，脑壳及臀部皮肤有出血点，胸腔、腹腔及心包腔有多量棕褐色潴留液，肾及心肌出血，肝、脾有灰白色坏死点。

16. 怎样防控猪伪狂犬病？

（1）预防 平时要加强预防。主要预防措施如下。

① 要从洁净猪场引种，并严格隔离检疫30天。

② 猪舍地面、墙壁及用具等每周消毒1次，粪尿进行发酵池或沼气池处理。

③ 捕灭猪舍鼠类等。

④ 种猪场的母猪应每3个月采血检查1次。

疫病流行时的要采取下列措施控制。

① 感染种猪场的净化措施。根据种猪场的条件可采取全群淘汰更新、淘汰阳性反应猪群、隔离饲养阳性反应母猪所生仔猪及注射伪狂犬病油乳剂灭活苗4种措施。接种疫苗的具体方法为：种猪（包括公母）每6个月注射1次，母猪于产前1个月再加强免疫1次。种用仔猪于1月龄左右注射1次，隔4~5周重复注射1次，以后每半年注射1次。种猪场一般不宜用弱毒疫苗。

② 育肥猪发病后的处理。发病后可采取全面免疫的方法，除发病仔猪予以扑杀外，其余仔猪和母猪一律注射伪狂犬病弱毒疫苗（K61弱毒株），乳猪第1次注苗0.5毫升，断奶后再注苗1毫升；3月龄以上的中猪、成猪及怀孕母猪（产前1个月）2毫升。免疫期1年。也可注射伪狂犬病油乳剂灭活菌。同时，还应加强猪场疫病综合防治。

（2）治疗 本病尚无特效治疗药物，紧急情况下，用高免血清治疗，可降低死亡率。疫苗免疫接种是预防和控制伪狂犬病的根本措施，目前国内外已研制成功伪狂犬病的常规弱毒疫苗、灭活疫苗以及基因缺失疫苗（包括基因缺失弱毒苗和灭活苗），这些疫苗都能有效地减轻或防止伪狂犬病的临诊症状，从而减少该病造成的经济损失。

17．猪细小病毒病有什么流行特点？

猪细小病毒病可引起猪的繁殖障碍，故又称猪繁殖障碍病。其特征为受感染的母猪，特别是初产母猪产出死胎、畸形胎和木乃伊胎，而母猪本身无明显症状。

猪细小病毒病病原体为细小病毒科的猪细小病毒，病毒粒子呈圆形或六角形，无囊膜，直径约为 20 纳米，核酸为单股 DNA。本病毒对热、消毒药和酸碱的抵抗力均很强。病毒能凝集豚鼠、鸡、大鼠和小鼠等动物的红细胞。

猪是唯一已知的易感动物。不同品种、性别、年龄的猪均可发病，病猪和带病毒猪是传染源。急性感染猪的排泄物和分泌物中含有较多的病毒，子宫内感染的胎儿至少出生后 9 周仍可带毒排毒。一般经口、鼻和交配感染，出生前经胎盘感染。本病毒对外界环境的抵抗力很强，可在被污染的猪舍内生存数月之久，容易造成长期连续传播。精液带病毒的种公猪配种时，常引起本病的扩大传播。猪场的老鼠感染后，其粪便带有病毒，可能也是本病的传染源和媒介。本病发生无季节性。

18．猪细小病毒病有哪些主要临床症状和病理变化？

仔猪和母猪的急性感染，通常没有明显症状，但在其体内很多组织器官（尤其是淋巴组织）中均有病毒存在。

怀孕母猪被感染时，主要临床表现为母源性繁殖障碍，如多次发情而不受孕或产出死胎、木乃伊胎，或只产出少数仔猪。在怀孕早期感染时，则因胚胎死亡而被吸收，使母猪不孕和不规则地反复发情。怀孕中期感染时，则胎儿死亡后，逐渐木乃伊化，在 1 窝仔猪中有木乃伊胎儿存在时，可使怀孕期或胎儿娩出时间间隔延长，易造成外表正常的同窝仔猪的死产。怀孕后期（70 天后）感染时，则大多数胎儿能存活下来，并且外观正常，但是长期带毒、排毒。本病最多见于初产母猪，母猪首次受感染后可获较坚强的免疫力，甚至可持续终生。细小病毒感染对公猪的性欲和受精率没有明显影响。

怀孕母猪感染后本身没有病变。胚胎的病变是死后液体被吸收，组织软化。受感染而死亡的胎儿可见充血、水肿、出血、体腔积液、脱水（木乃伊化）等病变。组织学检查，可见大脑灰质、白质和软脑膜有以增生的外膜细胞、组织细胞和浆细胞形成的血管周围管套为特征的脑膜炎变化。

19. 如何防控猪细小病毒病？

目前，对该病还没有有效的治疗方法，同其他许多病毒病的防治一样，免疫预防是控制该病的关键，由于猪细小病毒血清型单一及其高免疫原性，使得疫苗接种成为控制猪细小病毒感染的有效措施。

可应用的疫苗有猪细小病毒灭活疫苗和弱毒疫苗，其中灭活疫苗已在国内外广泛应用。在早期的研究报告中，猪细小病毒疫苗的免疫均为间隔 2~3 周的二次注射接种，随着疫苗生产工艺的改进，许多学者发现一次免疫注射就能达到良好的效果。但在生产实际中，我们发现，我国头胎母猪发生流产、死胎、木乃伊胎情况仍较为严重，经济损失较大，因此，我们推荐的免疫程序为在 5 月龄左右注射第 1次，间隔 1 个月后再加强 1 次，效果比较好。

预防该病还需要加强管理，对于阴性猪场要避免引入阳性猪只，在引种时进行血清学或疯原学检查；对于阳性猪场要合理管理阳性猪，初产母猪在配种前可以进行人工主动免疫接种来预防该病。另外，要妥善处理感染猪的排泄物、分泌物及其污染的器具、场所和环境等。由于该病毒对外界理化因素有很强的抵抗力，进行消毒时要采用其敏感的消毒剂（如 0.5% 漂白粉或氢氧化钠）。

20. 猪传染性胃肠炎有什么流行特点？

猪传染性胃肠炎（TGEV）是猪的一种急性肠道传染病。临床特征以呕吐、腹泻和脱水为主。可发生于各种年龄的猪，10 日龄以内的仔猪病死率很高，5 周龄以上的猪病死率很低。

猪传染性胃肠炎病原体为冠状病毒科的猪传染性胃肠炎病毒。只有一个血清型，主要存在于空肠、十二指肠及回肠的黏膜，在鼻腔、气管、肺的黏膜及扁桃体、颌下及肠系膜淋巴结等处也能查出病毒。

病毒对日光和热敏感，对胰蛋白酶和猪胆汁有抵抗力，常用的消毒药容易将其杀死。

该病在我国各地普遍存在，对各种年龄的猪均有易感性，10日龄以内的仔猪最为敏感，发病率和死亡率都很高，有时高达100%。随着年龄的增长，症状减轻，多数能自然康复。如果猪传染性胃肠炎（TGEV）与猪呼吸道冠状病毒（PRCV）混合感染，则会使病情恶化。该病主要以暴发性和地方流行性两种形式发生。在新疫区呈流行性发生，传播迅速，在1周内可传遍整个猪群。在老疫区则呈现地方流行性或间歇性。该病的发生具有明显的季节性，以冬春寒冷季节较为严重。其他动物对本病不易感。

病猪和带毒猪是主要传染源。特别是密闭猪舍、湿度大、猪只集中的猪场，更易传播。通过粪便、乳汁、鼻液、呕吐物或呼出的气体排出病毒，污染饲料、饮水、空气及用具等，再由消化道和呼吸道侵入易感猪体内。带毒的犬、猫和鸟类也可能传播此病。

21. 猪传染性胃肠炎有什么主要临床症状和病理变化？

潜伏期随感染猪的年龄而有差别，仔猪12~24小时，大猪2~4天。主要症状表现如下。

（1）哺乳仔猪　先突然发生呕吐，接着发生剧烈水样腹泻。呕吐多发生于哺乳之后。下痢为乳白色或黄绿色，带有小块未消化的凝乳块，有恶臭。在发病末期，由于脱水，粪稍黏稠，体重迅速减轻，体温下降，常于发病后2~7天死亡，耐过的小猪，生长缓慢。出生后5日以内仔猪的病死率常为100%。

（2）育肥猪　发病率接近100%。突然发生水样腹泻、食欲不振、无力、下痢，粪便呈灰色或茶褐色，含有少量未消化的食物。在腹泻初期，偶有呕吐。病程约1周。在发病期间，增重明显减慢。

（3）成猪　感染后常不发病。部分猪表现轻度水样腹泻或一时性的软便，对体重无明显影响。

（4）母猪　母猪常与仔猪一起发病。有些哺乳中的母猪发病后，表现高度衰弱、体温升高、泌乳停止、呕吐、食欲不振、严重腹泻。

妊娠母猪的症状往往不明显，或仅有轻微的症状。

本病的主要病理变化在胃和小肠。哺乳仔猪的胃常膨满，滞留有未消化的凝乳块。3 日龄小猪中，约 50% 在胃横隔膜面的憩室部黏膜下有出血斑点、肠膨大，有泡沫状液体和未消化的凝乳块，小肠壁变薄、绒毛萎缩，在肠系膜淋巴管内见不到乳白色乳糜，肠黏膜严重出血。

22. 怎样防控猪传染性胃肠炎？

首先，要加强饲养管理，在晚秋至早春之间的寒冷季节，不要引进带毒猪，防止人员、动物和用具传播本病。其次，对怀孕母猪于产前 45 天及 15 天左右，以猪传染性胃肠炎弱毒疫苗经肌肉及鼻内各接种 1 毫升，使其产生足够的免疫力，让哺乳仔猪通过吃母乳获得抗体，产生被动免疫的效果。或在仔猪出生后，以无病原性的弱毒疫苗口服免疫，每头仔猪口服 1 毫升，使其产生主动免疫。改变管理方法，实行全进全出。第三，应用康复猪的抗凝血或高免血清，每日口服 10 毫升，连用 3 天，对新生仔猪有一定的防治效果。

仔猪采用对症治疗，可减少死亡，促进恢复。同时，要加强饲养管理，保持仔猪舍的温度（最好 30℃）和干燥。让仔猪自由饮服口服补液盐（氯化钠 3.5 克、氯化钾 1.5 克、碳酸氢钠 2.5 克、葡萄糖 20 克、常水 1 000 毫升）。为防止继发感染，对 2 周龄以下的仔猪，可适当应用抗生素及其他抗菌药物。

用中药治疗患病猪，可缩短病程，节省药费，提前恢复。应以清热解毒、健目、理气、分清浊、涩肠为主，通常使用乌梅散加减处方：黄连、黄芩、板蓝根、陈皮、六神曲、车前子、诃子，配以甘草调和诸药；再以乌梅为药引。对严重脱水者可人工喂水或补液。饲养管理上，可用 3%~5% 的盐开水浸泡并炒熟的大麦喂猪（促进食欲和健胃），使其多饮水，同时，要注意保暖。

23. 猪流行性感冒有什么流行特点？

猪流行性感冒是由猪流行性感冒病毒引起的一种急性呼吸器官传染病。临床特征为突然发病，并迅速蔓延全群，表现为呼吸道炎症。

　　流感病毒分为 A、B、C 3 个型，猪流感病毒属于正黏病毒科中的 A 型、B 型流感病毒属。猪流感病是 A 型流感病毒引起，除感染猪外也能使人发病。反过来，人的香港流感病毒（H3N2）也能使猪发生流感。该病毒对热和日光的抵抗力不强，一般消毒药能迅速将其杀死。

　　不同年龄、性别和品种的猪对猪流感病毒均有易感性。传染源是病猪和带毒猪。病毒存在于呼吸道黏膜，随分泌物排出后，通过飞沫经呼吸道侵入易感猪体内，在呼吸道上皮细胞内迅速繁殖，很快致病，又向外排出病毒，以至于迅速传播，往往在 2~3 天内波及全群。康复猪和隐性感染猪，可长时间带毒，是猪流感病毒的重要宿主，往往是以后发生猪流感的传染源。猪流感呈流行性发生，在常发生本病的猪场可呈散发性。大多发生在天气骤变的晚秋和早春以及寒冷的冬季。一般发病率高，病死率却很低。如继发巴氏杆菌、肺炎链球菌等感染，则使病情加重。

24. 猪流感有什么临床症状和病理变化？

　　潜伏期为 2~7 天。病猪突然发热、精神不振、食欲减退或废绝，常挤卧一起，不愿活动，呼吸困难、咳嗽、眼、鼻有黏液性分泌物，病程很短，一般 2~6 天可完全恢复。如果并发支气管肺炎、胸膜炎等，则猪群病死率增加。普通感冒与之区别在于前者体温稍高，散发，病程短、发病缓，其他症状无多大差别。

　　病变主要在呼吸器官，鼻、喉、气管和支气管黏膜充血，表面有多量泡沫状黏液，有时混有血液。肺部病变轻重不一，有的只在边缘部分有轻度炎症，严重时，病变部呈紫红色。

25. 怎样防控猪流行性感冒？

　　（1）加强平时的饲养管理　保持猪舍清洁、干燥，在阴雨潮湿和气候多变的季节注意防寒保暖，对猪群定期驱虫。尽量不要在寒冷多雨、气候骤变的季节长途运输猪只。

　　（2）建立健全猪场的卫生消毒措施　对猪舍和饲养环境定期消毒，可用 0.03% 的百毒杀或 0.3%~0.5% 的过氧乙酸喷洒消毒。

（3）隔离　引进猪只须严格隔离，并进行血清学检测，防止引入带毒的血清学阳性猪。猪场暴发猪流感时，应及时隔离病猪，加强对猪群的护理，改善饲养环境条件，对猪舍及其污染的环境、用具及时严格消毒，以防止本病的蔓延和扩散。

（4）免疫接种　疫苗免疫接种是预防猪流感的有效手段，国外已研制出猪流感灭活疫苗，并已商品化和投放市场。国内研制的猪流感灭活疫苗已进入兽用疫苗的审批程序。

（5）治疗　对发病猪群提供避风、干燥、干净的环境，避免移群，供给清洁的饮水。目前尚无特效治疗药物。采取一些对症疗法，如解热镇痛（可肌内注射30%安乃近3~5毫升或复方奎宁注射液、复方安基比林2~5毫升），同时可用一些抗生素或磺胺类药物来控制继发感染。也可试用一些中药方剂，如复方黄芪多糖注射液和板蓝根冲剂，用量根据猪的体重及药品含量确定。

猪流感具有重要的公共卫生意义，在其发生和流行期间，要注意人员的防护。

26. 怎样防控猪流行性乙型脑炎?

每年在蚊虫泛滥的7—8月，都会出现猪乙型脑炎的病例，猪场也感到"很头疼"。病猪多突发高烧至40℃以上，稽留不退，持续几天或十几天。病猪精神不振，食欲减少或废绝，粪便干燥呈球形，空口磨牙或原地转圈、前冲后撞。公猪睾丸肿大，患睾丸炎；母猪繁殖障碍，流产、早产、产死胎。有的病猪后肢出现肿胀，跛行。剖检，脑膜充血，脑积液。

防控措施：该病属于二类传染病，按《中华人民共和国动物防疫法》要求，发病后应划定疫点、疫区和受威胁区，采取隔离、销毁、扑灭、消毒、无害化处理等措施进行防控。

使用乙型脑炎活疫苗，在疫病流行前进行2次免疫（间隔2~3周），每次1~2头份肌内注射。后备种猪在配种前30天、15天各免疫1次，每次1~2头份，有很好的预防效果。

27. 怎样防止猪丹毒再杀"回马枪"?

猪丹毒是由猪丹毒杆菌引起的一种传染病。由于许多猪场多年来没有发生流行,近年来忽视了对本病的免疫防控,平时也很少有猪场对本病进行有针对性的药物预防,导致本病有再杀"回马枪"的趋势。猪丹毒杆菌是猪体内的常在菌,在夏季猪圈、垫草潮湿污脏、饲喂湿拌料、猪群遭受应激、消毒不彻底等情况下,可经消化道、损伤的皮肤及蚊虫叮咬而传播,夏季气温高,更容易发病。

猪丹毒主要有三种临床表现形式,包括急性型、亚急性型和慢性型。

急性型为败血性疾病,最常见,以突然暴发、急性经过和高死亡为特征,病死率高。典型病例现高出皮肤的红斑,大小不一,多见于耳后、颈下、背、胸腹下部及四肢内侧,随着病情的发展,红斑变得发紫,瘀血状。孕猪可发生流产,严重病猪可死亡。

亚急性俗称"疹块型",以多处皮肤出现高出皮肤的方形、菱形或圆形等不规则疹块为特征。

急性或亚急性猪丹毒病猪,在及时正确治疗或耐过后常转为慢性型,主要表现为跛行和皮肤结节性坏死并且发黑。

防控措施:选择合适的疫苗进行免疫接种,是防控猪丹毒发生的有效办法。目前使用的猪丹毒疫苗主要是灭活疫苗和弱毒疫苗。其用法如下。

(1)猪丹毒氢氧化铝甲醛菌苗 10千克体重以上断奶仔猪,皮下或肌内注射5毫升,免疫1个月后,再重复注射3毫升;10千克体重以下或尚未断奶的仔猪,皮下或肌内注射5毫升,免疫1个月后,再重复注射3毫升。

(2)猪丹毒G4T10或GC42弱毒疫苗 不管是大猪还是小猪,一律皮下注射1毫升。

(3)猪丹毒-猪肺疫二联灭活疫苗 用法同猪丹毒氢氧化铝甲醛菌苗。

(4)猪丹毒-猪瘟-猪肺疫三联活疫苗 每头猪皮下或肌内注射1毫升。

一旦发生猪丹毒后，及时隔离治疗。选用大剂量青霉素等抗生素治疗效果好。

28. 猪肺疫有何流行特点？

猪肺疫又称猪巴氏杆菌病、锁喉风，是猪的一种急性传染病，主要特征为败血症，咽喉及其周围组织急性炎性肿胀或表现为肺、胸膜的纤维蛋白渗出性炎症。本病分布很广，发病率不高，常继发于其他传染病。

猪肺疫病原体是多杀性巴氏杆菌，呈革兰氏染色阴性，有两端浓染的特性，能形成荚膜。有许多血清型。多杀性巴氏杆菌的抵抗力不强、干燥后 2~3 天内死亡，在血液及粪便中能生存 10 天，在腐败的尸体中能存活 1~3 个月，在日光和高温下 10 分钟即死亡，1% 火碱及 2% 来苏水等能迅速将其杀死。

大小猪均有易感性，小猪和中猪的发病率较高。病猪和健康带菌猪是传染源，病原体主要存在于病猪的肺脏病灶及各器官，健康猪的呼吸道及肠管中，随分泌物及排泄物排出体外，经呼吸道、消化道及损伤的皮肤而传染。带菌猪受寒、感冒、过劳、饲养管理不当，使抵抗力降低时，可发生自体内源性传染。本病发生无明显的季节性，一年四季都可发生，但以秋末春初及气候骤变的时候发病较多，在南方大多发生在潮湿闷热及多雨季节。猪只的饲养管理不当、卫生条件恶劣、饲料和环境的突然变换及长途运输等，都是发生本病的诱因。有时也可呈地方性流行。

29. 猪肺疫有哪些临床症状和病理变化？

（1）临床症状 分最急性型、急性型和慢性型 3 种情况。

① 最急性型。又称锁喉风，呈现败血症症状，突然发病死亡。病程稍长的，体温升高到 41℃ 以上，呼吸高度困难，食欲废绝，黏膜蓝紫色，咽喉部肿胀，有热痛，重者可延至耳根及颈部，口鼻流出泡沫，呈犬坐姿势。后期耳根、颈部及下腹部处皮肤变成蓝紫色，有时见出血斑点。最后窒息死亡，病程 1~2 日。

② 急性型。主要呈现纤维素性胸膜肺炎症状，败血症症状较轻。

病初体温升高，发生痉挛性干咳，呼吸困难，有鼻液和脓性眼屎。先便秘后腹泻。后期皮肤有紫斑，最后衰竭而死，病程4~6日。如果不死则转成慢性。

③慢性型。多见于流行后期，主要表现为慢性肺炎或慢性胃肠炎症状。持续性的咳嗽，呼吸困难，体温时高时低，精神不振，食欲减退，逐渐消瘦，有时关节肿胀，皮肤湿疹。最后发生腹泻。如果治疗不及时，多经2周以上因衰弱而死亡。

（2）病理变化　病理变化主要表现在肺脏。

①最急性型。全身浆膜、黏膜及皮下组织大量出血，咽喉部及周围组织呈出血性浆液性炎症，喉头气管内充满白色或淡黄色胶冻样分泌物。皮下组织可见大量胶冻样淡黄色的水肿液。全身淋巴结肿大，切面呈一致红色。肺充血水肿，可见红色肝变区（质硬如蜡样）。各实质器官变性。

②急性型。败血症变化较轻，以胸腔内病变为主。肺有大小不等的肝变区。切开肝变区，有的呈暗红色，有的呈灰红色，中央常有干酪样坏死灶，胸腔积有含纤维蛋白凝块的混浊液体。胸膜附有黄白色纤维素，病程较长的，胸膜发生粘连。

③慢性型。高度消瘦，肺组织大部分发生肝变，并有大块坏死灶或化脓灶，有的坏死灶周围有结缔组织包裹，胸膜粘连。

30. 怎样诊断猪肺疫？

应根据流行病学、症状、病理变化及细菌学检查的综合资料分析、判定。

（1）流行特点　本病常见于中、小猪发病；一年四季中，以秋末春初及气候骤变季节发生最多，南方易发生于潮湿闷热的5—9月，长途运输、饲养管理不当、卫生极差及环境突变等是发病的诱因。我国北方或华北地区，大多为散发或继发性猪肺疫，南方则以流行性猪肺疫出现。

（2）临诊症状　急性病例一般病程较短，可突然死亡，典型的表现是急性咽喉炎，颈部高度红肿，热而坚硬，呼吸困难及肺炎病状。散发或继发性的慢性病猪，症状不显，易和其他猪传染病相混淆。

（3）病理变化　最急性病例，表现为败血症的变化，咽喉部急性炎症变化，出血、水肿及胶冻样浸润。急性病例，主要为肺的不同肝变期肺炎灶，以及胸部淋巴结的炎症。慢性病例为肺部较陈旧的肺炎灶及胸膜肺炎。

必要时进行细菌学检查、动物接种试验。

31. 如何防控猪肺疫？

（1）治疗　隔离病猪，及时治疗。同时做好消毒和护理工作。

① 发现病猪及可疑病猪立即隔离治疗。效果最好的抗生素是庆大霉素，其次是氨苄青霉素、青霉素等。但巴氏杆菌易产生耐药性，因此，抗生素要交叉使用。庆大霉素 1~2 毫克 / 千克，氨苄青霉素 4~11 毫克 / 千克，均为每日 2 次肌内注射，直到体温下降，食欲恢复为止。另外，磺胺嘧啶 1 000 毫克、黄素碱 400 毫克、复方甘草合剂 600 毫克、大黄末 2 000 毫克，调匀为 1 包，体重 10~25 千克的猪服 1~2 包，5~50 千克的猪服 2~4 包，50 千克以上 4~6 包，每 4~6 小时服 1 次。均有一定效果。

② 抗猪肺疫血清（抗出血性败血症多价血清）在疾病早期应用，有较好的效果。2 月龄内仔猪 20~40 毫升，2~5 月龄猪 40~60 毫升，5~10 月龄猪 60~80 毫升，均为皮下注射。本血清为牛或马源，注射后可能发生过敏反应，应注意观察。

（2）预防控制

① 在部分健康猪的上呼吸道带有巴氏杆菌，由于不良因素的作用，常可诱发本病。因此，预防本病的根本办法，必须贯彻"预防为主"的方针，消除降低猪体抵抗力的一切不良因素，加强饲养管理，做好兽医防疫卫生工作，以增强猪体的抵抗力。

② 每年春秋两季定期进行预防注射，以增强猪体的特异性抵抗力。我国目前使用两类菌苗，一为猪肺疫氢氧化铝菌苗，断奶后的猪，不论大小一律皮下或肌内注射 5 毫升。注射后 14 天产生免疫力，免疫期 6 个月。猪、牛多杀性巴氏杆菌病灭活疫苗，猪皮下或肌内注射 2 毫升，注后 14 天产生免疫力，免疫期 6 个月。我国有用多杀性巴氏杆菌 679–230 弱毒株或 C20 弱毒株制成的口服猪肺疫弱毒冻干

菌苗，按瓶签说明的头份，用冷开水稀释后，混入少量饲料内喂猪，使用方便。不论大小猪，一律口服 1 头份，稀释疫苗应在 4 小时内用完。免疫期前者为 10 个月，后者为 6 个月。国内还有用 E0630 弱毒株、TA53 弱毒株和 CA 弱毒株制成的 3 种活疫苗，供肌肉或皮下注射。

③ 发病时，猪舍的墙壁、地面、饲养管理用具要进行消毒，粪便废弃物堆积发酵。

④ 必要时，对发病群的假定健康猪，可用猪肺疫抗血清进行紧急预防注射，剂量为治疗量的一半。

⑤ 患慢性猪肺疫的小僵猪淘汰处理为好。

32. 猪传染性萎缩性鼻炎的流行特点是什么？

猪传染性萎缩性鼻炎（AR）又称慢性萎缩性鼻炎或萎缩性鼻炎，是由支气管败血波氏杆菌和产毒素多杀性巴氏杆菌引起的猪的一种慢性接触性呼吸道传染病。该病以鼻炎、鼻中隔扭曲、鼻甲骨萎缩和病猪生长迟缓为特征，临诊表现为打喷嚏、鼻塞、流鼻涕、鼻出血颜面部变形或歪斜，常见于 2~5 月龄猪。目前已将这种疾病归类于两种表现形式：非进行性萎缩性鼻炎（NPAR）和进行性萎缩性鼻炎（PAR）。

大量研究证明，产毒素多杀性巴氏杆菌（T+Pm）和支气管败血波氏杆菌（Bb）是引起的猪萎缩性鼻炎的病原。

各种年龄的猪均易感，但以仔猪最为易感，主要是带菌母猪通过飞沫，经呼吸道传播给仔猪。不同品种的猪，易感性有差异，外种猪易感性高，而国内土种猪发病较少。本病在猪群中流行缓慢，多为散发或呈地方流行性。饲养管理不当和环境卫生较差等，常使发病率升高。本病无季节性，任何年龄的猪都可以感染，仔猪症状明显，大猪较轻，成年猪基本不表现临床症状。病猪和带菌猪是本病的主要传染源，病原体随飞沫，通过接触经呼吸道传播。

33. 猪传染性萎缩性鼻炎有哪些主要临床症状和病理变化?

猪传染性萎缩性鼻炎早期临诊症状，多见于6~8周龄仔猪。表现鼻炎，打喷嚏、流涕和吸气困难。流涕为浆液、黏液脓性渗出物，个别猪因强烈喷嚏而发生鼻出血。病猪常因鼻炎刺激黏膜而表现不安，如摇头、拱地、搔抓或摩擦鼻部直至摩擦出血。发病严重猪群可见患猪两鼻孔出血不止，形成两条血线。圈栏、地面和墙壁上布满血迹。吸气时鼻孔开张，发出鼾声，严重的张口呼吸。由于鼻泪管阻塞，泪液增多，在眼内眦下皮肤上形成弯月形的湿润区，被尘土沾污后黏结成黑色痕迹，称为"泪斑"。

继鼻炎后常出现鼻甲骨萎缩，致使鼻梁和面部变形，此为AR特征性临诊症状。如两侧鼻甲骨病理损伤相同时，外观可见鼻短缩，此时因皮肤和皮下组织正常发育，使鼻盘正后部皮肤形成较深韵皱褶；若一侧鼻甲骨萎缩严重，则使鼻弯向同一侧；鼻甲骨萎缩，额窦不能正常发育，使两眼间宽度变小和头部轮廓变形。病猪体温、精神、食欲及粪便等一般正常，但生长停滞，有的成为僵猪。

鼻甲骨萎缩与猪感染时的周龄、是否发生重复感染以及其他应激因素有非常密切的关系。如周龄愈小，感染后出现鼻甲骨萎缩的可能性就愈大、愈严重。一次感染后，若无发生新的重复或混合感染，萎缩的鼻甲骨可以再生。有的鼻炎延及筛骨板，则感染可经此而扩散至大脑，发生脑炎。此外，病猪常有肺炎发生，可能是因鼻甲骨结构和功能遭到损坏，异物或继发性细菌侵入肺部造成，也可能是主要病原（Bb或T+Prn）直接引发肺炎的结果。因此，鼻甲骨的萎缩促进肺炎的发生，而肺炎又反过来加重鼻甲骨萎缩。

本病的病理变化一般局限于鼻腔和邻近组织，最特征的病理变化是鼻腔的软骨和鼻甲骨的软化和萎缩，特别是下鼻甲骨的下卷曲最为常见。另外也有萎缩限于筛骨和上鼻甲骨的。有的萎缩严重，甚至鼻甲骨消失，而只留下小块黏膜皱褶附在鼻腔的外侧壁上。

鼻腔常有大量的黏液脓性甚至干酪性渗出物，随病程长短和继发性感染的性质而异。急性时（早期）渗出物含有脱落的上皮碎屑。慢性时（后期），一般鼻黏膜苍白，轻度水肿。鼻窦黏膜中度充血，有时窦内充满黏液性分泌物。病理变化转移到筛骨时，当除去筛骨前面的骨性障碍后，可见大量黏液或脓性渗出物的积聚。

34. 猪传染性萎缩性鼻炎的防控措施有哪些？

（1）药物治疗与预防控制　哺乳仔猪从15日龄能吃食时起，每天可按每千克体重喂给20~30毫克金霉素或土霉素，连续喂20天，有一定效果。或在母猪分娩前3~4周至产后2周，每吨饲料中加入100~125克磺胺二甲基嘧啶和磺胺噻唑，或每吨饲料中加入土毒素400克喂服。

在治疗方面，每吨饲料加入磺胺甲氧嗪100克，或金霉素100克，或加入磺胺二甲基嘧啶100克、金霉素100克、青霉素50克3种混合剂，连续喂猪3~4周，对消除病菌、减轻症状及增加猪的体重均有好处。

对早期有鼻炎症状的病猪，定期向鼻腔内注入卢格氏液、1%~2%硼酸液、0.1%高锰酸钾液等消毒剂或收敛剂，都会有一定好处。

（2）综合防控措施　本病的感染途径主要是由哺乳期病母猪，通过呼吸和飞沫传染给仔猪，使其仔猪受到传染。病仔猪串圈或混群时，又可传染给其他仔猪，传播范围逐渐扩大。若作为种猪，又通过引种传到另外猪场。因此，要想有效控制本病，必须执行一套综合性兽医卫生措施。

① 加强我国进境猪的检验，防止从国外传入。事实表明，我国的猪传染性萎缩性鼻炎，就是某些地区猪场从国外引进种猪将此病传入而引起流行的，应采取坚决的淘汰和净化措施。

② 无本病健康猪场的防制原则。坚决贯彻自繁自养，加强检疫工作及切实执行兽医卫生措施。必须引进种猪时，要到非疫区购买，并在购入后隔离观察2~3个月，确认无本病后再合群饲养。

③ 淘汰病猪，更新猪群。将有病状的猪全部淘汰育肥，以减少传染机会。但有的病猪外表病状不明显时，检出率很低，所以也不是彻底根除病猪的方法。比较彻底的措施，是将出现过病猪的猪群，全

部育肥淘汰，不留后患。

④ 隔离饲养。凡曾与病猪或可疑病猪接触过的猪只，隔离观察3~6个月；母猪所产仔猪，不与其他猪接触；仔猪断奶后仍隔离饲养1~2个月；再从仔猪群中挑选无病状的仔猪留作种用，以不断培育新的健康猪群。发现病猪立即淘汰。这种方法在我国还较适用，但也要下功夫才能办到。

至于剖腹取胎、隔离饲养仔猪，从中选育出健康猪的方法，人力、物力花费太大，难以坚持。

⑤ 改善饲养管理。仔猪断奶、网上培育及育肥均应采取全进全出；降低饲养密度，防止拥挤；改善通风条件，减少空气中有害气体；保持猪舍清洁、干燥、防寒保暖；防止各种应激因素的发生；做好清洁卫生工作，严格执行消毒卫生防疫制度。这些都是防止和减少发病的基本办法，应予以重视。

⑥ 免疫接种。用支气管败血波氏杆菌（Ⅰ相菌）灭活菌苗和支气管败血波氏杆菌及 D 型产毒多杀性巴氏杆菌灭活二联苗接种。在母猪产仔前 2 个月及 1 个月接种，通过母源抗体保护仔猪几周内不感染。也可以给 1~3 周龄仔猪免疫接种，间隔 1 周进行第二免。

35．猪链球菌病有什么流行特点？

猪链球菌病是一种人兽共患传染病。猪常发生化脓性淋巴结炎、败血症、脑膜脑炎及关节炎。败血症型和脑膜脑炎型的病死率较高，对养猪业的发展有较大的威胁。

猪链球菌病的病原体为多种溶血性链球菌，呈链状排列，为革兰氏阳性球菌；不形成芽孢，有的可形成荚膜；需氧或兼性厌氧，多数无鞭毛。本菌抵抗力不强，对干燥、湿热均较敏感，常用消毒药都易将其杀死。

链球菌广泛分布于自然界。人和多种动物都有易感性，猪的易感性较高。各种年龄的猪均可感染，但败血症型和脑膜脑炎型多见于仔猪；化脓性淋巴结炎型多见于中猪。病猪、临床康复猪和健康猪均可带菌，当它们互相接触时，可通过口、鼻、皮肤伤口传染，一般呈地方流行性。

36. 猪链球菌病有哪些主要临床症状?

本病临床上可分为 4 型。其临床症状分别表现为以下症状。

（1）败血症型　初期常呈最急性流行，往往头晚未见任何症状，次晨已死亡；或者停食，体温 41.5~42.0℃，精神委顿，腹下有紫红斑，也往往死亡。急性病例，常见精神沉郁，体温 41℃左右，呈稽留热，食欲减退或废绝，眼结膜潮红，流泪，有浆液性鼻液，呼吸浅表而快。有些病猪在患病后期，耳尖、四肢下端、腹下有紫红色或出血性红斑，有跛行，病程 2~4 天。

（2）脑膜脑炎型　病初体温升高，不食、便秘，有浆液性或黏液性鼻液。继而出现运动失调，转圈、空嚼、磨牙、仰卧，直至后躯麻痹，侧卧于地，四肢作游泳状划动等神经症状，甚至昏迷不醒。部分猪出现多发性关节炎，病程 1~2 天。

（3）关节炎型　由前两型转来，或者原发性关节炎症状。表现一肢或几肢关节肿胀，疼痛，有跛行，甚至不能起立。病程 2~3 周。

值得注意的是，上述 3 型很少单独发生，常常混合存在或相伴发生。

（4）化脓性淋巴结炎（淋巴结脓肿）型　多见于颌下淋巴结、咽部和颈部淋巴结肿胀，坚硬，热痛明显，影响采食、咀嚼、吞咽和呼吸。有的咳嗽、流鼻液。至化脓成熟，肿胀中央变软，皮肤坏死，自行破溃流脓，以后全身症状好转，局部逐渐痊愈。病程一般为 3~5 周。

37. 败血症型猪链球菌病死后剖检的主要特征有哪些?

败血症型死后剖检，呈现败血症变化，各器官充血、出血明显，心包液增量，脾肿大，各浆膜有浆液性炎症变化等。脑膜脑炎型死后剖检，脑膜充血、出血，脑脊髓液浑浊、增量，有多量的白细胞，脑实质有化脓性脑炎变化等。关节炎型死后剖检，关节囊内有黄色胶样液体或纤维素性脓性物质。

38. 猪链球菌病的防控措施有哪些？

（1）预防控制　应及时采取以下措施。

① 清除传染源。病猪隔离治疗，带菌母猪尽可能淘汰。污染的用具和环境用 3% 来苏尔液或 1/300 的菌毒敌彻底消毒。急宰猪或宰后发现可疑病变的猪屠体，经高温处理后方可食用。

② 除去感染因素。猪圈和饲槽上的钉头、铁片、碎玻璃、尖石头等能引起外伤的尖锐物体，一律清除。新生仔猪，应立即无菌结扎脐带，并用碘酊消毒。

（2）治疗　按不同病型进行相应治疗。对淋巴结脓肿，待脓肿成熟后，及时切开，排除脓汁，用 3% 双氧水或 0.1% 高锰酸钾液冲洗后，涂以碘酊。对败血症型及脑膜脑炎型，早期要大剂量使用抗生素或磺胺类药物。青霉素 40 万 ~100 万单位 /（头次），每天肌内注射 2~4 次；庆大霉素 1~2 毫克 / 千克体重，每日肌内注射 2 次。

39. 猪支原体肺炎有什么流行特点？

猪支原体肺炎又称猪气喘病，又名猪地方流行性肺炎，是猪的一种慢性肺病。主要临床症状是咳嗽和气喘。本病分布很广，我国许多地区都有发生。

猪气喘病病原体是猪肺炎霉形体，具有多形性的特点，常见的形态为球状、杆状、丝状及环状。猪肺炎霉形体的大小不一，对姬姆萨或瑞特氏染色液着色不良，为革兰氏阴性菌。猪肺炎霉形体对外界环境的抵抗力不强，在室温条件下 36 小时即失去致病力，在低温或冻干条件下可保存较长时间。一般消毒药都可迅速将其杀死。

大小猪均有易感性。其中哺乳仔猪及幼猪最易发病，其次是妊娠后期及哺乳母猪。成年猪多呈隐性感染。主要传染源是病猪和隐性感染猪，病原体长期存在于病猪的呼吸道及其分泌物中，随咳嗽和喘气排出体外后，通过接触经呼吸道而使易感猪感染。因此，猪舍潮湿，通风不良，猪群拥挤，最易感染发病。

本病的发生没有明显的季节性，但以冬春季节较多见。新疫区常呈暴发性流行，症状重，发病率和病死率均较高，多呈急性经过。老疫区多呈慢性经过，症状不明显，病死率很低，当气候骤变、阴湿寒冷、饲养管理和卫生条件不良时，可使病情加重，病死率增高。如有巴氏杆菌、肺炎双球菌、支气管败血波氏杆菌等继发感染，可造成较大的损失。

40. 猪支原体肺炎有哪些临床症状和病理变化？

潜伏期为 10~16 天。主要症状为咳嗽和气喘。病初为短声连咳，在早晨出圈后受到冷空气的刺激，或经驱赶运动和喂料的前后最容易听到，同时流少量清鼻液，病重时流灰白色黏性或脓性鼻液。在病的中期出现气喘症状，呼吸每分钟达 60~80 次，呈明显的腹式呼吸，此时咳嗽少而低沉。体温一般正常，食欲无明显变化。后期则气喘加重，甚至张口喘气，同时精神不振，猪体消瘦，不愿走动。这些症状可随饲养管理和生活条件的变化而减轻或加重，病程可拖延数月，病死率一般不高。

隐性型病猪没有明显症状，有时发生轻咳，全身状况良好，生长发育几乎正常，但 X 线检查或剖检时，可见到气喘病病灶。

本病的病理变化局限于肺和胸腔内的淋巴结。病变由肺的心叶开始，逐渐扩展到尖叶、中间叶及膈叶的前下部。病变部与健康组织的界限明显，两侧肺叶病变分布对称，呈灰红色或灰黄色、灰白色，硬度增加，外观似肉样，俗称"胰样"或"虾肉样"变，切面组织致密，可从小支气管挤出灰白色、混浊、黏稠的液体，支气管淋巴结和纵隔淋巴结肿大，切面黄白色，淋巴组织呈弥漫性增生。急性病例，有明显的肺气肿病变。

41. 猪支原体肺炎的防控措施有哪些？

（1）预防控制　应采取综合性防疫措施，以控制本病发生和流行。从外地购入种猪时，应作 1~2 次 X 线透视检查，或做血清学试验，并经隔离观察 3 个月，确认健康时，方能并入健康猪群。关过病猪的猪圈，应空圈 7 天，进行严格消毒后，才可放进健康猪。

发生本病后，应对猪群进行 X 线透视检查或血清学试验。病猪隔离治疗，就地淘汰。未发病猪可用药物预防。同时要加强消毒和防疫接种工作。

目前，有两种弱毒菌苗：一种是猪气喘病冻干兔化弱毒菌苗，攻毒保护率为 79%，免疫期 8 个月；另一种是猪气喘病 168 株弱毒菌苗，攻毒保护率为 84%，免疫期 6 个月。两种菌苗只适于疫场（区）使用，都必须注入肺内才能产生免疫效果，但是免疫力产生的时间缓慢，约在 60 天以后产生较强的免疫力。

（2）治疗　治疗方法很多，多数只有临床治愈，不易根除病原。而且疗效与病情轻重、猪的抵抗力、饲养管理条件、气候等因素有密切关系。

① 盐酸土霉素。每日 30~40 毫克 / 千克体重，用灭菌蒸馏水或 0.25% 普鲁卡因或 4% 硼砂溶液稀释后肌内注射，每天 1 次，连用 5~7 天为一疗程。重症可延长 1 个疗程。

② 硫酸卡那霉素。用量 20~30 毫克 / 千克体重，每天肌内注射 1 次，5 天为一疗程。也可气管内注射。与土霉素碱油剂交替使用，可以提高疗效。

③ 泰乐菌素。用量 10 毫克 / 千克体重，肌内注射，每天 1 次，连用 3 天为一疗程。

④ 洁霉素。每吨饲料 0.2 千克或金霉素每吨饲料 0.05~0.2 千克，连喂 3 周。

42. 副猪嗜血杆菌病有什么流行特点？

副猪嗜血杆菌病是由副猪嗜血杆菌（HPS）引起的猪的多发性浆膜炎和关节炎，主要临诊症状为发热、咳嗽、呼吸困难、消瘦、跛行、共济失调和被毛粗乱等。剖检病理变化表现为胸膜炎、肺炎、心包炎、腹膜炎、关节炎和脑膜炎等。此外，副猪嗜血杆菌还可引起败血症，并且可能留下后遗症，即母猪流产、公猪慢性跛行。

（1）副猪嗜血杆菌病多数情况下是继发于其他免疫抑制疾病　常见的有蓝耳病、圆环病毒、猪瘟、霉菌毒素中毒等。

（2）应激能很大程度促使副猪嗜血杆菌病发生　特别是寒冷、高湿度、氨气浓度高、断奶、转群、疫苗接种和阉割等应激都容易引发副猪嗜血杆菌病。因此，在昼夜温差大的春秋季节副猪嗜血杆菌病发病率会比较高，冬季如果保温设施不完善，易出现贼风或者氨气刺鼻的猪场容易发生本病。

副猪嗜血杆菌病有一定的季节性，一般情况下4—10月副猪嗜血杆菌病发病率比较低，但是如果猪场发生了高致病性蓝耳病或者其他全场流行的疾病，在流行病康复后的2~10周是副猪嗜血杆菌病的高发期，此时可以引起50%以上的发病率和死亡率。

副猪嗜血杆菌主要危害仔猪和青年猪，从断奶开始一直延续到保育结束后1~2周，哺乳猪有时也会感染。一般体重在40千克以上的猪感染率比较低，特别是体重60千克以上的生长育肥猪感染率更低。妊娠母猪感染，引起流产。

副猪嗜血杆菌感染仔猪，主要引起仔猪进行性消瘦，腹式呼吸，关节肿胀（特别是后肢关节）。病猪体温40~41.5℃，但是主要集中在40~40.5℃，食欲不振，被毛粗乱，病猪行走时脚尖点地，少数病猪伴有腹泻。少数外表健壮的猪感染副猪嗜血杆菌后，会出现突然死亡，这部分猪一般会伴有口吐白沫或者是神经症状。保育阶段发生副猪嗜血杆菌病，以断奶时间可以分为两个发病高峰：第一个高峰为断奶1周左右开始出现，此阶段多继发于圆环病毒感染；第二个高峰为保育后期（60日龄左右）出现，此阶段多继发于蓝耳病毒感染，且与保育后期更换饲料有关系。

43. 副猪嗜血杆菌病流行的主要原因有哪些?

（1）误诊

① 误诊为蓝耳病、附红细胞体病或弓形体病。猪患副猪嗜血杆菌病后常出现高烧、皮肤潮红、耳朵发绀、呼吸困难等症状，其易被误诊为蓝耳病、附红细胞体病或弓形体病。

蓝耳病常造成母猪流产及其他一系列的繁殖障碍，而副猪嗜血杆菌病的危害主体是仔猪和生长猪。附红细胞体病或弓形体病患猪的体表出血症状与副猪嗜血杆菌病患猪的体表皮肤潮红、发绀有明显区别。

② 误诊为流感。副猪嗜血杆菌病患猪因常出现高烧、咳喘和呼吸困难等症状而易被误诊为流感。

猪流感多发于冬、春季节，其发病急剧，一旦发生，即迅速传播。病猪精神委顿，咳嗽、打喷嚏症状明显，若无继发、并发症，少见体表、耳朵发绀，且发病 1 周左右病猪常康复自愈。

③ 误诊为胸膜肺炎。副猪嗜血杆菌病患猪因常出现体温升高、咳喘和呼吸困难等症状而易被误诊为胸膜肺炎。

发生胸膜肺炎时，患猪咳喘剧烈，有时患猪呈犬坐姿势张口呼吸。副猪嗜血杆菌病病猪咳声轻微，每次只闻 2~3 声短咳。急性胸膜肺炎病例死前往往从口鼻中流出泡沫样血液，且病猪多无关节肿大症状。

④ 误诊为圆环病毒感染。副猪嗜血杆菌病患猪常出现渐进性消瘦、被毛粗乱等症状，易被误诊为圆环病毒感染。

猪圆环病毒感染用抗生素治疗多无效，而副猪嗜血杆菌病患猪用敏感抗生素治疗，其疗效尚可。在圆环病毒感染病例中，部分中大猪常表现为"皮炎肾病综合征"，而副猪嗜血杆菌病患猪没有这一症状。

⑤ 误诊为链球菌病。副猪嗜血杆菌病患猪常出现关节肿痛、跛行及神经症状等，易被误诊为链球菌病。

链球菌病患猪虽有关节炎及脑膜炎症状，但皮肤潮红、耳朵发绀的症状却很少出现。

⑥ 误诊为气喘病。副猪嗜血杆菌病患猪因常出现咳喘和腹式呼吸症状而易被误诊为气喘病。

气喘病多为少量的发病，其病程缓和，患猪连声咳嗽，用支原体敏感的药物治疗有效。副猪嗜血杆菌病患猪则发出两三声短咳，并伴有体表、耳朵发绀，关节肿痛和脑膜炎的症状。

（2）HPS 流行血清型多　目前，副猪嗜血杆菌有 15 个血清型，这是该病难以控制的原因之一。我国流行的 HPS 主要为血清 4 型和 5 型。

（3）HPS 易产生耐药性　文献表明，HPS 已产生了较强的耐药性，且耐药性呈逐步增强趋势。HPS 对磺胺类、喹诺酮类、四环素类、氨基糖苷类抗菌药物表现出较强的耐药性，尤其对磺胺类药物的耐药率高。

（4）HSP 常导致混合感染　HPS 常作为继发病原导致猪发病，其一般在猪繁殖与呼吸系统综合征、圆环病毒2型病、伪狂犬病及猪流感发生后引起继发感染，HPS还可与传染性胸膜肺炎放线杆菌、巴氏杆菌、链球菌等造成混合感染。这导致了副猪嗜血杆菌病较难防治。

44. 副猪嗜血杆菌病有哪些主要临诊症状和病理变化？

临诊症状取决于炎性损伤的部位，在高度健康的猪群，发病很快，接触病原后几天内就发病。临诊症状包括发热、食欲不振、厌食、反应迟钝、呼吸困难、咳嗽、疼痛（尖叫）、关节肿胀、跛行、颤抖、共济失调、可视黏膜发绀、侧卧、消瘦和被毛凌乱，随之可能死亡。急性感染后可能留下后遗症，即母猪流产、公猪慢性跛行。即使应用抗生素治疗感染母猪，分娩时也可能引发严重疾病，哺乳母猪的慢性跛行可能引起母性行为极端弱化。

眼观病变主要是在单个或多个浆膜面，可见浆液性和化脓性纤维蛋白渗出物，包括腹膜、胸膜、心包膜以及肺脏表面，损伤也可能涉及脑和关节表面，尤其是腕关节和跗关节。在显微镜下观察渗出物，可见纤维蛋白、中性粒细胞和较少量的巨噬细胞。副猪嗜血杆菌也可能引起急性败血症，在不出现典型的浆膜炎时就呈现发绀、皮下水肿和肺水肿，乃至死亡。此外，副猪嗜血杆菌还可能引起筋膜炎、肌炎以及化脓性鼻炎等。

45. 如何诊断副猪嗜血杆菌病？

根据本病的流行病学、临诊症状和病理变化特点可以做出初步诊断，确诊须进行病原的分离培养和鉴定。

（1）流行病学特点　主要发生于2周龄至4月龄的青年猪，尤其是断乳后10天左右的仔猪最易感；一般散发；多继发于其他病毒性疾病或混合感染；病的发生和严重程度通常与气候骤变、饲养条件改变以及其他病原体的感染相关。

（2）临床症状和病理学诊断　临诊上主要表现为咳嗽、呼吸困难、眼睑水肿、消瘦、关节肿大、跛行、共济失调等特点。剖检以胸膜、腹膜、心包膜及腕关节、跗关节表面有浆液性或纤维素性渗出物为特征。

（3）细菌的分离鉴定 采取治疗前发病急性期病猪的浆膜表面渗出物或血液，接种到巧克力琼脂培养基或用羊、马或牛鲜血琼脂并与葡萄球菌做交叉画线接种，培养 24~48 小时。副猪嗜血杆菌在葡萄球菌菌落周围生长良好，呈卫星现象。然后取可疑菌落进行生化鉴定和血清型定型。

（4）鉴别诊断 诊断时应注意与链球菌、猪丹毒丝菌、猪放线杆菌、猪沙门氏菌等败血性细菌传染病，以及由猪鼻支原体引起的多发性浆膜炎和关节炎相区别。

46. 如何防控副猪嗜血杆菌病？

（1）预防控制

① 首先应加强饲养管理，严格执行猪场兽医卫生消毒制度，避免或减少应激因素的发生，如防止饲养条件的突然改变和其他病原微生物的感染。

② 当有应激发生时，可提前给猪群投给预防剂量的抗生素或磺胺类药物，可以起到预防本病发生的作用。

③ 新引进猪群时，应先隔离饲养，并维持 2~3 个月的适应期，以使那些没有免疫接种但有感染条件饲养的猪群建立起保护性免疫力。

④ 有本病流行的猪场，可用副猪嗜血杆菌灭活疫苗实施疫苗免疫接种，这是预防本病发生的有效措施。最好用分离自本场的菌株制备灭活疫苗，以最大可能地保证疫苗毒株的血清型与流行毒株一致，以获得最佳的免疫保护效果。母源抗体对新生仔猪有被动免疫保护作用，这对防止本病的发生起着非常重要的作用。母猪接种疫苗后，可对 4 周龄以内的仔猪提供保护性免疫力。可用相同血清型的灭活疫苗对仔猪进行免疫接种。

（2）治疗 泰乐菌素注射液，肌内注射，每千克体重 5~13 毫克，每日 2 次，连用 7 日；氟苯尼考注射液，肌内注射，每千克体重 20 毫克，48 小时 1 次，连用 2 次；泰乐菌素＋磺胺二甲嘧啶预混剂，混饲，每 1 000 千克饲料 100 克，连用 5~7 日；硫酸庆大小诺霉素注射液，肌内注射，一次量，每千克体重 1~2 毫克，一日 2 次。

47. 猪副伤寒有什么流行特点？

猪副伤寒又称猪沙门氏菌病，由于它主要侵害 2~4 月龄仔猪，也称仔猪副伤寒，是一种较常见的传染病。临床上分为急性和慢性两型。急性型呈败血症变化，慢性型在大肠发生弥漫性纤维素性坏死性肠炎变化，表现慢性下痢，有时发生卡他性或干酪性肺炎。

猪副伤寒病原体是猪霍乱沙门氏菌和猪伤寒沙门氏菌，属革兰氏阴性杆菌，不产生芽孢和荚膜，大部分菌有鞭毛，能运动。此类菌常存在于病猪的各脏器及粪便中，对外界环境的抵抗力较强，在粪便中可存活 1~2 个月，在垫草上可存活 8~20 周，在冻土中可以过冬，在 10%~19% 食盐腌肉中能生存 75 天以上。但对消毒药的抵抗力不强，用 3% 来苏儿、福尔马林等能将其杀死。

本病主要发生于密集饲养的断奶后的仔猪，成年猪及哺乳仔猪很少发生。其传染方式有两种：一种是由于病猪及带菌猪排出的病原体污染了饲料、饮水及土壤等，健康猪吃了这些污染的食物而感染发病；另一种是病原体存在于健康猪体内，但不表现症状，当饲养管理不当，寒冷潮湿，气候突变，断乳过早，有其他传染病或寄生虫病侵袭，使猪的体质减弱，抵抗力降低时，病原体即乘机繁殖，毒力增强而致病。本病呈散发，若有恶劣因素的严重刺激，也可呈地方流行。

48. 猪副伤寒有哪些主要临床症状和病理变化？

（1）临床症状　猪副伤寒潜伏期为 3~30 天。临床上分为急性型和慢性型。

① 急性型（败血型）。多见于断奶后不久的仔猪。病猪体温升高（41~42℃），食欲不振，精神沉郁，病初便秘、后下痢，粪便恶臭，有时带血，常有腹部疼痛症状，弓背尖叫。耳部、腹部及四肢皮肤呈深红色，后期呈青紫色。最后病猪呼吸困难、体温下降、偶尔咳嗽、痉挛，一般经 4~10 天死亡。

② 慢性型（结肠炎型）。此型最为常见，多发生于 3 月龄左右猪，临床表现与肠型猪瘟相似。体温稍高、精神不振、食欲减退、反

复下痢、粪便呈灰白色、淡黄色或暗绿色，形同粥状，有恶臭，有时带血和坏死组织碎片，以后逐渐脱水消瘦，皮肤上出现弥漫性湿疹。有些病猪发生咳嗽，病程 2~3 周或更长，最后衰竭死亡。

（2）病理变化

① 急性型。主要是败血症变化。耳及腹部皮肤有紫斑。淋巴结出现浆液性和充血出血性肿胀；心内膜、膀胱、咽喉及胃黏膜出血；脾肿大，呈橡皮样暗紫色；肝肿大，有针尖大至粟粒大的灰白色坏死灶；胆囊黏膜坏死；盲肠、结肠黏膜充血、肿胀，肠壁淋巴小结肿大；肺水肿，充血。

② 慢性型。主要病变在盲肠和大结肠。肠壁淋巴小结先肿胀隆起，以后发生坏死和溃疡，表面被覆有灰黄色或淡绿色麸皮样物质，以后许多小病灶逐渐扩大融合在一起，形成弥漫性坏死，肠壁增厚。肝、脾及肠系膜淋巴结肿大，常见到针尖大至粟粒大的灰白色坏死灶，这是猪副伤寒的特征性病变。肺偶尔可见卡他性或干酪样肺炎病变。

49. 如何防控猪副伤寒？

（1）预防控制　加强饲养管理，初生仔猪应争取早吃初乳。断奶分群时，不要突然改变环境，猪群尽量分小一些，在断奶前后（1 月龄以上），应口服或肌内注射仔猪副伤寒弱毒冻干菌苗等预防。

发病后，将病猪隔离治疗，被污染的猪舍应彻底消毒。病愈猪多数带菌，应予以淘汰。病死的猪不能食用，以防食物中毒。未发病的猪可用药物预防，在每吨饲料中加入金霉素 0.1 千克，有一定的预防作用。

（2）治疗

① 抗生素疗法。常用的是盐酸蒽诺沙星、卡那霉素等抗生素，用量按说明。

② 磺胺类疗法。磺胺增效合剂疗效较好。磺胺甲基异噁唑 20~40 毫克 / 千克体重，加甲氧苄氨嘧啶，用量 4~8 毫克 / 千克体重，混合后分 2 次内服，连用 1 周。或用复方新诺明，用量 70 毫克 / 千克体重，首次加倍，每日内服 2 次，连用 3~7 天。

③ 大蒜疗法。将大蒜 5~25 克捣成蒜泥，或制成大蒜酊内服，1 日 3 次，连服 3~4 天。

50. 猪附红细胞体病有什么流行特点？

猪附红细胞体病是猪及多种家畜共患的传染病，又称为黄疸性贫血、类边虫病、赤兽体病或红皮病。临床特征是呈现急性黄疸、贫血和发热。

猪附红细胞体病的病原体是猪附红细胞体，属立克次体目，寄生于红细胞，也可游离在血浆中。附红细胞体对干燥和化学药品的抵抗力很低，但耐低温，在 5℃能保存 15 日，在加 15% 甘油的血液中，于 -79℃条件下可保存 80 天。

不同年龄和品种的猪均易感，仔猪的发病率和病死率较高。其传播途径尚不清楚。由于附红细胞体寄生于血液内，又多发生于夏季，因此，认为本病的传播与吸血昆虫有关。另外，注射针头、手术器械、交配等也可能传播本病。饲养管理不良、气候恶劣等应激因素或有其他疾病，可使隐性感染猪发病，症状加重。

51. 猪附红细胞体病有哪些临床症状和病理变化？

临床症状主要表现为皮肤、黏膜苍白，黄疸，后期有些病猪皮肤呈红色（以耳尖和腹下多见），体温升高，精神沉郁，食欲不振。

母猪的症状分为急性和慢性两种：急性感染的症状为持续高热（40.0~41.7℃），厌食，偶有乳房和阴唇水肿，产仔后奶量少，缺乏母性行为，产后第 3 天起逐渐自愈；慢性感染母猪呈现衰弱，黏膜苍白及黄疸，不发情或屡配不孕，如有继发感染或营养不良，可使症状加重，甚至死亡。

主要病理变化为贫血及黄疸。皮下脂肪黄染、血液稀薄、全身性黄疸。肝肿大变性，呈黄棕色，胆囊充盈，胆汁呈胶冻样。脾肿大变软。淋巴结水肿，有时胸腔、腹腔及心包积液。肠系膜淋巴结潮红、肿大，黄染。

52. 如何诊治猪附红细胞体病?

（1）实验室诊断　在发热期采取耳尖血，用姬姆萨染色法染色后，显微镜检查可见在红细胞内寄生的病原体，其形态为圆盘状、球状，呈蓝色。一个红细胞内寄生 1 个或数个不等。红细胞多发生变形呈星芒状等不规则形。

（2）预防控制措施　应消除一切应激因素，治疗继发感染，提高疗效，控制本病的发生。

（3）治疗　目前，比较有效的药物有贝尼尔、新肿凡纳明、土霉素等。新肿凡纳明 10~15 毫克 / 千克体重，静脉注射，在 2~24 小时内，病原体可从血液中消失，在 3 天内症状也可消除。由于副作用较大，目前较少应用。对阳性反应的、初生不久的贫血仔猪，1~2 日龄注射铁制剂 200 毫克至 2 周龄再注射同剂量铁制剂 1 次。

53. 猪水肿病有什么流行特点?

猪水肿病是由病原性大肠杆菌产生的毒素而引起的疾病。其临床特征是突然发病、头部肿胀、运动失调、惊厥和麻痹。多发生于刚断奶的仔猪，发病率虽低，死亡率却高。

本病主要发生于断乳前后的仔猪，以春秋产仔季节发生较多。在仔猪群中，部分仔猪常突然发病，迅速死亡。据对某些猪场观察，大多是生长快、体格健壮、营养良好的仔猪发病，常是仔猪群中突然急速死亡 1~2 头，其他仔猪不见发病；有时较多仔猪先后发病，有时一群仔猪中几头发病，而在远隔猪栏中的仔猪中又有几头发病。总的趋势是发病率差异很大，而致死率甚高，可达 80%~100%，一般不广泛传播。

猪水肿病的发生，一般认为与以下应激因素有关。

① 仔猪在断奶前后由于饲料和环境的急剧改变，管理不善，圈舍卫生条件差；或突然断奶；或缺乏维生素或矿物质等，引起肠道微生物区系的变化，促进某些微生物的生长繁殖，引起发病。

② 仔猪断奶后，喂给大量浓厚的精饲料，引起胃肠机能紊乱，有利于本菌的繁殖和产生毒素，诱发本病。

③ 气候变化，阴雨潮湿，由于寒冷的作用，使仔猪受凉，抵抗力减弱，本菌在肠内大量增殖，产生内毒素，并经吸收后引起速发性过敏反应，而使血管通透性增高，发生水肿。

④ 仔猪出生后，母源抗体的传递是通过小肠吸收母乳而获得。断奶前后的仔猪发病，与仔猪特异性抗体的减少或消失有关。出生后发生过黄痢病而康复的仔猪，一般不再发生水肿病。

54. 猪水肿病有哪些主要临床症状和病理变化？

（1）临床症状　在疾病暴发初期，常见不到症状就突然死亡。发病稍慢的早期病猪，表现为精神沉郁，食欲不振，多数病猪体温不高，有的升高到 40.5~41℃，行走不稳，摇摆，四肢运动不协调。有些病猪无目的走动或转圈，或类似盲目乱冲。有的病猪前肢跪地，两后肢直立，突然猛向前跃；当受各种刺激或捕捉时，十分敏感，触之惊叫，突然倒地，四肢乱动弹，似游泳样动作，空嚼磨牙，口流泡沫液体。后期反应迟钝，呼吸困难，声音嘶哑，腹泻或便秘。病猪常见眼睑水肿，严重时上下眼睑间仅现一小缝隙，然后逐渐蔓延至颜面、颈部、头部变"胖"。病程较快，除最急性死亡外，一般在 3 天以内死亡或可耐过。年龄稍大的猪，病期可长至 5~7 天。

（2）病理变化　病程长短不同，剖检变化不完全一样，主要的变化是水肿。上下眼睑、颜面、下颌部、头顶部皮下水肿，切开水肿部呈灰白色凉粉样，厚度可达 0.5~1 厘米，流出少量白色或黄白色液体。

胃壁及肠系膜水肿最为典型。胃壁特别是胃大弯部显著水肿，在胃的肌肉层和黏膜层之间，切开呈胶冻样，流出清亮无色或呈黄白色液体，水肿厚度可达 0.5~3 厘米。有的可见胃底黏膜出血。有时水肿病灶较小，须多切几处方可见到。贲门部也常见到水肿。结肠肠间膜水肿也很明显，整个肠间膜呈粉样，切开有无色液体流出，肠道黏膜红肿，大肠壁也发生水肿。严重时可见肠间膜呈红色，切开时流出淡红色液体，大肠浆膜有出血点，大肠黏膜红肿或见出血。

全身淋巴结几乎都有水肿，尤以肠系膜淋巴结明显。还有不同程度的充血或出血变化。肺水肿，心包、胸腔、腹腔内积液，呈无色或淡黄色，暴露空气后很快凝固或呈胶冻样。脑膜充血，大脑间有水肿或有出血点。部分病例，还可见肺、喉头、胆囊、肾包膜、直肠浆膜等发生水肿，以及其他器官亦有出血和变性的变化。

55. 怎样诊断猪水肿病？

猪水肿病诊断的主要依据是临诊症状及剖检变化。特点是断奶前后小猪发病，病程短，常突然死亡。发病大多是营养良好和体格健壮的仔猪。临诊症状主要是体温不高，四肢运动障碍，后躯无力，摇摆和共济失调，眼睑、颜面及头部水肿。剖检主要特征是胃大弯、肠间膜和淋巴结水肿。

实验室检查时，可从小肠内容物和肠系膜淋巴结分离出溶血性大肠杆菌，并鉴定其血清型。必要时进行动物试验。

本病须与营养不良性水肿相区别：营养不良性水肿，病程长，结膜贫血、黄染，一般无神经症状，尸体消瘦，皮下及体内脂肪呈胶冻样水肿，实质脏器呈营养不良性变性，如肝肿大，呈土黄色。改善饲养条件，增加蛋白质及青绿饲料后，常可逐渐恢复；从肠系膜淋巴结中分离不到溶血性大肠杆菌，缺乏水肿病的典型的临诊症状和病理剖检变化。

同时应注意与伪狂犬病、李氏杆菌病、巴氏杆菌病、链球菌病及贫血性水肿、缺硒性水肿等病相区别。

56. 如何防控猪水肿病？

（1）预防控制　应加强仔猪断奶前后的饲养管理，防止饲料单一化，补充富含无机盐类和维生素的饲料，断奶时不要突然改变饲养条件。在哺乳母猪饲料中添加硒和维生素能显著降低猪水肿病的发病率。发现病猪时，可在饲料内添加适量的抗菌药物，如土霉素，用量5~20毫克/千克，也可添加磺胺类药物及大蒜。大蒜的用量为，每日每头仔猪0.01千克左右，连用3天。

（2）治疗　出现症状后再治疗一般难以治愈。应在发现第一个病例后，立即对同窝仔猪进行预防性治疗。对病猪可试用以下处方：卡那霉素（25毫克/毫升）2毫升、5%碳酸氢钠30毫升、25%葡萄糖液 40 毫升，混合后 1 次静脉注射，每日 2 次；同时，肌内注射维生素 C（100 毫克）2 毫升，每日 2 次。

57. 仔猪黄痢、白痢是怎样发生的？

仔猪黄痢、仔猪白痢的病原体为致病性大肠杆菌，是养猪场常见的传染病。

仔猪黄痢主要在出生后数小时至 5 日龄以内仔猪发病，以 1~3 日龄最为多见，7 日龄以上的乳猪发病极少。出生后 12 小时即可发病，1 周以上的仔猪很少发病。在产仔季节常常可使很多窝仔猪发病，一般是先由一头开始，再传染其他仔猪，每窝仔猪发病数最高可达 100%，死亡率也高，有时可使全窝仔猪死亡，不死者生长发育缓慢。从实际观察到，黄痢严重程度与母猪胎次有一定关系，即第一胎母猪所产仔猪发病率最高，死亡率也高。带菌母猪是主要传染来源。从外场引进种猪将本病带入，所产仔猪留种繁殖，致使疫情扩大。或由外地引进断乳仔猪将病带入。本菌主要通过带菌母猪粪便排出体外，污染猪舍地面、饲槽等处。仔猪出生后，通过污染母猪的乳头和皮肤将病菌吃进胃肠道，引起发病。下痢仔猪由粪便排出大量细菌，污染养猪环境、饲料、饮水和用具，再传给其他的母猪。如有应激存在（产仔季节、仔猪密度大、环境卫生不良等）时，发病率和死亡率则更高。

仔猪白痢主要发生于 10~30 日龄仔猪，以 10~20 日龄仔猪发病最多，7 日龄以内或 30 日龄以上发病的较少。大肠杆菌广泛地存在于养猪环境中，如被粪便污染的地面、水源、饲料及其他物品中，经消化道吃进本菌，如在出生后很短时间内随着吸吮母奶而吃进去。在正常条件下，这种肠道常在菌不表现致病作用，但在仔猪抵抗力减弱或消化机能障碍时，便可引起仔猪发病、下痢，以致败血症而死亡。有的窝仔猪发病，有的窝发病少或不发病；同一窝仔猪发病也有先后，有轻有重，也有不发病者。一年四季都可发生，但一般以严冬、早春及炎热季节发病较多。在气候突然转变，如下大雪、寒流及暴雨后发病仔猪突然增多，有时不采取治疗措施也可自愈。母猪的饲养管理和猪舍卫生等多方面的各种不良的应激，都是促进本病发生的重要原因，并可影响病情的轻重和能否痊愈。

58. 仔猪黄痢、白痢有什么临床症状和病理变化？

仔猪黄痢的潜伏期 8~12 小时，一般在 24 小时以内。仔猪出生时尚还健康，不见任何临诊症状，快者数小时后突然发病和死亡。病猪主要症状是拉黄痢，粪大多呈黄色水样，杂有小气泡，内含凝乳小片，顺肛门流下，其周围大多不留粪迹，易被忽视。下痢重时，小母猪阴户尖端可出现红色，后肢被粪液沾污，捕捉挣扎或欢叫时，粪水常由肛门冒出。病仔猪精神沉郁，不吃奶，脱水，两眼下陷，昏迷而死。最急者不见下痢，身体软弱，倒地昏迷而死。

死于仔猪黄痢的病猪尸体严重脱水。主要变化是小肠急性卡他性炎症，表现为肠黏膜肿胀、充血或出血；肠壁变薄、松弛；胃内有酸臭的凝乳块，胃黏膜潮红、肿胀，少数病例有出血；肠系膜淋巴结充血肿大，切面多汁；心、肝、肾有变性，重者有出血点。

仔猪白痢病猪主要发生下痢，粪便为白色、灰白色或黄白色，粥样、糊状，有腥臭味。有时粪便中混有气泡。病猪体温一般不升高，精神尚好，到处跑动，有食欲。及时采取防治措施后常可治愈。如不及时采取处治措施，下痢可逐渐加剧，肛门周围、尾及后肢常被稀粪沾污，仔猪精神委顿、食欲废绝、消瘦、走路不稳、寒战，喜钻卧垫料或挤压成堆。如并发肺炎则有咳嗽和呼吸加快。若治疗不及时或治疗不当，常经 5~6 天死亡。也有病期延长到 2 周以上的。病程较长而恢复的仔猪生长发育缓慢，甚至成为僵猪。总的说来，如能改善饲养管理，及时进行治疗，则预后良好。

死于白痢的仔猪胃黏膜潮红肿胀，以幽门部最明显，上附黏液，胃内充有凝乳块，少数严重病例胃黏膜有出血点；肠黏膜潮红，肠内容物呈黄白色，稀粥状，有酸臭味，有的肠管空虚或充满气体，肠壁菲薄而透明。严重病例黏膜有出血点及部分黏膜表面脱落。肠系膜淋巴结肿大；肝和胆囊稍肿大；心冠状沟脂肪胶样浸润，心肌柔软；肾脏呈苍白色。病程久者可见肺炎病变。

59. 如何防控仔猪黄痢?

(1)治疗　仔猪发病后应及时进行药物治疗。在治疗病仔猪前,最好分离出致病性大肠杆菌进行纸片法药敏试验,以选出抑菌作用最强的治疗药品。

① 土霉素 0.2~0.3 克,口服,每日 3 次,连用 3 天。

② 磺胺甲基嘧啶、磺胺二甲基嘧啶、磺胺 5- 甲氧嘧啶或磺胺 6- 甲氧嘧啶同抗菌增效剂(TMP)按 5:1 比例混合,0.1~0.2 克口服,每日 1 次,连用 3 天。

③ 在药物治疗的同时,对病仔猪还需要进行补液,如口服补液盐(ORS)。口服补液盐(ORS)配方:在 1 000 毫升蒸馏水或温水中,加入葡萄糖 20 克、氯化钠 3.5 克、碳酸氢钠 2.5 克、氯化钾 1.5 克,混合溶解,让猪自由饮用。或仔猪腹腔注射 5% 葡萄糖盐水等。

④ 在有本病发生的猪群,待仔猪产出后尚未吃奶前,全窝仔猪每头口服抗菌药物,连续 3 天,以作预防。仔猪产出后,立即喂服微生态活菌制剂,也是预防办法之一,每头仔猪按每千克体重 0.1~0.2 克,每天 1 次,连用 3 天。也有给母猪用药间接进行预防的,但药物必须经过母猪吸收后,再通过乳汁供给仔猪,效果较差。

⑤ 在发病初期用抗血清进行治疗,有较好疗效。在出生后用抗血清口服或肌内注射,有较好的预防效果。

(2)预防控制措施

① 不从有黄痢病的猪场引进繁殖母猪。

② 平时做好圈舍及周围环境的清洁卫生和消毒工作。加强怀孕母猪产前产后的饲养管理和护理,是控制下痢疾病的主要措施。改善怀孕母猪的饲养管理,保证胎儿正常发育和健壮。

③ 母猪临产前,用高压喷枪彻底冲洗产床、产箱、地面和墙壁,将产房打扫干净,清除粪便,并用消毒剂做好消毒。母猪乳头及乳房用 0.1% 高锰酸钾溶液或温水擦洗干净,在仔猪吃奶前把每个乳头的奶挤掉少许,再固定喂奶。

④ 尽量让初生仔猪吃上初乳,使初乳中抗体迅速进入初生仔猪

小肠并吸收，增强初生仔猪对本病的特异性抵抗力。

⑤ 注射疫苗。仔猪大肠埃希氏菌三价灭活疫苗：带有 K88、K99、987P 菌毛抗原的大肠埃希氏菌培养物经甲醛溶液灭活后，加氢氧化铝胶制成的。妊娠母猪在产仔前 40 日和 15 日各肌内注射 1次，每次 5 毫升。免疫母猪后，新生仔猪通过吮吸母猪的初乳而获得被动免疫，预防仔猪黄痢。

仔猪大肠埃希氏菌病 K88、K99 双份基因工程灭活疫苗：用基因工程人工构建的大肠埃希氏菌 C600/PTK8899 菌株，经培养收获 K88、K99 两种纤毛抗原，甲醛溶液灭活后，经冷冻真空干燥制成。母猪耳根部皮下注射。取疫苗 1 瓶加无菌水 1 毫升溶解，与 20% 铝胶 2 毫升混匀，怀孕母猪在临产前 21 日左右注射 1 次即可。仔猪通过吮食初乳被动获得抗大肠杆埃希氏菌感染力，预防仔猪黄痢。为了确保免疫保护效果，尽量使所有仔猪都吃足初乳。

仔猪大肠埃希氏菌病 K88、LTB 双份基因工程活疫苗：此苗用于预防大肠埃希氏菌引起的新生仔猪腹泻。肌内注射或口服。按瓶签注明头份，用无菌生理盐水溶解。口服免疫，每头 500 亿个活菌，在孕母猪预产期前 15~25 日进行，将每头份疫苗与 2 克小苏打一起拌入少量精饲料中，空腹喂给母猪，待吃完后再做常规喂食；肌内注射免疫，每头 100 亿个活菌，在母猪预产期前 10~20 日进行。

疫情严重的猪场，在产前 7~10 日再加强免疫 1 次，方法同上。

60．如何防控仔猪白痢?

（1）治疗　发现仔猪白痢后，要及时进行治疗，不论采用何种治疗方法，只有在早疗和改善饲养管理的前提下，才能获得良好的效果。治疗仔白痢的方法和药物种类很多，一般大多是抑菌、收敛及促进消化的药物。由于养猪单位的环境卫生及饲养管理不同，以及病仔猪的日龄大小和发病时气候等条件不同，各种药物的疗效也不一致。就是同一药物，在不同的两个猪场治疗的效果也不相同。对于单纯由于过热、受冷感冒而诱发的下痢，或轻微的消化不良性下痢，若及时发现，改善饲养管理，用收敛药物稍加治疗或不用药物治疗，改善饲养条件，便可恢复健康。如为细菌性下痢，则须应用杀菌、抑菌的药物，才能有良好的疗效。

① 白龙散：白头翁 2 份、龙胆粉 1 份，混匀，每日 1 次，每次 10~15 克，连服 2~3 天。

② 大蒜 500 克、甘草 120 克，切碎后加白酒 500 毫升，浸泡 5~7 天。取原液 1 毫升加水 4 毫升灌服，每日 2 次。

③ 金银花大蒜液：取金银花 100 克，加水 800~1 000 毫升，煮沸至 300 毫升左右时，用纱布过滤、去渣，滤液再加热浓缩为 100 毫升。另取大蒜 10 克，捣碎，加水 100 毫升，浸泡 2~3 小时后过滤，去渣。取 2 份金银花浓缩液和 1 份大蒜浸出液混合，体重 3.5~7.5 千克小猪，每次灌服 15~20 毫升；7.5~15 千克小猪，每次灌服 20~30 毫升，每日 2 次，一般 2 天可治愈。

④ 促菌生或调痢生（8501）：这是近些年来使用的微生态活菌制剂，主要调整病仔猪肠道内环境和菌群失调，连用 2~3 日，有较好疗效。按说明书的要求应用。

⑤ 链霉素 1 克、胃蛋白酶 3 克，混匀，5 头小猪一次分服，每日 2 次。

⑥ 磺胺脒 15 克、次硝酸铋 15 克、胃蛋白酶 10 克、龙胆末 15 克，加淀粉和水适量，调匀，供 15 头小猪上、下午各服 1 次。

⑦ 磺胺脒 0.5 克、苏打 0.5 克、乳酸钙 0.5 克，加淀粉和水适量，调匀，一次口服。

⑧ 0.2% 亚硒酸钠溶液肌内注射，体重 2.5 千克以下为 1 毫升，2.5~5 千克猪为 1~1.5 毫升，7.5 千克以上猪为 2 毫升。这对缺硒地区母猪所产仔猪发病，有较好的防治效果。

⑨ 硫酸亚铁 2.5 克、硫酸铜 1 克、氯化钴 1 克，溶于 1 000 毫升水中，在母猪喂奶前，涂于乳头上，让仔猪舔服；稍大时可拌入饲料中喂饲。对贫血性下痢有一定效果。

（2）预防控制措施

本病的防治，必须采取综合性的措施，积极改善饲养管理及卫生条件，做好经常性的工作是预防本病的关键。

① 加强妊娠母猪和哺乳母猪的饲养管理，防止过肥或过瘦。母猪饲养管理的好坏，直接影响到仔猪的健康状况，要选种选配，避免

近亲繁殖，老弱或母性不良的母猪不宜作种用。根据母猪不同，合理调配饲料，使母猪在怀孕期及产后有较好的营养，保持泌乳量的平衡，防止乳汁过浓或过稀。

② 做好产仔母猪产前产后的护理工作。母猪产仔前，将圈舍（产圈）打扫干净，彻底消毒，或用火焰喷灯消毒铁架和地面。母猪乳房用消毒液或温水洗净、擦干。阴门及腹部亦应擦洗干净。

③ 做好仔猪的饲养管理。提早补料，并抓好补料工作。

④ 尽量减少或防止各种应激因素的发生。

⑤ 改善猪舍的环境卫生，及时清除粪便，猪舍地面经常保持清洁、干燥；做好防寒保暖或防暑工作；食槽、饮水槽经常刷洗，保持清净。

⑥ 药物预防。在出生仔猪没吃初乳前，给仔猪喂服助消化、抗菌等药物预防。

⑦ 用本场仔猪腹泻病例分离的菌株，经分离、鉴定后，制成菌苗用于预防，常可收到较好效果。

61. 什么是猪弓形体病？是怎样流行的？

弓形体病是由弓形虫寄生引起的人畜共患的一种寄生虫病，弓形虫可通过口、眼、鼻、呼吸道、肠道、皮肤等途径侵入猪体。主要以高热、呼吸及神经症状、繁殖障碍为特征。暴发弓形体病时，可使整个猪场发病，死亡率高达 60% 以上。

弓形虫虫体的终宿主是猫及猫科动物，中间宿主是各种哺乳动物和禽类。猪也是弓形体的中间宿主。虫体的有性繁殖阶段在猫的肠上皮细胞中完成，并排出卵囊，中间宿主因吞食了卵囊和滋养体而感染；虫体主要侵害有核细胞，尤其是网状内皮细胞，进行分裂繁殖，细胞破裂则释放出滋养体，导致急性感染死亡；若细胞未破裂则形成包囊，导致慢性病的出现或隐性感染。猪对弓形虫的易感性没有品种、年龄、性别的差异，以 3~6 月龄仔猪发病率和死亡率较高。大猪由于抵抗力强多呈隐性感染；妊娠母猪后期感染时常表现为流产、死胎且产出仔猪的成活率低。

该病常发生于夏、秋两季，在气候温暖、潮湿、吸血昆虫多的季节易发。人及猫、猪、鸡等多种动物均能通过消化道、呼吸道直接摄入含有卵囊的食物和饮水而感染，急性发病期间还可以通过皮肤、黏膜感染，也可通过胎盘感染胎儿。

62. 猪弓形体病有哪些临床症状和病理变化？

猪弓形体病的症状主要表现为精神不振，厌食，食欲废绝，发烧（40.5~42℃），呈稽留热；呼吸困难，常呈腹式呼吸或犬坐式呼吸；便血或下痢，消瘦；咳嗽、呕吐，鼻腔流出水样或黏液样鼻液；皮肤有紫红色斑，间或有小点出血，耳部发绀，体表淋巴，尤其是腹股沟淋巴结明显肿大。后躯摇晃，卧地不起，共济失调，视力减退、失明，怀孕母猪可发生流产，产死胎、弱仔。

剖检病死尸体，见皮肤呈弥漫性紫红色或可见大的出血结痂斑点；肺脏肿大，呈暗红色，间质增宽，表面带有光泽，有针尖至粟粒大的出血点和灰白色病灶，切面流出多量粉色浑浊带泡沫的液体；肝脏肿大、硬，有针尖大至黄豆大的大小不一的灰白色或灰黄色坏死灶，并有针尖大出血点；胆囊黏膜表面有轻度出血和小的坏死灶；全身淋巴结肿大，切面外翻，多数有粟粒大的灰白色或灰黄色坏死灶及大小不等的出血点；心肌肿胀，脂肪变性，有粟粒大灰白色坏死灶；脾脏肿大不一，有的高度肿大呈镰刀形，被膜下有丘状出血点及灰白色小坏死灶，切面呈暗红色，白髓不清，小梁较明显，见有粟粒大灰白色坏死灶；肾脏黄褐色，除去被膜后表面有针尖大出血点和粟粒大灰白色坏死灶，切面增厚，皮髓质界线不清，也有灰白色坏死灶；胃黏膜稍肿胀，潮红充血，尤以胃底部较明显，并有针尖样出血点或条状出血；肠黏膜充血、潮红、肿胀，并有出血点和出血斑；有的病例在盲肠和结肠有少数散在的大小不一的浅平的溃疡灶；膀胱黏膜有小出血点。胸腔、腹腔及心包有积水。

63. 如何防控猪弓形体病？

（1）预防控制

① 猪场严禁养猫，做好防猫灭鼠工作。

② 对病猪的排泄物及流产胎儿、胎衣要做无害化处理，被污染

的场地要严格消毒。

③严禁饲喂屠宰下脚料和生喂泔水，要做好人的防护。

（2）治疗 及早发现，早期治疗。用药较晚，则效果不理想。

① 磺胺嘧啶，片剂，口服初次量0.14~0.2克/千克体重，维持量0.07~0.1克/千克体重，每日2次。针剂，静脉或肌内注射，0.07~0.1克/千克体重，每日2次，连用3~4天。

② 磺胺嘧啶+甲氧苄氨嘧啶，肌内注射，前者0.07克/千克体重，后者0.014克/千克体重，每日2次，连用3~5天。

③ 磺胺嘧啶+二甲氧苄氨嘧啶（敌菌净），肌内注射，前者0.07克/千克体重，后者6毫克/千克体重，每日2次，连用3~5天。

④ 磺胺间甲氧嘧啶（磺胺-6-甲氧嘧啶），内服，首次量0.05~0.1克/千克体重，维持量0.025~0.05克/千克体重，每日2次，连用3~5天。

⑤ 增效磺胺-5-甲氧嘧啶注射液，内含10%磺胺-5-甲氧嘧啶和2%甲氧苄氨嘧啶，用量每10千克体重不超过2毫升，每日1次，连用3~5天。

重症病猪应对症治疗，如退热、输液，并用抗生素防止继发感染。病情控制后应继续治疗1~2天。

64. 猪棘球蚴病具有什么流行特点？

棘球蚴病是由寄生于狗、猫、狼、狐狸等肉食动物小肠内的带科棘球属的细粒棘球绦虫的幼虫—棘球蚴寄生于猪，也寄生于牛羊和人等肝、肺及其他脏器而引起的一种绦虫蚴病。

本病对人畜危害极大，可严重影响患畜的生长发育，甚至造成死亡。而且寄生有棘球蚴的肝、肺及其他脏器按卫生检疫规定，均被废弃，加以销毁，从而造成很大的经济损失。

本病流行广泛，呈全球性分布，世界上许多国家，国内很多省、市和地区都有本病的流行，其中绵羊的感染率最高，猪也常有发生。

细粒棘球绦虫卵在外界环境中可以长期生存，在0℃时能生存116天之久，高温50℃时1小时死亡，对化学物质也有相当的抵抗力，直射阳光易使之致死。

猪感染棘球蚴病主要是吞食狗和猫粪便中的细粒棘球绦虫卵而感染棘球蚴病。人们有时用寄生有棘球蚴的牛、羊、猪的肝、肺等组织器官的肉喂狗、喂猫或处理不当被狗、猫食入，而感染细粒棘球绦虫病。反过来寄生有细粒棘球绦虫的狗、猫，到处活动而把虫卵散布到各处，特别是在猪的圈舍内养狗和猫，或是饲养人员把狗、猫带到猪舍，从而大大增加了虫卵污染环境、饲料、饮水及牧场的机会，加之有的猪放牧或散放，自然也就增加了猪与虫卵接触和食入虫卵的机会而感染棘球蚴病。

65. 猪棘球蚴病有哪些临床症状和病理变化？

轻微感染和感染初期不出现临床症状。严重感染，如寄生于肺，可表现慢性呼吸困难和咳嗽。如肝脏感染严重，叩诊时浊音区扩大，触诊病畜浊音区表现疼痛，当肝脏容积增大时，腹右侧膨大，由于肝脏受害，患畜营养失调，表现消瘦，营养不良等。

猪感染棘球蚴病时，不如绵羊和牛敏感，表现体温升高，下痢，明显咳嗽，呼吸困难，甚至死亡。猪在临床上常无明显的症状，有时在肝区及腹部有疼痛表现，患猪有不安痛苦的鸣叫声。

猪的棘球蚴主要见于肝，其次见于肺，少见于其他脏器。肝表面凹凸不平，有时可明显看到棘球蚴显露表面，切开液体流出，将液体沉淀后在显微镜下可见到许多生发囊和原头蚴（不育囊例外），有时肉眼也能见到液体中的子囊，甚至孙囊。另外也可见到已钙化的棘球蚴或化脓灶。

66. 如何防控猪棘球蚴病？

① 消灭野犬，对警犬和牧羊犬应定期驱虫。用吡喹酮药饵（5 毫克／千克）、甲苯唑（8 毫克／千克）、氢溴酸槟榔碱（2 毫克／千克）或氯硝柳胺（灭绦灵、拜耳 2353，犬的剂量为 25 毫克／千克）可驱除犬的各种绦虫。驱虫后排出的粪便和虫体应彻底销毁。

② 加强肉品卫生检验工作，对有病脏器必须销毁，严禁作犬食。

③ 保持畜舍、饲料和饮水卫生，防止犬粪污染。

④ 人与犬等动物接触或加工狼、狐狸等毛皮时，应注意个人卫

生，严防人体感染。

目前尚无有效药物治疗，人患棘球蚴病时可进行手术摘除。

67．怎样防控猪囊尾蚴病？

猪囊尾蚴病又称猪囊虫病，是由带科带属的有钩绦虫的幼虫猪囊尾蚴寄生于人、猪体内而引起的一种绦虫蚴病。猪囊虫大多寄生于猪的横纹肌内，脑、眼和其他脏器也常有寄生。猪囊虫病是人畜共患的寄生虫病。

（1）流行病学　本病无明显的季节性。猪是有钩绦虫的中间宿主，人是有钩绦虫的终末宿主，也是中间宿主。在放养条件下，有连茅圈、人随地大便情况时，猪吃了有钩绦虫病人粪便中的孕卵节片或虫卵，在胃肠液的作用下，卵中孵出六钩蚴，钻入肠壁小血管或淋巴管，随血液流到猪体各部，多寄生于猪的肌肉和内脏中，经2~3个月发育为具有感染能力的囊尾蚴。而人又吃了没有煮熟的带有活的囊尾蚴的猪肉而感染有钩绦虫病。还有人吃了被绦虫卵污染的食物和水，或病人呕吐把节片返到胃里，外膜及卵膜被消化放出六钩蚴而感染囊虫病。

（2）临床症状　临床症状因寄生部位和受损的器官不同而异。囊尾蚴寄生于面部肌肉，头肿大；寄生于眼部，视力减退，甚至失明，盲目行走；寄生于四肢肌肉，身体前、后躯肿大异常，中部较细，四肢不灵活，行动困难，喜欢躺卧；寄生于大脑，有神经症状，发生急性脑炎而突然死亡；寄生于膈肌、肋间肌、心、肺及咽、喉、舌部等肌肉时，可出现呼吸困难，声音嘶哑和吞咽困难。生长缓慢，贫血。

（3）病理变化　肌肉内有米粒大小的白色囊虫，肌肉苍白水肿，切面外翻、凹凸不平；在脑、眼、心、肝、脾、肺等部，甚至淋巴结和脂肪内也可找到虫体。后期可发现钙化灶。

（4）诊断　采用触摸舌头的方法，用手触摸舌面、舌下和舌根，看有无黄豆大小的结节存在，如有可以作为一个诊断指标。

实验室方法有炭凝集试验、酶标免疫吸附试验、间接血球凝集法、皮肤变态反应、卡红平板凝集试验和环状沉淀反应等。

（5）防控措施

① 预防控制。本病的防治原则是"预防为主"，讲究卫生，移风易俗，做到人有厕所猪有圈，彻底消灭连茅圈，防止猪吃人粪而感染猪囊虫病。加强肉品卫生检验。大力推广定点屠宰，集中检疫。根据国家规定，在平均每 40 厘米 ^{2} 的肌肉断面上，有猪囊虫 3 个以上者，不准食用，3 个以下者，煮熟或做成腌肉、肉松等出售。

② 治疗。驱除人体有钩绦虫的药物有：槟榔，口服 50~100 克；氯硝柳胺片，咀嚼，3 克，早晨一次空腹服用。治疗猪囊尾蚴的药物有：吡喹酮，混饲，一次量，每千克体重 10~30 毫克；丙硫咪唑，混饲，一次量，每千克体重 10~20 毫克。治疗人囊尾蚴的药物有：吡喹酮，每日 20 毫克/千克体重，分 2 次口服，连服 6 天。

68．怎样防控猪蛔虫病？

猪蛔虫病是由猪蛔虫寄生于猪的小肠引起的一种常见寄生虫病，在全国各地广泛流行，主要危害 3~6 月龄的幼猪，能使幼猪生长发育不良，严重者常形成僵猪，甚至引起死亡，成年猪多半为带虫者。

（1）病原　猪蛔虫寄生于猪小肠中，为黄白色或粉红色的大型线虫，体表光滑，雄虫长 40~280 毫米，尾端向腹面弯曲，雌虫长 200~400 毫米，尾端尖直。雌虫产出大量的虫卵，虫卵随粪便排出体外后，在适宜的温度、湿度和充足氧气的环境中发育为含幼虫的感染性虫卵。猪吞食了感染性虫卵而被感染。在小肠内幼虫逸出，钻入肠壁毛细血管，经门静脉到达肝脏后，经后腔静脉回流到左心，通过肺动脉毛细血管进入肺泡。幼虫在肺脏中停留发育，蜕皮生长后，随支气管黏液一起到达咽部并进入口腔后再次被咽下，在小肠内发育为成虫。从吞食感染性虫卵到发育为成虫，需 2.0~2.5 个月。猪蛔虫在宿主体内的寄生期限为 7~10 个月。

（2）流行病学　本病无季节性，任何季节都可发生。病猪是传染源，猪蛔虫无中间宿主，虫卵随粪便排出体外，在适宜的环境中发育为含有第二期幼虫的感染性虫卵，猪采食了被污染的饲料、饮水等，虫卵进入消化道，孵出幼虫，钻入肠壁血管，随血液经肝脏、心脏到达肺脏，进入肺泡、支气管，经咳嗽到达咽部，再被吞咽到消化道，发育为成虫，整个发育过程需 60~75 天。1 条雌虫 1 天可产 10~20 万个虫卵，虫卵对外界的抵抗力很强，常用消毒液不能将其杀死。

（3）临床症状 大量幼虫移行至肺脏时，引起蛔虫性肺炎，表现咳嗽、呼吸增快、体温升高至 40℃左右、食欲减退、卧地不起及嗜酸性粒细胞增多。成虫寄生小肠时，使仔猪生长缓慢、被毛粗乱，是形成僵猪的重要原因。大量寄生时，可引起肠堵塞、肠破裂。有时蛔虫进入胆管，造成堵塞，引起黄疸症状。少数病例呈现荨麻疹、兴奋、磨牙、痉挛、角弓反张等神经症状。

（4）病理变化 病初解剖可见有肺炎的变化，肺表面可见出血点和暗红色斑点，肺内可见大量猪蛔虫幼虫。有的表现组织出血、坏死，形成云雾状的蛔虫斑。肠内可见肠黏膜卡他出血和溃疡。

（5）诊断 对 2 个月以上的仔猪可采用直接涂片法或饱和盐水浮集法，检出粪便中的猪蛔虫卵来确诊。猪蛔虫卵，大小为（60~70）微米 ×（40~60）微米，黄褐色或淡黄色，短椭圆形，卵壳厚，最外层为凸凹不平的蛋白膜，新排出的虫卵含 1 个未分裂的胚细胞。对 2 个月龄以内的仔猪，有肺炎病变时，可用贝尔曼法分离肺组织中的幼虫作出判断。

确定猪蛔虫是否为致死原因时，须根据剖检时的虫体数量、病变程度，结合生前症状和流行病学资料以及有无其他原发性或继发性疾病作出综合判断。一般情况下每 1 000 毫克粪便含有 1 000 个虫卵时，即可确诊为蛔虫病。

（6）防治措施

① 预防。

定期驱虫：根据虫体生长发育的特点制订合理的驱虫计划，种公猪每年春秋各驱虫 1 次，母猪在产前驱虫，仔猪断奶时驱虫 1 次，以后每 2 个月驱虫 1 次，直到出栏。应用驱虫药驱虫后，粪便不能任意处理，必须经堆积发酵后方可使用，避免造成再度污染。

加强营养：根据不同猪的营养需要，供给充足的营养物质，提高猪体的抵抗力。

② 治疗。伊维菌素预混剂，混饲，每 1 000 千克饲料添加 2 克（以伊维菌素计），连用 7 日。伊维菌素注射液，皮下注射，每千克体

重 0.3 毫克。

阿维菌素透皮剂，浇注或涂擦，一次量，每千克体重 0.1 毫升，由肩部向后，沿背中线浇注。

盐酸左旋咪唑片，内服，每千克体重 7.5 毫克。盐酸左旋咪唑注射液，肌内注射或皮下注射，每千克体重 7.5 毫克。磷酸左旋咪唑片，内服，每千克体重 8 毫克。磷酸左旋咪唑注射液，肌内注射或皮下注射，每千克体重 8 毫克。

敌百虫，内服，一次量，每千克体重 80~100 毫克，总量不超过 7 克，混入饲料中喂服。

芬苯达唑片、芬苯达唑粉，内服，一次量，每千克体重 7.5 毫克。

丙硫咪唑，内服，每千克体重 5~20 毫克，拌料饲喂。

69. 怎样防控猪绦虫病?

猪绦虫病是一种对幼猪危害较大的人畜共患的寄生虫病。

（1）病原　猪绦虫病的病原体为克氏假裸头绦虫。寄生于猪的小肠内，也可寄生于人体。虫体呈乳白色，扁平带状，全长 100~150 厘米，由 2 000 个左右节片组成，节片的宽均大于长，最大宽度约为 1 厘米。

（2）流行特点　猪绦虫病在我国分布很广，陕西、江苏、福建、云南、吉林等 10 多省市都发现有本病的存在。

（3）临床症状　病猪呈现毛焦、消瘦、生长发育迟缓，严重的可引起肠道梗阻。

（4）病理变化　死后可根据剖检小肠内找到的虫体而确诊。

（5）诊断　生前诊断可根据粪检发现孕节或虫卵来确诊。虫卵为棕色、圆形，大小为（82.0~82.5）微米 ×（72~76）微米，内含明显的六钩蚴。

（6）防治措施

① 定期驱虫。可选用吡喹酮，剂量为 20~40 毫克 / 千克体重。也可用硫双二氯酚，剂量为 80~100 毫克 / 千克体重。

② 粪便发酵杀虫。猪粪必须及时清除，并堆肥发酵杀死虫卵后

再作肥料。

70. 如何防控猪疥螨病？

猪疥螨病俗称疥癣、癞、疥疮，是由猪疥螨寄生在猪的皮内而引起的一种高度接触性传染的慢性皮肤寄生虫病，临床上以皮炎和奇痒为主要特征。

（1）病原　疥螨（穿孔疥虫）寄生在猪皮肤深层由虫体挖凿的隧道内。虫体很小，肉眼不易看见，大小为 0.2~0.5 毫米，呈淡黄色龟状，背面隆起，腹面扁平，腹面有 4 对短粗的圆锥形肢；虫体前端有一钝圆形口器。疥螨的口器为咀嚼型，在宿主表皮挖凿隧道，以皮肤组织和渗出的淋巴液为食，在隧道内发育和繁殖。疥螨全部发育过程都在宿主体内度过，包括卵、幼虫、若虫、成虫 4 个阶段，离开宿主体后，一般仅能存活 3 周左右。

（2）流行特点　各种年龄、品种的猪均可感染本病。主要是由于病猪与健康猪的直接接触，或通过被螨及其卵污染的圈舍、垫草和饲养管理用具间接接触等而引起感染。幼猪有挤压成堆躺卧的习惯，这是造成本病迅速传播的重要原因。此外，猪舍阴暗、潮湿、环境不卫生及营养不良等均可促进本病的发生和发展。秋冬季节，特别是阴雨天气，本病蔓延最快。

（3）临床症状　临床症状主要是皮肤发炎、脱毛、奇痒和消瘦。通常开始发生于头部、眼窝、颊及耳部等皮肤细薄，体毛短小的部位，并可蔓延到颈、肩胛、背部、躯干两侧及后肢内侧等部位。患部表现剧痒，病猪到处摩擦或以肢蹄搔擦患部，以致患部脱毛、结痂、皮肤肥厚，形成皱褶和龟裂。

由于疥螨用其口器刺入猪体皮肤并挖掘隧道，刺激神经末梢，引起痒感、炎症。患猪常用其前肢瘙痒或在墙壁、栏柱等处摩擦，引起皮肤组织损伤，皮肤上出现丘疹、水疱。如果继发细菌感染，就会形成化脓病灶。水疱及脓疮破溃后，在皮肤表面干涸而结成痂皮。严重时皮肤角质层增厚、干枯，有皱纹或龟裂，影响胴体品质。同时，影响猪只生长，导致病猪生长缓慢，逐渐消瘦甚至死亡。

（4）诊断　在患部与健康部交界处采集病料，用手术刀刮取痂皮，直到稍微出血。症状不明显时，可检查耳内侧皮肤刮取物中有无虫体。将刮到的病料装入试管内，加入 10% 苛性钠（或苛性钾）溶液，煮沸，待毛、痂皮等固体物大部分被溶解后，静置 20 分钟，由管底吸取沉渣，滴在载玻片上，用低倍显微镜检查，有时能发现疥螨的幼虫、若虫和虫卵。疥螨幼虫为 3 对肢，若虫为 4 对肢。疥螨卵呈椭圆形，黄色，较大 155 微米 × 84 微米，卵壳很薄，初产卵未完全发育、后期卵透过卵壳可见到已发育的幼虫，由于患猪常啃咬患部，有时在用水洗沉淀法作粪便检查时，可发现疥螨虫卵。

（5）防控措施

① 预防。不从疫区引入猪群，引进猪时应隔离观察，确诊无病时方可入圈。同时，要搞好猪舍卫生工作，经常保持清洁、干燥、通风。

一旦发现病猪，应立即隔离治疗。在治疗病猪的同时，应用杀螨药彻底消毒猪舍和用具，将治疗后的病猪安置到已消毒过的猪舍内饲养。为了使药物能充分接触虫体，最好用肥皂水或来苏水水彻底洗刷患部，清除硬痂和污物后再涂药。由于大多数治螨药物对螨卵的杀灭作用差，因此，需治疗 2~3 次，每次间隔 5 天，以杀死新孵出的幼虫。

② 治疗。烟叶或烟梗 1 份，加水 20 份，浸泡 24 小时，再煮 1 小时后涂擦患部；50 毫克 / 升溴氰菊酯溶液间隔 10 天喷淋 2 次，每头猪每次用 3 升药液；阿维菌素或伊维菌素每千克体重颈部皮下注射 300 微克。

71. 怎样防控猪后圆线虫病（肺线虫病）？

猪后圆线虫病是后圆线虫（又称猪肺线虫）寄生于猪的支气管和细支气管引起的一种呼吸系统寄生虫病。本病呈全球性分布。我国也常发生此病，往往呈地方性流行，对幼猪的危害很大。严重感染时，可引起肺炎（尤以肺膈叶多见），而且能加重肺部细菌性和病毒性疾病的危害。

（1）流行特点与症状　生活史中需蚯蚓为中间宿主，在猪体内 1 个月发育为成虫。虫卵和 1 期幼虫对外界抵抗力较强，感染性幼虫可在蚯蚓体内长期保持感染性。夏季感染，多发于 6~12 月龄的散养猪，对仔猪危害严重。

支气管肺炎。表现阵发性咳嗽，呼吸困难，尤以气候骤冷、剧烈运动和采食时更剧烈。患猪食欲不振，营养不良，消瘦，贫血，生长发育受阻或停滞甚至减重，形成僵猪，常最终陷入恶病质而死亡率很高。

局灶性肺气肿与实变相间，隔叶腹面边缘有楔状肺气肿区；支气管和气管内含大量黏液和虫体。支气管扩张，管壁增厚，虫体堵塞。

饱和硫酸镁漂浮法或沉淀法查到粪、痰液和鼻液中的虫卵或剖检病变和气管、支气管内虫体，可确诊。

（2）防控 治疗可选用左旋咪唑 8~10 毫克／千克体重，配成 5% 水溶液，肌内注射，驱虫率 99%~100%；抗蠕敏：35~40 毫克／千克体重，驱虫率近 100%。

可根据发病季节、粪检和尸检情况进行预防性驱虫和治疗性驱虫工作。经常清除猪粪，堆积发酵，杀灭虫卵。猪舍和运动场用坚实地面，并注意排水和干燥；定期撒石灰等消毒，防止蚯蚓入猪场。

72. 怎样防控猪胃肠炎?

胃肠炎是指胃肠黏膜表层和深层组织的重剧的炎症。以体温升高、剧烈腹泻及全身症状重剧为特征。

（1）发病原因 无论是原发性的或继发性的胃肠炎，其病因都与消化不良的病因类似，只是作用更为剧烈，持续时间更长。主要由于喂给腐烂变质、发霉、不清洁、冰冻饲料，或误食有毒植物及酸、碱、砷等化学药物而发病。消化不良的经过中，由于治疗失时或用药不当等，而使胃肠壁遭受强烈刺激，胃肠血液循环和屏障机能紊乱，细菌大量繁殖，细菌毒素被吸收等，也可发展成胃肠炎。

（2）临床症状 病初精神委靡，多呈现消化不良的症状，以后逐渐或迅速呈现胃肠炎的症状。食欲废绝，饮欲增加，鼻盘干燥，可视黏膜初暗红带黄色，以后则变为青紫。口腔干燥，气味恶臭，舌面皱缩，被覆多量黄腻或白色舌苔。体温升高，脉搏加快，呼吸增数，呕吐，腹痛。少见便秘，多数腹泻，粪便恶臭，混有黏液、血丝或气泡，重症时肛门失禁，呈现里急后重现象。出血性胃肠炎，可视黏膜苍白，粪便变黑呈柏油状。

（3）防治措施　加强饲养管理，不喂变质和有刺激性的饲料，定时定量喂食。猪圈保持清洁干燥。发现消化不良，及早治疗，以防加重转为胃肠炎。

治疗时，首先应除去病因，抑菌消炎，配合强心、补液、解毒及清理胃肠。可内服氨苄青霉素、黄连素或庆大霉素。单纯性胃肠炎用磺胺脒 5~10 克、小苏打 20~30 千克，混合，1 次内服，1 日 2 次；若久痢不止时，则用鞣酸蛋白、次硝酸铋各 0.05~0.06 千克，日服 2 次。对严重胃肠炎，以氨苄青霉素 0.5~1.0 克，加于 5% 葡萄糖液 500~1 000 毫升中，静脉注射，每日 1~2 次，同时，应用 0.1% 高锰酸钾液 300~500 毫升内服或灌肠，效果良好。临床上常用 5% 葡萄糖生理盐水 500 毫升，10% 维生素 C 注射液 5 毫升，40% 乌洛托品液 10 毫升，混合后 1 次静脉注射；或用复方氯化钠液 500 毫升，25% 葡萄糖液 200 毫升，20% 安钠咖液 10 毫升，5% 氯化钙液 50 毫升，混合后 1 次静脉注射（仔猪酌减药量）。

试验证明：白头翁根 0.035 千克，黄柏 0.07 千克，加适量水煎后灌服；或用紫皮大蒜 1 头，捣碎后加白酒 50 毫升内服，也有较好的治疗效果。

当病情缓解后可用健胃剂，仔猪可用胃蛋白酶、乳酶生各 0.01 千克、安钠咖粉 0.02 千克，混合后分 3 次内服，同时配用多酶片、酵母片等药物。大猪则用健胃散 0.02 千克，人工盐 0.02 千克，1 日分 3 次内服。

73. 怎样防控猪感冒？

感冒是由于寒冷作用所引起的，以上呼吸道黏膜炎症、体温突然升高、咳嗽、羞明流泪和流鼻液为主要临床特征的急性、全身性疾病。本病无传染性，一年四季均可发生，但风寒型多见于秋冬季节，风热型多见于春夏。仔猪更易发生。

（1）发病原因　主要发病原因是突然遭受寒冷袭击，如冬季畜舍防寒不良，又遇寒流侵袭，或大汗后遭受雨淋，贼风吹袭等，可使畜体抵抗力降低，特别是上呼吸道黏膜的防御机能减退，致使呼吸道内的常在菌得以大量繁殖而引起本病。

（2）临床症状 病猪精神沉郁，食欲减退或废绝，全身颤栗，体温升高达40℃以上。畏寒怕冷，喜钻草堆。低头弓腰，毛乍尾垂，鼻盘干燥，眼睛发红，羞明流泪。鼻流清涕，频发咳嗽，呼吸不畅，呼吸音增强，脉搏加快。口色稍红，舌苔薄白或黄腻。

本病应与流行性感冒相区别，流行性感冒是由猪流感病毒引起的一种急性热性传染病，一旦暴发，传播迅速，大批流行，病情严重。而本病仅呈散发性，病程短。

（3）防控措施 加强饲养管理，防止猪只突然受寒，避免将其放置于潮湿阴冷和有贼风处，特别是在大出汗后，应防止风吹雨淋。气温骤变时，及时采取防寒措施。

治疗的原则是解热、镇痛、防止继发感染。

① 内服扑热息痛，每次1~2克，或内服阿司匹林、氨基比林2~5克。或用30%安乃近液、安痛定等5~10毫升进行肌内注射，每日1~2次。在解热镇痛的基础上，应用氨苄青霉素500毫克，肌内注射，每日2次，连用2~3天。排粪迟滞时，可应用缓泻剂。

② 应用中草药治疗感冒效果好。风寒型感冒的治疗原则为辛温解表，疏散风寒，应用"荆防败毒散"加减。风热型感冒的治疗原则为辛凉解表，发散风热，方用"银翘散"加减或"桑菊银翘散"加减。

74. 怎样防控猪亚硝酸盐中毒？

亚硝酸盐中毒是由于菜类等青绿饲料的贮存、调制方法不当时、在适宜的温度和酸碱度的条件下，在微生物的作用下，大量的硝酸盐可还原成剧毒的亚硝酸盐，猪采食这类饲料后而引起中毒，本病常于猪吃饱后不久发生，故有饱潲病之称。

改善饲养管理，不喂存放不当的青绿多汁饲料，防止亚硝酸盐中毒。

发现亚硝酸盐中毒，应迅速抢救，目前，特效解毒药为美蓝和甲苯胺蓝。同时配合应用维生素 C 和高渗葡萄糖溶液，效果较好。

对严重病例，要尽快剪耳、断尾放血；静脉或肌内注射1%美蓝溶液，用量为1毫升/千克体重，或注射甲苯胺蓝，用量为5毫克/千克体重。内服或注射大剂量维生素C，用量为10~20毫克/千克体重，以及静脉注射10%~25%葡萄糖液300~500毫升。

对症状较轻者，仅需安静休息，投服适量的糖水或牛奶等即可。

对症治疗：对呼吸困难、喘息不止的患畜，可注射山梗菜碱、尼可刹米等呼吸兴奋剂；对心脏衰弱者可注射安钠咖、强尔心等；对严重溶血者，放血后输液并口服或静脉滴注肾上腺皮质激素，同时内服碳酸氢钠等药物，使尿液碱化，以防血红蛋白在肾小管内凝集。

75. 怎样防控猪霉饲料中毒？

霉饲料中毒就是猪采食了发霉的饲料而引起的中毒性疾病。以神经症状为主要特征。

（1）发病原因　自然环境中，含有许多霉菌，常寄生于含淀粉的饲料上，如果温度（28℃左右）和湿度（80%~100%）适宜，就会大量生长繁殖，有些霉菌在生长繁殖过程中，能产生有毒物质，目前，已知的霉菌毒素有上百种，最常见的有黄曲霉毒素、镰刀菌毒素和赤霉菌毒素等。这些霉菌毒素都可引起猪中毒。仔猪及妊娠母猪尤为敏感。

发霉饲料中毒的病例，临床上常难以肯定为何种霉菌毒素中毒，往往是几种霉菌毒素协同作用的结果。

（2）临床症状　仔猪和妊娠母猪对发霉饲料较为敏感。中毒仔猪常呈急性发作，出现中枢神经症状，头弯向一侧，头顶墙壁，数天内死亡。大猪病程较长，一般体温正常，初期食欲减退，后期废食，腹痛，下痢或便秘，粪便中混黏液或血液，被毛粗乱，迅速消瘦，生长迟缓。白猪的嘴、耳、四肢内侧和腹部皮肤出现红斑，妊娠母猪常引起流产及死胎等。剖解后的病理变化为：肝实质变性，颜色变淡黄，显著肿大，质地变脆；淋巴结水肿。病程较长者，皮下组织黄染，胸腹膜、肾、胃肠道出血。急性病例最突出的变化是胆囊黏膜下层严重水肿。

（3）防控措施　防止饲料发霉变质。严禁用发霉饲料喂猪。

目前尚无特效药物。发病后应立即停喂发霉饲料，同时进行对症治疗。急性中毒，用 0.1% 高锰酸钾溶液、温生理盐水或 2% 碳酸氢钠液进行灌肠、洗胃后，内服盐类泻剂，如硫酸钠 0.03~0.05 千克，水 1 升，1 次内服。静脉注射 5% 葡萄糖生理盐水 300~500 毫升，40% 乌洛托品 20 毫升；同时皮下注射 20% 安钠咖 5~10 毫升。

76. 怎样防控猪食盐中毒?

猪食盐中毒后，可引起消化道、脑组织水肿、变性，乃至坏死，并伴有脑膜和脑实质的嗜酸性粒细胞浸润。以突出的神经症状和一定的消化紊乱为其临床特征。

严禁用含盐量过高的饲料喂猪，日粮含盐量不应超过 0.5%。同时，要供给足够的饮水。

食盐中毒无特效治疗药物，主要是促进食盐排除及对症治疗。

发现中毒后应立即停喂含食盐的饲料及饮水，改喂稀糊状饲料。口渴时多次少量给予饮水，切忌突然大量给水或任意自由饮水，以免胃肠内水分吸收过速，使血钠水平迅速下降，加重脑水肿，而使病情突然恶化。

急性中毒，用 1% 硫酸铜 50~100 毫升内服催吐后，内服粘浆剂及油类泻剂 80 毫升，使胃肠内未吸收的食盐泻下和保护胃肠黏膜。也可在催吐后内服白糖 0.15~0.2 千克。

对症治疗，为恢复体内离子平衡，可静脉注射 10% 葡萄糖酸钙 50~100 毫升，为缓解脑水肿，降低脑内压，可静脉注射 25% 山梨醇液或 50% 高渗葡萄糖液 50~100 毫升。为缓解兴奋和痉挛发作，可静脉注射 25% 硫酸镁注射液 20~40 毫升。心脏衰弱时，可皮下注射安钠咖等。

77. 怎样防控仔猪贫血?

仔猪贫血是指半月至 1 月龄哺乳仔猪所发生的一种营养性贫血。主要原因是缺铁，多发生于寒冷的冬末、春初季节的舍饲仔猪，特别是猪舍为木板或水泥地面而又不采取补铁措施的猪场内，常大批发生，造成严重的损失。

（1）发病原因　本病主要是由于铁的需要量供应不足所致。半个月至1个月的哺乳仔猪生长发育很快，随着体重增加，全血量也相应增加，如果铁供应不足，就要影响血红蛋白的合成而发生贫血，因此，本病又称为缺铁性贫血。正常情况下，仔猪也有一个生理性贫血期，若铁的供应及时而充足，则仔猪易于度过此期。放牧的母猪及仔猪，可以从青草及土壤中得到一定量的铁，而长期在水泥、木板地面的猪舍内饲养的仔猪，由于不能与土壤接触，失去了对铁的摄取来源，则难于度过生理性贫血期，因而发生重度的缺铁性贫血。本病冬春季节发生于2~4周龄仔猪，且多群发。

（2）临床症状　猪精神沉郁、离群伏卧、食欲减退、营养不良、被毛逆立、体温不高。可视黏膜呈淡蔷薇色，轻度黄染。严重者黏膜苍白，光照耳壳呈灰白色，几乎见不到明显的血管，针刺也很少出血，呼吸、脉搏均增加，可听到心内杂音，稍加运动，则心悸亢进，喘息不止。有的仔猪，外观很肥胖，生长发育也较快，可在奔跑中突然死亡，剖检见典型贫血变化。病理剖解可见：皮肤及黏膜显著苍白，有时轻度黄染，病程长的病猪多呈消瘦，胸腹腔积有浆液性及纤维蛋白性液体。实质脏器脂肪变性，血液稀薄，肌肉色淡，心脏扩张，胃肠和肺常有炎性病变。

（3）防控措施　主要加强哺乳母猪的饲养管理，多喂富含蛋白质、无机盐和维生素的饲料。最好让仔猪随同母猪到舍外活动或放牧，也可在猪舍内放置土盘，装添红土或深层干燥泥土，任仔猪自由拱食。

北方如无保温设备，应尽量避免母猪在寒冷季节产仔。在水泥地面的猪舍内长期舍饲仔猪时，必须从仔猪生后3~5日即开始补加铁剂。补铁方法是将上述铁铜合剂洒在粒料或土盘内，或涂于母猪乳头上，或逐头按量灌服。对育种用的仔猪，可于生后8日肌内注射右旋糖酐铁2毫升（每毫升含铁50毫克），或铁钴注射液2毫升，预防效果确实可靠。

有效的治疗方法是补铁。常用的处方有：①硫酸亚铁2.5克、硫酸铜1克、水1 000毫升。每千克体重0.25毫升，用汤匙灌服，每日1次，连服7~10日。②硫酸亚铁0.1千克、硫酸铜2.11千克，磨成细末后混于 5 千克细砂中，撒在猪舍内，任仔猪自由舔食。③焦磷酸铁，每日内服 30 毫克，连服 1~2 周。还原铁对胃肠几乎无刺激性，可一次内服 500~1 000 毫克，1 周 1 次。如能结合补给氯化钴每次 50 毫克或维生素 B_{12}，每次 0.3~0.4 毫克配合应用叶酸 5~10 毫克，则效果更好。④注射铁制剂，诸如：右旋糖酐铁、铁钴注射液（葡聚糖铁钴注射液）、复方卡铁注射液和山梨醇铁等。实践证明，铁钴注射液或右旋糖酐铁 2 毫升肌内深部注射，通常 1 次即愈。必要时隔 7 日再半量注射 1 次。

78. 怎样防控猪硒缺乏症?

硒缺乏症是由于饲料中硒含量不足所引起的营养代谢障碍综合征，主要以骨骼肌、心肌及肝脏变质性病变为基本特征。猪主要病型有仔猪白肌病、仔猪肝坏死和桑葚心等。一年四季都可发生，以仔猪发病为主，多见于冬末春初。

猪对硒的需要量不能低于日粮的 0.1 毫克 / 千克，允许量为 0.25 毫克 / 千克，不得超过 5~8 毫克 / 千克。维生素 E 的需要量是：4.5~14.0 千克的仔猪以及怀孕母猪和泌乳母猪为每千克饲料 22 国际单位；一般猪 14~54 千克体重时每千克饲料加维生素 E 11 国际单位。平时应注意饲料搭配和有关添加剂的应用，满足猪对硒和维生素 E 的需要。麸皮、豆类、苜蓿和青绿饲料含较多的硒和维生素 E，要适当选择饲喂。

缺硒地区的妊娠母猪，产前 15~25 天内及仔猪生后第 2 天起，每 30 天肌内注射 0.1% 亚硒酸钠液 1 次，母猪 3~5 毫升，仔猪 1 毫升；也可在母猪产前 10~15 天喂给适量的硒和维生素 E 制剂，均有一定的预防效果。

对患病仔猪，肌内注射亚硒酸钠维生素 E 注射液 1~3 毫升（每毫升含硒 1 毫克、维生素 E 50 单位）。也可用 0.1% 亚硒酸钠溶液皮下或肌内注射，每次 2~4 毫升，隔 20 日再注射 1 次。配合应用维生素 E 50~100 毫克肌内注射，效果更佳。成年猪 10~15 毫升，肌内注射。

79．怎样防控母猪产后瘫痪？

母猪产后瘫痪是产后母猪突然发生的一种严重的急性神经障碍性疾病。

本病的病因目前还不十分清楚。一般认为是由于血糖、血钙骤然减少（母猪产后甲状旁腺机能障碍，失去调节血钙浓度作用，胰腺活动增强，致使血糖过少，特别是产后大量泌乳，血糖、血钙随乳汁流失），产后血压降低等原因而使大脑皮层发生机能障碍。

本病多发生于产后 2~5 日。患畜精神极度萎靡，一切反射变弱，甚至消失。食欲显著减少或废绝，粪便干硬且少，以后则停止排粪、排尿。轻者站立困难，重者不能站立，呈昏睡状态。乳汁少或无乳，有时病猪伏卧，不让仔猪吮乳。病程 1~2 日，有时达 3~4 日。

首先，应投给缓泻剂（如硫酸钠或硫酸镁），或用温肥皂水灌肠，清除直肠内蓄粪。同时，静脉注射 10% 葡萄糖酸钙注射液 50~150 毫升。其次，用草把或粗布摩擦病猪皮肤，以促进血液循环和神经机能的恢复。增垫柔软的褥草，经常翻动病猪，防止发生褥疮。

80．怎样防控母猪乳房炎？

正常母猪乳房的外形呈漏斗状突起，前部及中部乳房较后部乳房发育好些，这和动脉血液的供应有关。乳房发育不良时呈喷火口状凹陷，这种乳房不但产乳量少，排乳困难，而且常引起乳房炎。

本病多半是由链球菌、葡萄球菌、大肠杆菌或绿脓杆菌等病原微生物侵入而引起，其感染途径主要是通过仔猪咬破的乳管伤口。此外，猪舍门栏尖锐、地面不平或过于粗糙，使乳房经常受到挤压、摩擦，或乳房受到外伤时也可引起乳房炎。母猪患子宫内膜炎时，常可并发此病。

患病乳房可见潮红、肿胀，触之有热感。由于乳房疼痛，母猪怕痛而拒绝仔猪吮乳。

黏液性乳房炎时，乳汁最初较稀薄，以后变为乳清样，仔细观察时可看到乳中含絮状物，炎症发展成脓性时，可排出淡黄色或黄色脓汁。如脓汁排不出，可形成脓肿，拖延日久往往自行破溃而排出带有臭味的脓汁。

当脓性或坏疽性乳房炎，尤其是波及几个乳房时，母猪可能会出现全身症状，体温升高，食欲减退，喜卧，不愿起立等。

预防母猪乳房炎，可在母猪在分娩前及断乳前 3~5 天，应减少精料及多汁饲料，以减轻乳腺的分泌作用，同时应防止给予大量发酵饲料。猪舍要保持清洁干燥，冬季产仔时应多垫柔软干草。

治疗时，首先应隔离仔猪。对症状较轻的乳房炎，可挤出患病乳房内的乳汁，局部涂以消炎软膏（如 10% 鱼石脂软膏、10% 樟脑软膏或碘软膏）。对乳房基部封闭：用 0.25%~0.50% 盐酸普鲁卡因溶液 50~100 毫升，加入 10 万 ~20 万单位青霉素，在乳房实质与腹壁之间的空隙，用注射针头平行刺入后注入。如乳头管通透性较好，可用乳导管向乳池腔内注入青霉素 5 万 ~10 万单位，或再加入链霉素 5 万 ~10 万单位，一并溶于 0.25%~0.5% 盐酸普鲁卡因溶液生理盐水或蒸馏水中，1 次注入。

对乳房发生脓肿的病猪，应尽早由上向下纵行切开，排出脓汁，然后用 3% 过氧化氢溶液或 0.1% 高锰酸钾溶液冲洗。脓肿较深时，可用注射器先抽出其内容物，最后向腔内注入青霉素 10 万 ~20 万单位。病猪有全身症状时，可用青霉素、磺胺类药物治疗。青霉素每次肌内注射 40 万 ~80 万单位，每日 2 次。内服磺胺嘧啶，初次剂量按每千克体重 200 毫克，维持剂量按每千克体重 100 毫克，间隔 8~12 小时 1 次，另外可同时内服乌洛托品 2~5 毫克，以促使病程缩短。

81. 猪常见的疝有哪几种？如何防治？

疝是腹部的内脏从自然孔道或病理性破裂孔脱至皮下或其他腔、孔的一种常见病。根据发生的部位一般分为：脐疝、腹股沟阴囊疝、腹壁疝几种。

（1）脐疝　多发生于幼龄猪，常因为脐孔闭锁不全或完全没有闭锁，再加上腹腔内压增高（如奔跑、捕捉、按压时）而使腹腔脏器进入皮下。

在脐部出现核桃大或鸡蛋大，有的甚至达拳头大的半圆形肿胀；柔软，热痛不明显，有时可触到脐带孔，在肿胀处听诊可听到肠蠕动音。当肠管嵌闭在脐孔中时，肿胀硬固，有热痛，病猪腹痛不安，有时呕吐。

如幼龄猪脱出肠管较少，还纳腹腔后，局部用绷带压迫，脐孔可能闭锁而治愈。脐孔较大或发生肠嵌闭时，须进行疝孔闭锁术。

（2）腹壁疝　由于外界的钝性暴力，如冲撞、踢打等作用于软腹壁，使皮下的肌肉、腹膜等破裂，造成肠管脱入皮下。受伤后在腹壁上突然发生球形或椭圆形大小不等的柔软肿胀，小的如拳，大的如小儿头。肿胀界限清楚，热痛较轻，用力按压时随着其内容物还纳入腹腔而使肿胀变小，触诊可发现腹壁肌肉的破裂口（疝孔）。

改善饲养管理，防止创伤发生。如果发生腹壁疝，以手术疗法为好。

（3）腹股沟阴囊疝　公猪的腹股沟阴囊疝有遗传性，若腹股沟管内口过大，就可发生疝，常在出生时发生（先天性腹股沟阴囊疝），也可在几个月后发生（后天性腹股沟）。后天性腹股沟阴囊疝主要是腹压增高所引起。

猪的腹股沟阴囊疝症状明显，一侧或两侧阴囊增大，捕捉以及凡能使腹压增大的因素均可加重症状，触诊时硬度不一，可摸到疝的内容物（多半为小肠），也可以摸到睾丸，如将两后肢提举，常可使增大的阴囊缩小而达到自然整复的目的。少数猪可变为嵌闭性疝，此时多数肠管已与囊壁发生广泛性粘连。

猪的阴囊疝可在局部麻醉下手术，切开皮肤分离浅层与深层的筋膜，尔后将总鞘膜剥离出来，从鞘膜囊的顶端沿纵轴捻转，此时疝内容物逐渐回入腹腔。猪的嵌闭性疝往往有肠粘连、肠臌气，所以在钝性剥离时要求动作轻巧，稍有疏忽就有剥破的可能，在剥离时用浸以温灭菌生理盐水的纱布慢慢地分离，对肠管轻轻压迫，以减少对肠管的刺激从而降低剥破肠管的危险。在确认还纳全部内容物后，在总鞘膜和精索上打一个去势结，然后切断，将断端缝合到腹股沟环上，若腹股沟环仍很宽大，则必须再作几针结节缝合，皮肤和筋膜分别作结节缝合。术后不宜喂得过早、过饱，要适当控制运动。仔猪的阴囊疝症采用皮外闭锁缝合。

82. 怎样防治猪直肠脱及脱肛？

直肠脱是直肠后段全层脱出于肛门之外；脱肛是直肠后段的黏膜脱出于肛门之外。主要原因是便秘和反复腹泻造成的肛门括约肌松弛引起。

2~4月龄的猪发病较多。病初仅在排便后有小段直肠黏膜外翻，但仍能恢复，如果反复便秘或下痢，不断努责，则脱出的黏膜或肠段长时间不能恢复，引起水肿，最后黏膜坏死、结痂，病猪逐渐衰弱，精神不振，食欲减退，排粪困难。

必须认真改善饲养管理，特别是对幼龄猪，注意增喂青绿饲料，饮水要充足，运动要适当，保持圈舍干燥。经常检查粪便情况，做到早发现、早治疗。

发病初期，脱出体外的直肠段很短，应用1%明矾水或用0.5%高锰酸钾水洗净脱出的肠管及肛门周围，再提起猪的后腿，慢慢送回腹腔。脱出时间较长，水肿严重，甚至部分黏膜坏死时，可用0.1%高锰酸钾水冲洗干净，慎重剪除坏死的黏膜，注意不要损伤肠管肌层，然后轻轻整复，并在肛门左右上下分四点注射95%酒精，每点2~3毫升。还可针穿刺水肿黏膜后，用纱布包扎，挤出水肿液，再按压整复，之后在肛门周围作荷包口状缝合，缝合后打结应松些，使猪能顺利排粪。为了防止剧烈努责造成肠管再度脱出，可于交巢穴注射1%盐酸普鲁卡因液5~10毫升。若直肠脱出部分已坏死糜烂，不能整复时，则可采取截除手术。

参考文献

［1］李长强，李童，闫益波 . 生猪标准化规模养殖技术 [M]. 北京：中国农业科学技术出版社，2013.

［2］侯万文 . 图说高效养猪关键技术 [M]. 北京：金盾出版社，2009.

［3］季大平 . 无公害猪肉安全生产技术 [M]. 北京：化学工业出版社，2014.

［4］陈瑶生 . 专家与成功养殖者共谈：现代高效养猪实战方案 [M]. 北京：金盾出版社，2013.

［5］甘孟候 . 中国猪病学 [M]. 北京：中国农业出版社，2005.

［6］赵书广 . 中国养猪大成 [M]. 北京：中国农业出版社，2013.